应用型人才培养系列教材

多媒体技术基础案例教程

主　编　吴飞燕　贺　杰

副主编　刘利民　甘杜芬

　　　　邓文婕　李　翊

西安电子科技大学出版社

内 容 简 介

本书通过理论介绍、案例分析和设计来帮助读者学习多媒体相关技术以及多媒体制作工具的使用。

本书全面、系统地介绍了多媒体技术的相关理论及其实际应用。全书共七章，内容包括多媒体技术概述、数字图像处理技术、计算机图形处理技术、计算机二维动画制作、计算机三维建模技术、视频处理技术和数字音频处理技术。

本书具有很强的实用性，注重技能的训练，适合作为应用型本科、成人高校、高职高专院校计算机类相关专业学生的教材，同时也可作为从事多媒体开发工作的相关人员的参考书。

图书在版编目(CIP)数据

多媒体技术基础案例教程 / 吴飞燕，贺杰主编. — 西安：西安电子科技大学出版社, 2018.2(2020.8 重印)
ISBN 978-7-5606-4788-3

Ⅰ. ① 多… Ⅱ. ① 吴… ② 贺… Ⅲ. ① 多媒体技术 Ⅳ. ① TP37

中国版本图书馆 CIP 数据核字(2017)第 301804 号

策划编辑 陈 婷
责任编辑 张 岚 陈 婷
出版发行 西安电子科技大学出版社(西安市太白南路 2 号)
电 话 (029)88242885 88201467 邮 编 710071
网 址 www.xduph.com 电子邮箱 xdupfxb001@163.con
经 销 新华书店
印刷单位 陕西天意印务有限责任公司
版 次 2018 年 2 月第 1 版 2020 年 8 月第 3 次印刷
开 本 787 毫米×1092 毫米 1/16 印 张 15.5
字 数 365 千字
印 数 6001 ～ 9000 册
定 价 36.00 元
ISBN 978-7-5606-4788-3 / TP

XDUP 5090001-3

前　　言

多媒体技术是20世纪80年代发展起来的一门综合技术，它给传统的计算机系统、音频和视频设备带来了方向性的变革，对大众传媒产生了深远的影响。视听娱乐的普及、万维网的兴盛、移动通信的流行和电子游戏的火爆，大大促进了多媒体技术的应用和发展。目前，多媒体技术已成为计算机科学的一个重要应用方向。多媒体技术及其应用也是计算机相关专业重要的专业基础课程与核心课程之一。

本书是在充分调查研究和总结此前教材建设经验的基础上，按照应用型本科教育及高职高专教育改革与发展的课程新理念、新标准和新体例的要求而编写的。本书编写时充分汲取了其他应用型高等院校计算机教学实践方面的成功经验，并且在内容上充分展示了实用性、针对性和可操作性，同时贴近学生的实际情况，符合学生的学习规律。本书采用“以工作过程导向，以任务引领知识”的方法，通过理论介绍、案例分析和设计，引导学生在“学中做”、在“做中学”，把基础知识的学习和基本技能的掌握有机地结合在一起，从具体的操作实践中培养应用能力。

本书的经典案例来自于生活，符合应用型本科学生的理解能力和接受程度。书中以任务引领教学内容，通过精彩、丰富的任务案例介绍了数字图像处理技术、计算机图形处理技术、计算机二维动画制作、计算机三维建模技术、视频处理技术、数字音频处理技术等内容。本书内容体系完整，知识讲解全面，任务实例丰富，图文并茂，操作步骤详细，既突出了理论知识的学习，又注重实践能力的培养，理论与实践相结合是本书的最大特色。

本书由吴飞燕、贺杰主编，刘利民、甘杜芬、邓文婕、李翊为副主编。在全书的编写过程中，梧州学院、桂林电子科技大学和海口经济学院计算机及新闻学相关专业的老师提供了大量的专业意见，梧州学院的卢美容、粟秋艺、黄雪芳、吴国志、李幸、黎治宏、罗偲等还帮助收集了大量的案例资料，在此对他们表示最诚挚的谢意。另外，在编写本书过程中，我们参考了大量的国内外相关文献，并从互联网上查阅了相关的资料，在此对这些文献及资料的作者表示衷心的感谢。

由于信息技术的发展非常迅速，加之作者水平有限，书中内容难免有不足之处，恳请广大读者不吝指正。

为了提高学习效率和教学效果，方便教师教学，本书还配有教学指南、电子教案和项目案例，请有此需要的读者登录专题网站(http://pan.baidu.com/s/1bpbJrtH)免费下载，有问题请在网站留言板留言或与编者联系(E-mail:546207251@qq.com)。

编　者

2017 年 11 月于梧州

目　录

第 1 章　多媒体技术概述

学习目标：

(1) 了解媒体及其分类，知道什么是多媒体及多媒体技术。

(2) 能说出几项多媒体应用的关键技术。

(3) 能列举出多媒体技术在生活中应用的例子，并能简单阐述多媒体技术发展的历程。

(4) 了解多媒体系统的组成。

学习建议：

本章着重就多媒体技术的概念、特征、关键技术、应用及其系统组成等方面进行了阐述。为了更好地对本章进行学习，建议在学习书中相关理论的同时，能够结合网络中相关资源进行系统深入的学习，同时要关注多媒体技术的发展动态，积极了解和掌握不同类型的多媒体技术并应用于日常的生活和工作中。

1.1　多媒体技术的基本概念

1.1.1　媒体及其分类

媒体(Medium)是指在信息传播过程中，信息与信息的接收者之间的中介物，即存储并传递信息的载体和物质工具。狭义的媒体是指各种信息传递的工具、中介，如书本、图片、模型、电影、电视、广播、录音机、录像机、录像带、计算机与各种软件等，如图 1-1 所示。广义的媒体则包括人体器官本身(自然媒体)在内的工具、媒介。

书报

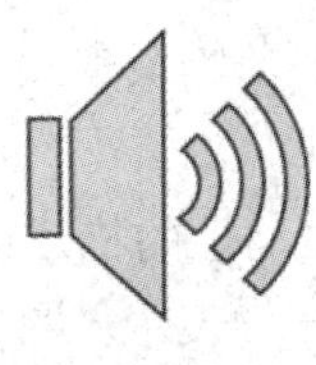

广播

电视

计算机

手机

图 1-1　各种信息媒体

自古以来，人们就利用各种各样的媒体来记载和传递信息。根据不同的标准，媒体的分类也多种多样。本书依据国际电话电报咨询委员会(Consultative Committee on International Telephone and Telegraph，CCITT)制定的媒体分类标准，将媒体划分为以下 5 种类型。

1. 感觉媒体

感觉媒体(Perception Medium)是指能够直接作用于人的感觉器官，使人产生直接感觉(视、听、嗅、味、触觉)的媒体，如语言、音乐、图像、图形、动画、文本等。

2. 表示媒体

表示媒体(Representation Medium)是指传输感觉媒体的中介媒体，即用于数据交换的编码，如图像编码(JPEG、MPEG 等)、文本编码(ASCII 码、GB2312 等)和声音编码等，在计算机中使用不同的格式来表示媒体信息。

3. 表现媒体

表现媒体(Presentation Medium)指的是在通信中使电信号和感觉媒体之间产生转换的媒体，如输入、输出设备，包括键盘、鼠标、显示器、打印机等。

4. 存储媒体

存储媒体(Storage Medium)是指用于存储表示媒体的物理介质，如硬盘、软盘、磁盘、光盘、ROM 及 RAM 等。

5. 传输媒体

传输媒体(Transmission Medium)是指用于传输表示媒体的物理介质，如电缆、光缆、光纤、空间电磁波等。

1.1.2 多媒体与多媒体技术

1. 多媒体

多媒体(Multimedia)是两种或两种以上媒体的综合。它不是多种媒体的简单组合，而是通过协调将它们合理搭配起来，从不同角度，以不同形式来展示和处理信息，增强人们对信息的理解和记忆。多媒体中包含着多种媒体元素，这些媒体元素一般包括文本、图形、图像、动画、音频和视频等。

文本(Text)，是多媒体信息最基本的表示形式，也是计算机系统最早能够处理的信息形式之一。它主要用于记载和存储文字信息，是计算机文字处理的基础，也是多媒体应用的基础。

图形(Graphic)，是在某种介质的载体上具有的相对的物象形状，是由点、线、面以及三维空间表示的几何图。

图像(Picture)，是对客观对象的一种相似性的、生动性的描述或写真，是人类社会活动中最常用的信息载体，或者说图像是对客观对象的一种表示。图像包含了被描述对象的有关信息，它是人们最主要的信息源。据统计，一个人获取的信息大约有 75%来自视觉。古人说的“百闻不如一见”、“一目了然”便是非常形象的例子，它们都反映了图像在信息传递中的独特效果。

动画(Animation)，“Animation”一词源自于拉丁文字中的 anima，意思为灵魂，动词 animate 意为赋予生命，引申为使某物活起来。所以 animation 可以解释为经由创作者的安排，使原本不具生命的东西像获得生命一般地活动。

音频(Audio)，即人类能够听到的所有声音，它分为波形声音、语音和音乐。声音是多媒体信息的一个重要的组成部分，也是表达思想和情感的一种必不可少的媒体。

视频(Video)，又称为运动图像或活动图像，它是由多幅静止图像随时间变化而产生的运动感的画面。通常，视频信息是通过摄像机拍摄而产生的，最常见的视频形式是各种电视画面。

2. 多媒体技术

多媒体技术(Multimedia Technology)就是将文本、图形、图像、动画、音频和视频等形式的媒体信息，通过计算，建立逻辑连接，集成为一个具有实时性和交互性的系统化信息的技术。简而言之，多媒体技术就是综合处理图、文、声、像信息，并使之具有集成性和交互性的计算机技术。

多媒体技术的发展得益于媒体数字化技术的产生与运用。计算机在处理媒体信息的时候，首先要将各种媒体信号通过模拟/数字转换器(ADC)变成统一的数字信号，这个过程包括采集、编码和量化，然后再对这些信息进行综合处理，如存储、加工、编辑、变换和传输等。

1.1.3　多媒体技术的基本特征

多媒体技术以计算机技术为核心，综合通信、网络、广播电视、激光、微电子等多种技术来处理多媒体信息，具有多样性、集成性、交互性、实时性和数字化等五个基本特征。

1. 多样性

传统的媒体种类单一、技术的落后，使得媒体信息的处理技术十分局限，然而随着多媒体技术的产生与发展，媒体信息的种类及其处理技术都在不断地丰富，呈现出多样化的特征。人们不再局限于运用语言和文字来传达信息，而是综合运用图形、图像、音频和视频等多种媒体信息来表达更丰富的思想和感情；人们不再局限于运用线性的思维来呈现和表达信息，而是运用多种媒体技术发散性地表述信息。多媒体技术多样化的特征使得信息世界更丰富多彩，人们的生活也更便捷、更绚丽。

2. 集成性

集成性就是以计算机为中心，综合处理多种媒体信息，它既包括媒体信息的集成，也包括处理这些媒体的设备的集成。随着多媒体技术的发展，信息不再像以前一样采用单一的方式或是单一的渠道进行采集和处理，而是采用多方式、多通道的方式进行统一的获取、存储、加工、处理以及表现合成等。与此同时，科技的不断发展，也促进了多媒体技术软、硬件的集成。硬件方面出现了能够处理多种媒体信息的高性能的多媒体计算机系统，如CPU、存储器、输入/输出设备等；软件方面出现了集成一体的多媒体操作系统、多媒体信息管理系统、多媒体应用软件和创作工具等。

3. 交互性

交互性即利用多媒体技术使用户与计算机的多种媒体信息进行交互操作，从而为用户提供更加有效的控制和使用信息的手段。借助于交互性，人们接收信息由被动转向主动，在接收文字、声音、图形和图像的同时，也可以主动对其进行搜索、编辑、提问与回答等，这有利于抽象信息的形象具体化，增强了用户对信息的注意和理解，延长了信息的保留时间。因此，交互性是多媒体技术的关键特性。

4. 实时性

由于多媒体系统需要处理各种复合的媒体信息，且用户接收到的各种媒体信息在时间上必须是同步的，其中语音和活动的视频图像更是必须同步，因此多媒体技术必然要有实时性，甚至是强实时性(Hard Real-Time)。

5. 数字化

处理多媒体信息的关键设备是计算机，所以要求不同媒体形式的信息都要进行数字化处理；另一方面，以全球数字化方式加工处理的多媒体信息，具有精度高、定位准确和质量效果好的特点。

1.1.4　多媒体系统的组成

计算机系统由硬件系统和软件系统两部分组成。硬件系统通常指计算机的物理系统，是看得到、摸得着的物理器件。它包括计算机主机及其外围设备。硬件系统主要由中央处理器、内存储器、输入/输出设备(包括外存储器、多媒体配套设备)等组成。软件系统是指管理计算机软件系统和硬件系统资源并控制计算机运行的程序、命令、指令、数据等的系统，广义地说，软件系统还包括电子的和非电子的有关说明资料、说明书、用户指南、操作手册等文档。

硬件是物质基础，是软件的载体，两者相辅相成，缺一不可。人们平时在谈到“计算机”一词时，都是指含有硬件和软件的计算机系统。多媒体计算机系统是对基本计算机系统的软硬件功能的扩展。一个完整的多媒体计算机系统，应该包括如图 1-2 所示的内容。

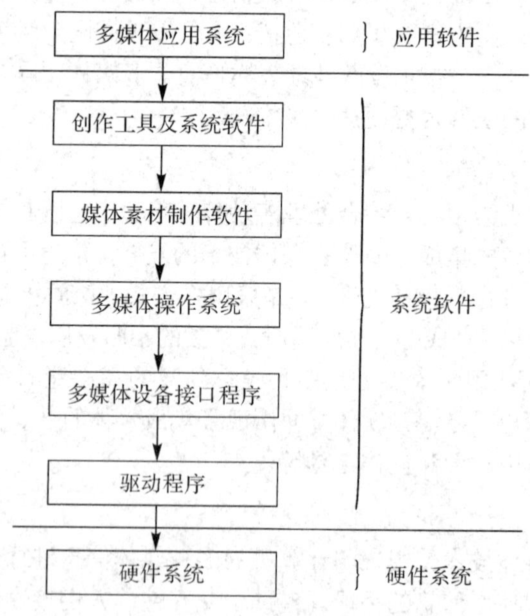

图 1-2　多媒体计算机系统组成

1.2　多媒体关键技术

1.2.1　多媒体数据压缩技术

在多媒体计算机中，信息从单一媒体转到多种媒体。若要表示、传输和处理大量数字化了的声音、图片、视频信息等，数据量是非常大的，这给存储器的存储容量、通信主干信道的传输率(带宽)以及计算机的处理速度带来了极大的压力。因此，在多媒体计算机中，为了达到令人满意的图像、视频画面质量和听觉效果，必须解决视频、图像、音频信号数据的大容量存储和实时传输问题。解决的方法，除了提高计算机本身的性能及通信信道的带宽外，更重要的是对多媒体数据进行有效的压缩。

数据的压缩实际上是一个编码过程，即在满足还原信息质量要求的前提下，通过代码转换或消除信息冗余量的方法来实现采样数据量的大幅缩减。被压缩的对象是原始的采样数据，压缩后的数据称为压缩数据。与数据压缩相对应的处理称为解压缩，又称为数据还原，它是将压缩数据通过一定的解码算法还原为原始信息的过程。通常，人们把包括压缩与解压缩的技术统称为数据压缩技术。

1.2.2　多媒体数据存储技术

多媒体数据被数字化后，就产生了大量的数字数据，这些数据对象需要被存储、检索、传送以及显示。那么如何对数据进行存储呢？

随着计算机存储技术的发展，我们所能遇见的数据存储介质已经从最早的软盘、磁带、光盘发展到现在的计算机硬盘、大容量硬盘、闪存盘以及固态硬盘(SSD)。

1. 磁带

磁带存储技术已经被广泛地应用于我们的日常生活当中，如录音、录像所使用的都是磁带技术。将磁带用于计算机领域也已经有几十年的历史了，在硬盘、光盘等技术问世之前，人们就是用磁带作为计算机的一级存储设备。但由于磁带的工作原理是顺序存取，因此它的存取速度比较慢。半导体及硬盘技术问世后，磁带就退居到二级存储的领域了。

2. 光盘

目前市场上 90%的商业软件都摒弃了传统的软盘形式，而以光盘为载体。这恰好反映了光盘最主要的功能之一，即数据的运载功能。以往要由几十张软盘才能装得下的操作系统，现在只要一张光盘就足够了。这无疑给人们带来了很大的便利。

3. 硬盘

硬盘的数据存取速度相当快，因此被广泛地应用于计算机的一级存储领域。硬盘技术近些年来发展相当迅速，由于采用了许多新技术，硬盘的存储密度越来越高，容量越来越大。硬盘容量的提高对使用者来说显然是一件好事，但同时也带来了一个不容忽视的问题，一旦硬盘出现故障，数据丢失的数量就会相当大，损失也会比以往更严重。

4. U盘

U 盘最早出现在 1999 年，它是为了解决软盘驱动器的不安全、容量低，移动硬盘的抗震性差、不易携带的缺点而诞生的。正是这个毫不起眼的小东西，改变了人们的移动存储观念，在几年的时间内很轻松地把为我们服务了 10 年的老将“软驱”斩下马，成为新一代移动存储设备的王者。U 盘可用于存储任何数据文件以及在电脑间方便地交换文件。U 盘采用闪存(Flash Memory)存储介质和通用串行总线(USB)接口，具有轻巧精致、便于携带、容量较大、安全可靠等特征。U 盘可直接插入电脑的 USB 接口，也可以通过一个 USB 转接电缆与电脑连接。

5. 固态硬盘

固态硬盘，也称作电子硬盘或者固态电子盘，是由控制单元和固态存储单元(DRAM 或 Flash 芯片)组成的硬盘。固态硬盘的接口规范和定义、功能及使用方法与普通硬盘相同，在产品外形和尺寸上也与普通硬盘一致。由于固态硬盘没有普通硬盘的旋转介质，因而抗震性极佳。其芯片的工作温度范围很宽(-40～85℃)，目前广泛应用于军事、车载、工控、视频监控、网络监控、网络终端、电力、医疗、航空、导航设备等领域。目前由于成本较高，固态硬盘正被逐渐普及到 DIY 市场。

6. 存储服务器

存储服务器是基本硬盘技术的发展，可将存储容量进行整合，并可将容量提升至 16 TB、32 TB，甚至更高，适合大规模的数据存储。而且多数存储服务器支持 RAID 磁盘阵列功能，即使阵列中的某一块硬盘出现了问题，也可以保证数据的安全。

1.2.3　多媒体网络通信技术与多媒体软件技术

多媒体系统通过网络传送文本、图形、图像、动画、音频和视频等不同媒体信息，这些媒体信息对通信网络有不同的要求。多媒体通信技术就是指通过对多媒体信息特点和网络技术的研究，建立适合传输多媒体信息的传输通道、通信协议和交换方式等，解决多媒体信息传输过程中的实时与媒体同步等问题。多媒体通信技术突破了计算机、通信、广播和出版的界限，使它们融为一体，向人类提供了诸如多媒体电子邮件、视频会议等全新的信息服务。

多媒体软件技术主要包括多媒体操作系统、多媒体数据库技术、多媒体信息处理与多媒体应用开发技术等。

1. 多媒体操作系统

多媒体操作系统是多媒体软件的核心。它负责多媒体环境下多任务的调度，保证音频、视频同步控制以及信息处理的实时性，提供多媒体信息的各种基本操作和管理；具有对设备的相对独立性与可扩展性；能灵活地调度多种媒体数据并能进行相应地传输和处理，能够改善工作环境并向用户提供友好的人机交互界面。

2. 多媒体数据库技术

传统的数据库管理系统处理的是字符、数值等结构化的信息，无法处理图形、图像、音频等大量非结构化的多媒体信息，多媒体数据库是一种包括文本、图形、图像、动画、音频、视频等多种媒体信息的数据库，并能对这些非结构化的多媒体信息进行有效的组织、管理和存取，而且还可以实现多媒体数据库对象的定义，多媒体数据的存取，多媒体数据库的运行控制，多媒体数据的组织、存储和管理，多媒体数据库的建立和维护，多媒体数据库在网络上的通信等功能。

3. 多媒体信息处理与应用开发技术

多媒体信息处理技术主要研究的是文本、图形、图像、动画、音频和视频等各种媒体信息的采集、编辑、处理、存储和播放等。而多媒体应用开发技术则是在多媒体信息处理的基础上，研究和利用多媒体软件或编程工具，开发面向应用的多媒体信息，并通过光盘或网络进行发布。有关多媒体信息处理技术的内容将在本书的后面章节中逐一介绍。

1.2.4　虚拟现实技术

虚拟现实(Virtual Reality，VR)技术是目前多媒体技术发展的最高境界，它涉及计算机图形学、人机交互技术、传感技术、人工智能等领域，提供了一种完全沉浸式的人机交互界面，并用计算机生成逼真的三维视、听、嗅觉等感觉，使用户处在计算机产生的虚拟世界中，无论看到的、听到的，还是感觉到的，都像在真实的世界里一样，并可通过输入和输出设备同虚拟现实环境进行交互。一个完整的虚拟现实系统由虚拟环境，以高性能计算机为核心的虚拟环境处理器，以头盔显示器为核心的视觉系统，以语音识别、声音合成与声音定位为核心的听觉系统，以方位跟踪器、数据手套和数据衣为主体的身体方位姿态跟踪设备，以及味觉、嗅觉、触觉与力觉反馈系统等功能单元构成。

1.3　多媒体技术的发展与应用

1.3.1　多媒体技术的发展历程

人们在计算机诞生之前就已经掌握了文字的印刷出版、电报、广播电影等单一媒体的应用，但这些都不是多媒体技术。在 20 世纪 50 年代计算机诞生之后，计算机从只能认识 0、1 组合的二进制代码，逐渐发展成能处理文本和简单的几何图形的系统，并具备处理更复杂信息的技术潜力。随着技术的发展，到 20 世纪 70 年代中期，出现了广播、出版和计算机三者融合发展的趋势，这为多媒体技术的快速发展和形成创造了良好的条件。通常，人们把 1984 年美国 Apple 公司推出 Macintosh 机作为计算机多媒体时代到来的标志。

20 世纪 80 年代，多媒体技术进入了发展启蒙阶段。1985 年，Microsoft 公司推出了 Windows，它是一个多用户的图形操作环境。美国 Commodore 公司推出了世界上第一台真正的多媒体系统 Amiga。Amiga 机采用 Motorola M68000 微处理器作为 CPU，并配置 Commodore 公司研制的三个专用芯片：图形处理芯片 Agnus 8370、音响处理芯片 Pzula 8364 和视频处理芯片 Denise 8362。1986 年，荷兰 Philips 和日本 SONY 公司联合推出了交互式压缩光盘(Compact Disc Interactive，CD-I)系统，同时还公布了 CD-ROM 文件格式和 ISO 国际标准。1987 年，美国 RCA 公司推出交互式数字视频(Digital Video Interactive，DVI)系统。该系统以 PC 技术为基础，用标准光盘存储和检索静态/动态图像、声音及其他数据。

20 世纪 90 年代，多媒体技术进入初期应用和标准化阶段。随着多媒体技术逐渐趋于成熟，应用领域不断扩大，所涉及的学科、行业越来越多，特别是多媒体技术走向产业化后，其产品的技术标准和实用化逐渐成为大家最关注的问题。1990 年，Microsoft 公司与多家厂商召开多媒体开发工作者会议，共同针对多媒体技术的规范化管理制定了相应的技术标准。1991 年，在第六届国际多媒体和 CD-ROM 大会上，Philips、SONY 和 Microsoft 三家公司共同宣布了扩展结构标准 CD-ROM XA，从而填补了原有标准在音频方面的空缺。1992 年，Microsoft 公司推出了 Windows 3.1 操作系统，增加了多个多媒体功能软件(媒体播放器、录音机等)，同时加入了一系列支持多媒体的驱动程序、动态链接库和对象链接库嵌入(OLE)等技术。同年，在美国拉斯维加斯举行的 COMDEX 博览会上出现了两大热点，即笔记本式计算机和多媒体计算机，并在同年美国正式公布了 MPEG–1 数字电视标准，它是由活动图像专家组(Moving Pictures Experts Group)开发制定的。1993 年，多媒体计算机在美国引起了人们的巨大兴趣，各种多媒体产品不断出现，使人目不暇接，多媒体技术已进入突飞猛进的时代。1993 年，美国伊利诺斯大学的美国超级计算应用国家中心开发出第一个万维网浏览器 Mosaic。1994 年，吉姆·克拉克(Jim Clark)和马克·安德森(Marc Anderson)开发出万维网浏览器 Netscape。

多媒体各种标准的制定和应用极大地推动了多媒体技术的发展，使其进入到了蓬勃发展阶段。在这个阶段很多多媒体标准的实现方法已做到芯片级，并作为成熟的商品投入市场。1997 年 1 月，Intel 公司推出了具有 MMX 技术的奔腾处理器，使它成为多媒体计算机的一个标准。多媒体技术蓬勃发展的另一代表是 AC 97(Audio Codec 97)杜比数字环绕音响的推出。在视觉进入 3D 境界后，人们对听觉也提出了环绕及立体音效的要求。随着网络及新一代消费电子产品(如电视机顶盒、DVD、可视电话、视频会议等)的崛起，应用于影像及通信处理上的最佳的数字信号处理器，经过结构包装，以软件驱动的方式进入了消费性的多媒体处理器市场。1996 年，Chromatic Research 公司推出整合了 MPEG–1、MPEG–2、视频、音频、2D、3D 以及电视输出等七合一功能的 Mpact 处理器，引起市场高度重视，现已推出第二代产品 Mpact2，应用于 DVD、计算机辅助制造、个人数字助手和移动电话等新一代消费性电子产品市场中。与此同时，MPEG 压缩标准也得到了推广应用，已开始把活动影视图像的 MPEG 压缩标准推广应用于卫星广播、高清晰电视、数字录像机以及网络环境下的视频点播(VOD)和 DVD 等各方面。虚拟现实技术也正在向各个应用领域延伸。

1.3.2 多媒体技术的应用领域

如今，多媒体技术借助日益普及的高速信息网，实现了计算机的全球联网和信息资源共享，因此被广泛应用在咨询服务、图书、教育、通信、军事、金融、医疗等诸多行业，并正潜移默化地改变着我们生活的面貌。

1. 网络通信

随着各种媒体对网络的应用需求，多媒体通信技术迅速发展起来。一方面，多媒体技术使计算机能同时处理视频、音频和文本等多种信息，提高了信息的多样性。另一方面，网络通信技术打破了地域限制，提高了信息的瞬时性。二者结合所产生的多媒体通信技术把计算机的交互性、通信的分布性及电视的真实性有效地融为一体，成为当今信息社会的一个重要标志。

近年来，随着多媒体技术的迅速发展，多媒体通信相关产业的发展也正呈一日千里之势。多媒体技术涉及的技术面广泛，包括人机交互、数字信号处理、数据库管理系统、计算机结构、多媒体操作系统、高速网络、通信协议、网络管理及相关的各种软件工程技术等。目前多媒体通信主要应用于可视电话、视频会议、远程文件传输、浏览与检索多媒体信息资源、多媒体邮件以及远程教学等。

2. 商业

从商业广告宣传、产品展示、商务培训、多媒体商品管理到目前发展最热门的电子商务，这些商业领域中无一不应用到多媒体技术。图 1-3 展示了一个电子商务网站实例。

图 1-3　电子商务应用实例

3. 教育

随着多媒体技术在教学中的普及，从教学内容到教学方式都发生了改变，传统教学模式受到了极大的冲击。教育工作者已经深深意识到交互式、多种感官应用在学习中的作用，多媒体技术以更直观、更活泼、更形象、更具有吸引力的方式向学生展示丰富的知识，改变了以往呆板的学习和阅读方式，可以更好地"因人施教"，寓教于乐。

多媒体技术的不断发展，使"多媒体远程教学"和"交互式教学教室"也逐步大众化，"智慧校园"的出现更是将多媒体技术在教育领域中的应用推向了一个新的高潮。

4. 数字娱乐

动漫、卡通、电影和网络游戏等数字娱乐产品充斥在我们每天的生活中，数字娱乐涉及移动内容、互联网、游戏、动画、影音、数字出版和数字化教育培训等多个领域。数字娱乐是信息时代的媒体艺术、设计、影视、音乐和数字技术融合产生的新兴交叉学科。同时，数字娱乐产业也以强有力的发展支持了新经济，在新兴的文化产业价值链中，数字娱乐产业是创造性最强，对高科技依存度最高，对日常生活渗透最直接，对相关产业带动最广，增长最快，发展潜力最大的部分。

5. 军事

随着军事技术的不断变革，部队的组织指挥机构已经从面向武器系统进行组织的战斗集体转变成为面向信息系统进行组织的战斗集体，因而，现代战争从某种意义上来说就是信息技术的战争。多媒体技术已经渗透到了军事领域中的方方面面，如作战指挥与作战模拟，军事信息管理系统，军事教育与训练，武器装备的研制生产及应用。多媒体技术将是未来对武器装备水平以及军事力量结构的发展起第一位推动作用的技术，是军事革命的核心和基础。

6. 医疗

随着临床要求的不断提高，以及多媒体技术的发展，出现了新一代具有多媒体处理功能的医疗诊断系统，多媒体医疗系统在媒体种类、媒体介质、媒体存储及管理方式、诊断辅助信息、直观性和实时性等方面都使传统诊断技术相形见绌，引起了医疗领域的一场革命。

多媒体技术在医疗影像诊断系统中应用，对医疗影像进行数字化和重建处理，解决了在医疗诊断中经常采用的实时动态扫描、声影处理和影像存储管理等技术问题。多媒体通信网络的建立，为远程医疗开辟了一个广阔的应用天地，处在现代医疗中心的医生可以通过多媒体通信网为远方的病人提供医疗服务。虚拟现实技术的发展，将人体解剖学推向了一个新的台阶，数字化的 3D 人体解剖图，能让使用者在没有任何外界干扰的情况下自由地观察、移动和生成解剖结构，更快捷地学习和了解解剖信息。

7. 电子出版

电子出版是出版业的一次革命，电子出版物具有容量大、体积小、成本低、检索快、传播面广、易于保存和复制、能存储音像图文信息等优点。图文并茂的电子出版物借助光盘或网络出版发行，使读者可以通过网络或多媒体终端进行阅读，给阅读者带来了极大的便利，因而电子出版物得到了广泛的普及。

综上所述，多媒体技术已然深入到了我们生活的方方面面，随着科学技术的不断发展，多媒体的应用领域必将越来越广泛，新的应用领域将随着人类丰富的想象力而不断地产生出来。

1.3.3　多媒体技术的发展趋势

1. 交互性

多媒体交互技术是建立在多媒体全息图像、模式识别以及新的传感技术之上，主要是利用人的多种感觉与动作，用特殊的表达方式和数据传输，来提高人机交互的协调性和高效性，达到逼真地虚拟现实的目的。而虚拟现实技术是多媒体应用的高层境界，其研究难度大，应用前景突出，在特殊领域的应用远比其本身的研究价值要高。

2. 终端的智能化与嵌入化

目前计算机已拥有较高的智能，通过提高其系统本身性能并将计算机芯片嵌入到各种终端的方法，开发智能化终端具有很大的潜力。随着多媒体终端设备智能化的不断提高，对其植入嵌入式多媒体系统，将为人们的生活提供极大的便利。在工业控制、商业管理、医疗设备、军事、科技、教育和娱乐等领域，智能化和嵌入式的多媒体终端具有巨大的市场前景。

3. 网络化的发展

技术的革新使计算机网络具有更充分的带宽和无限的计算能力，它改变了过去人们被动地接受处理信息的状态，而以主动的态度去参与当前的网络虚拟世界。网络化的发展使得计算机支撑的协同工作环境更完善，解决了空间与时间距离的障碍，为人们提供了更加全面的信息服务，通过网络化交互的、动态的多媒体技术创建出更为生动逼真的二维与三维场景，实现了最大范围、最逼真、最及时地信息交流和共享。

第 2 章　数字图像处理技术

学习目标：

(1) 掌握数字图像基础知识，如像素、分辨率、矢量图和位图、图像常用格式及图像颜色模式等。

(2) 熟悉 Photoshop 图像操作软件的界面及其工具箱中各工具的功能。

(3) 了解并掌握 Photoshop 常用操作，如图层、蒙版、通道、路径、滤镜等。

学习建议：

加强 Photoshop 案例的学习和训练，在案例的完成中掌握图像的基础知识和 Photoshop 的常用操作。通过多做、多练，将对 Photoshop 的操作提升到“熟能生巧”的境地。

2.1　数字图像基础知识

2.1.1　数字图像基本概念

1. 像素

像素是指基本原色素及其灰度的基本编码。像素是构成数码影像的基本单元，通常以像素每英寸(Pixel Per Inch，PPI)为单位来表示影像分辨率的大小，例如 300 × 300 PPI 分辨率，即表示水平方向与垂直方向上每英寸长度的像素都是 300，也可表示一平方英寸内有 9 万(300 × 300)个像素。

2. 分辨率

分辨率可以分为显示分辨率与图像分辨率。显示分辨率(屏幕分辨率)是屏幕图像的精密度，是指显示器所能显示的像素有多少。图像分辨率则是单位英寸中所包含的像素点数。分辨率决定了位图图像细节的精细程度。通常情况下，图像的分辨率越高，所包含的像素就越多，图像就越清晰，印刷的质量也就越好。同时，它也会增加文件所占用的存储空间。

3. 矢量图与位图

矢量图是根据几何特性来绘制图形的，矢量可以是一个点或一条线，矢量图只能靠软件生成，文件占用内存空间较小，它的特点是放大后图像不会失真，和分辨率无关，文件占用空间较小，适用于图形设计、文字设计和一些标志设计、版式设计等。位图(Bitmap)，又称栅格图(Raster Graphics)，是使用像素阵列来表示的图像，每个像素的颜色信息由 RGB 组合或者灰度值表示。根据颜色信息所需的数据位分别为 1、4、8、16、24 及 32 位等，位数越高颜色越丰富，相应的数据量越大。

矢量图与位图的效果有很大区别，矢量图即使无限放大也不会模糊，大部分位图都是由矢量导出来的，也可以说矢量图就是位图的源码，源码是可以编辑的。矢量图与位图最大的区别是，矢量图不受分辨率的影响。因此在印刷时，矢量图可以任意放大或缩小图形而不会影响图的清晰度，它可以按最高分辨率显示到输出设备上。

2.1.2　图像格式与图像颜色模式

目前常见的图形(图像)文件格式有 BMP、DIB、PCP、DIF、WMF、GIF、JPG、TIF、EPS、PSD、CDR、IFF、TGA、PCD、MPT。除此之外，Macintosh 机专用的图形(图像)格式还有 PNT、PICT、PICT2 等。

图像颜色模式，是将某种颜色表现为数字形式的模型，或者说是一种记录图像颜色的方式。图像颜色模式包括 RGB 模式、CMYK 模式、HSB 模式、Lab 模式、位图模式、灰度模式、索引颜色模式、双色调模式和多通道模式。

1. RGB 模式

虽然可见光的波长有一定的范围，但我们在处理颜色时并不需要将每一种波长的颜色都单独表示。因为自然界中所有的颜色都可以用红、绿、蓝(RGB)这三种颜色按不同强度组合而得，这就是人们常说的三基色原理。因此，这三种光常被人们称为三基色或三原色。有时候我们亦称这三种基色为添加色(Additive Colors)，这是因为当我们把不同光的波长加到一起的时候，得到的将会是更加明亮的颜色。把三种基色交互重叠，就产生了次混合色，青(Cyan)、洋红(Magenta)、黄(Yellow)。这同时也引出了互补色(Complement Colors)的概念。基色和次混合色是彼此的互补色，即彼此之间最不一样的颜色。例如青色由蓝色和绿色构成，而红色是缺少的一种颜色，因此青色和红色就构成了彼此的互补色。在数字视频中，对 RGB 三基色各进行 8 位编码就构成了大约 1677 万种颜色，这就是我们常说的真彩色。

2. CMYK 模式

CMYK 颜色模式是一种印刷模式。其中四个字母分别指青(Cyan)、洋红(Magenta)、黄(Yellow)、黑(Black)，在印刷中代表四种颜色的油墨。CMYK 模式在本质上与 RGB 模式没有什么区别，只是产生色彩的原理不同，在 RGB 模式中由光源发出的色光混合生成颜色，而在 CMYK 模式中由光线照到有不同比例 C、M、Y、K 油墨的纸上，部分光谱被吸收后，反射到人眼的光产生颜色。由于 C、M、Y、K 在混合成色时，随着 C、M、Y、K 四种成分的增多，反射到人眼的光会越来越少，光线的亮度会越来越低，所以基于 CMYK 模式产生颜色的方法又被称为色光减色法。

3. HSB 模式

从心理学的角度来看，颜色有三个要素：色相(Hue)、饱和度(Saturation)和亮度(Brightness)。HSB 模式便是基于人对颜色的心理感受的一种颜色模式。它是由 RGB 三基色转换为 Lab 模式，再在 Lab 模式的基础上考虑了人对颜色的心理感受这一因素而转换成的。因此这种颜色模式比较符合人的视觉感受。HSB 模式可由底和与底对接的两个圆锥体立体模型来表示，其中轴向表示亮度，自上而下由白变黑；径向表示色饱和度，自内向外逐渐变高；而圆周方向，则表示色调的变化，形成色环。

4. Lab 模式

Lab 模式是由 RGB 三基色模式转换而来的，它是 RGB 模式转换为 HSB 模式和 CMYK 模式的桥梁。该颜色模式由一个发光率(Luminance)和两个颜色(a，b)轴组成。它使用颜色轴所构成的平面上的环形线来表示色的变化，其中径向表示色饱和度的变化，自内向外，饱和度逐渐增高；圆周方向表示色调的变化，每个圆周形成一个色环；而不同的发光率表示不同的亮度并对应不同的环形颜色变化线。它是一种具有“独立于设备”的特征的颜色模式，即不论使用什么种类的监视器或者打印机，Lab 的颜色不变。其中 a 表示从洋红至绿色的范围，b 表示以黄色至蓝色的范围。

2.2 数字图像处理软件 Photoshop 的基本操作

Photoshop 是当前最流行的图像处理专业软件，随着版本的不断升级，它的功能越来越强大，也越来越实用化和人性化。本节主要介绍 Photoshop CC 2017 软件的基本操作。

2.2.1 Photoshop 的操作界面

启动 Photoshop 软件，其工作界面如图 2-1 所示。

图 2-1 Photoshop 工作界面

Photoshop 工作界面主要由以下几部分组成：

1. 标题栏

标题栏位于主窗口顶端，最左边是 Photoshop 标记，右边分别是最小化、最大化/还原和关闭按钮。

2. 属性栏

属性栏又称工具选项栏，选中某个工具后，属性栏就会改变成相应工具的属性设置选项，可用于更改相应的工具属性。

3. 菜单栏

菜单栏为整个环境下所有窗口提供菜单控制，包括文件、编辑、图像、图层、文字、选择、滤镜、3D、视图、窗口和帮助十一项。Photoshop 中可通过两种方式执行所有命令，一是菜单，二是快捷键。

4. 图像编辑窗口

工作界面的中间窗口是图像编辑窗口，它是 Photoshop 的主要工作区，用于显示图像文件。图像编辑窗口带有自己的标题栏，提供了打开文件的基本信息，如文件名、缩放比例、颜色模式等。如果同时打开了两幅图像，可通过单击图像窗口进行切换。图像窗口切换也可使用快捷键“Ctrl + Tab”。

5. 状态栏

图像窗口底部是状态栏，由以下三部分组成：

(1) 文本行，用于说明当前所选工具和所进行操作的功能与作用等信息。

(2) 缩放栏，用于显示当前图像窗口的显示比例，用户也可在此窗口中输入数值后按回车键来改变显示比例。

(3) 预览框，单击右边的黑色三角按钮，打开弹出菜单，选择任一命令，相应的信息就会在预览框中显示。菜单中的命令如下：

- 文档大小：显示当前显示的图像文件的尺寸。左边的数字表示该图像不含任何图层和通道等数据情况下的尺寸，右侧的数字表示当前图像的全部文件尺寸。
- 文档配置文件：在状态栏上将显示文件的颜色模式。
- 文档尺寸：在状态栏上将显示文档的大小(宽度和高度)。
- 暂存盘大小：在状态栏上将显示已用和可用内存大小。
- 效率：在状态栏上将显示 Photoshop 的工作效率。低于 60%则表示计算机硬盘可能已无法满足要求。
- 计时：在状态栏上将显示执行上一次操作所花费的时间。
- 当前工具：在状态栏上将显示当前选中工具的工具箱。

6. 工具箱

工具箱中的工具可用来选择、绘画、编辑以及查看图像。拖动工具箱的标题栏，可移动工具箱。单击可选中工具，属性栏会显示该工具的属性。有些工具的右下角有一个小三角形符号，这表示在工具位置上存在一个工具组，其中包括若干个相关工具。点击左上角的双向箭头，可以将工具栏变为两竖排，再次点击则会还原为单条竖排。

7. 控制面板

Photoshop 的工作界面共有十四个面板，可通过“窗口”→“显示”命令来显示面板。按“Tab”键，自动隐藏控制面板、属性栏和工具箱，再次按“Tab”键，显示以上组件。按“Shift + Tab”组合键，隐藏控制面板，保留工具箱。

2.2.2　新建、保存和关闭图像

(1) 打开 Photoshop CC 2017，执行“文件”→“新建”命令，弹出“新建文档”对话框，如图 2-2 所示，点击“创建”按钮，即可以新建一个图像文件。

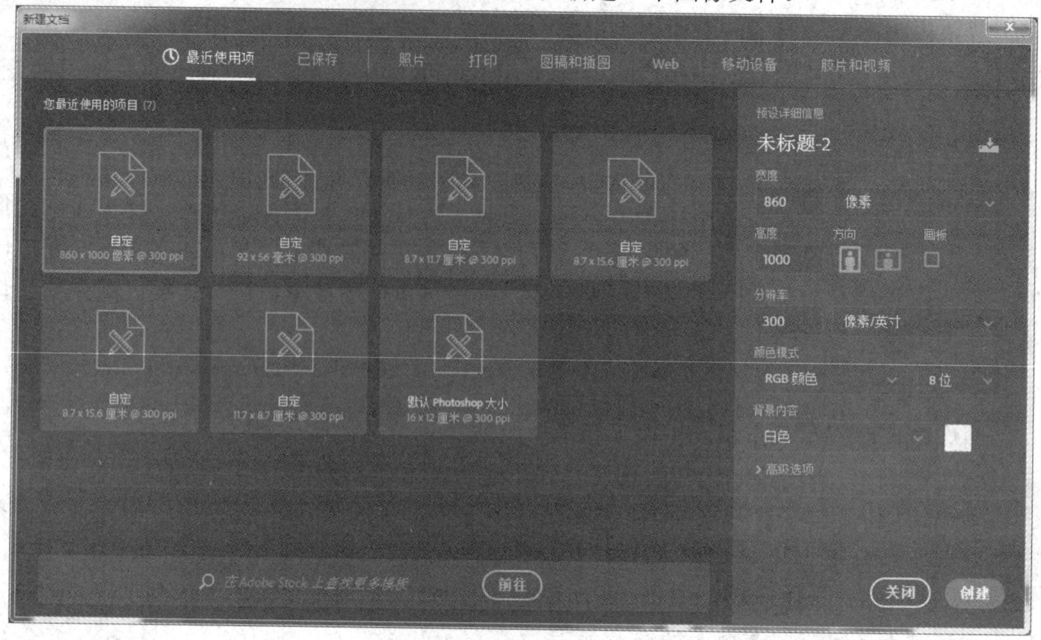

图 2-2　新建文件

(2) 在工具箱中选择“画笔工具”，然后在新建的图像上随意画一个图形，如图 2-3 所示。

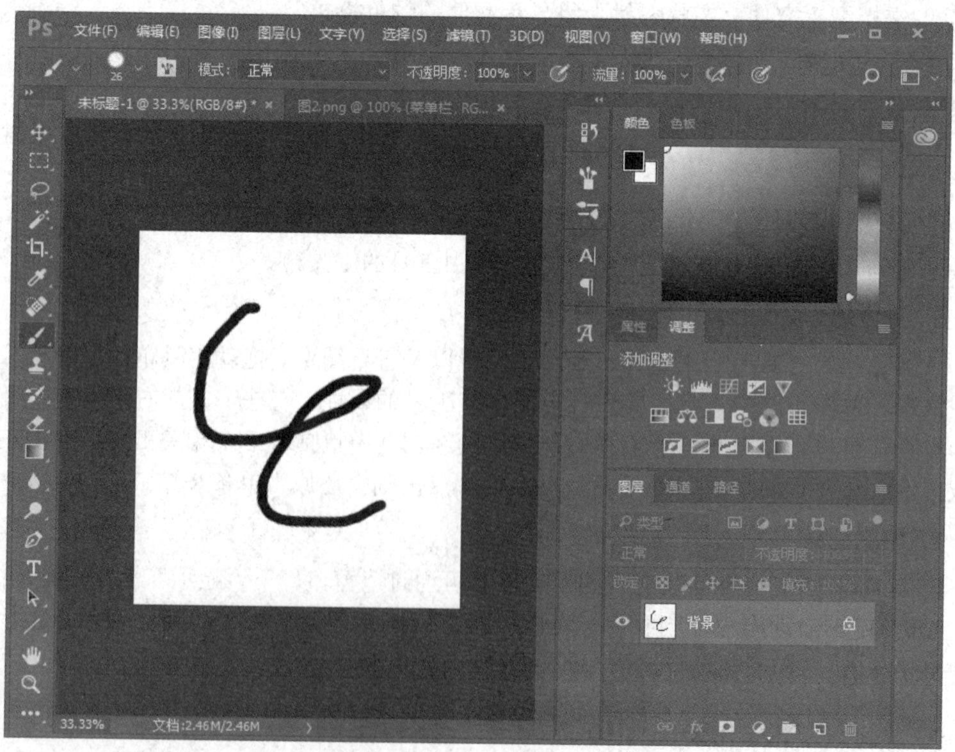

图 2-3　画笔绘图

(3) 执行“文件”→“存储”命令，弹出“存储为”对话框，如图 2-4 所示。在“保存在”下拉选项中选择要将该图像保存的路径或是直接输入要保存的路径；在“文件名”框中输入图像的名称；在“格式”下拉选项中选择要保存的图像的格式。最后点击“保存”按钮。

注：PSD 图像格式是 Photoshop 的源文件格式，是 Photoshop 默认保存的文件格式，可以保留所有图层、色版、通道、蒙版、路径、未栅格化文字以及图层样式等，方便图像的再次修改，但无法保存文件的操作历史记录。Adobe 其他软件产品，例如 Premiere、Indesign、Illustrator 等可以直接导入 PSD 文件。

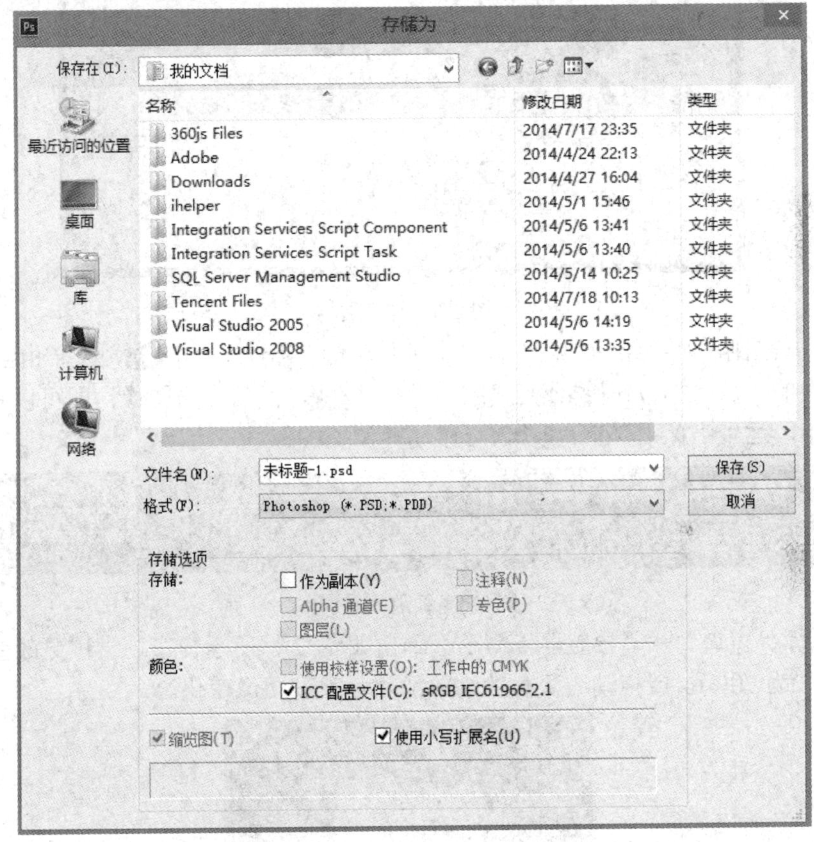

图 2-4 保存文档

(4) 执行“文件”→“关闭”命令，或是点击文件名后面的叉号标志，即可关闭图像。

(5) 执行“文件”→“退出”命令，或是点击软件右上角的叉号标志，即可以关闭 Photoshop 软件。

2.2.3 浏览图像

(1) 打开 Photoshop，执行“文件”→“打开”命令，弹出如图 2-5 所示的对话框，在“查找范围”下拉框中选择要打开文件的所在路径。在文件和目录列表中选择要打开的文件，然后点击“打开”按钮即可打开文件，也可以双击要打开的文件，直接将文件打开。

注：若要打开最近使用过的文件，执行“文件”→“最近打开文件”命令即可。

图 2-5　打开文档

(2) 打开刚刚用画笔绘制的图像。单击工具箱的“缩放工具”，选择相应属性栏(如图 2-6)里面的“放大”按钮或是“缩小”按钮，然后点击图像，即可以看到图像被放大或缩小，运用“抓手”工具，可移动并浏览图像。

图 2-6　缩放工具属性

(3) 执行“窗口”→“导航器”命令，弹出如图 2-7 所示窗口，尝试更改左下角的显示比例(图中为 70%)，或拖动右下角的缩放滑块，观察图像变化。

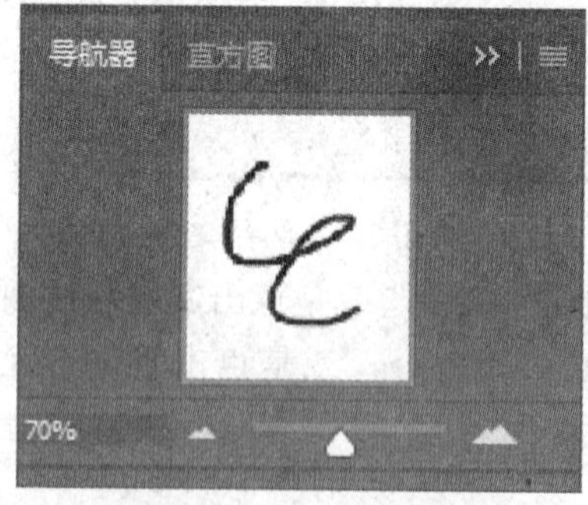

图 2-7　运用导航器浏览图像

(4) 点击工具箱最下端的“更改屏幕模式”按钮右下角的小三角，弹出如图 2-8 所示选项，分别选择这三种屏幕模式来观察图像。

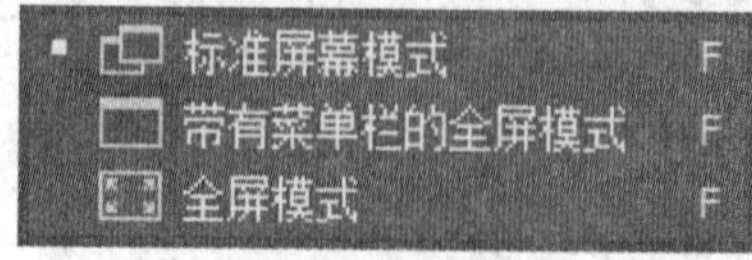

图 2-8　屏幕模式

2.3　数字图像处理实例

2.3.1　制作证件照

1. 案例目的

运用 Adobe Photoshop CC 2017 工具制作一版一寸的蓝底证件照，效果如图 2-9 所示。通过对本案例的学习，熟悉工具箱中基本工具的使用，掌握图像文件的创建与保存、画布的概念、图像选区的设置、图案和填充图案的定义等操作。

图 2-9　证件照效果图

2. 操作步骤

(1) 启动 Adobe Photoshop CC 2017 软件，在菜单栏中执行 “文件”→“打开”命令，从弹出的“打开”面板中选择素材文件夹里案例一中的“alal.jpg”文件，单击“打开”按钮，效果如图 2-10 所示。

图 2-10　打开文件

(2) 选择工具箱中的“画笔工具”，在工具箱中的“设置前景色/设置背景色”按钮上，点击上面一层(即“设置前景色”)，在弹出的“拾色器(前景色)”面板中用“吸管工具”吸取图像背景颜色，如图 2-11 所示，设置好后点击“确定”按钮。

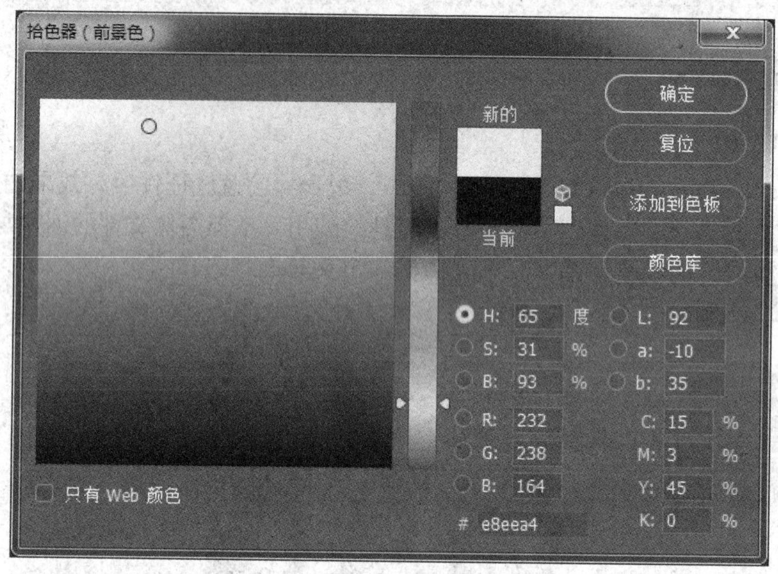

图 2-11　设置前景色

(3) 用画笔在图片背景上涂抹，把非黄色部分去掉。单击鼠标右键，在大小设置中可以对画笔的大小进行调节，如图 2-12 所示。去掉背景的杂色后，效果如图 2-13 所示。

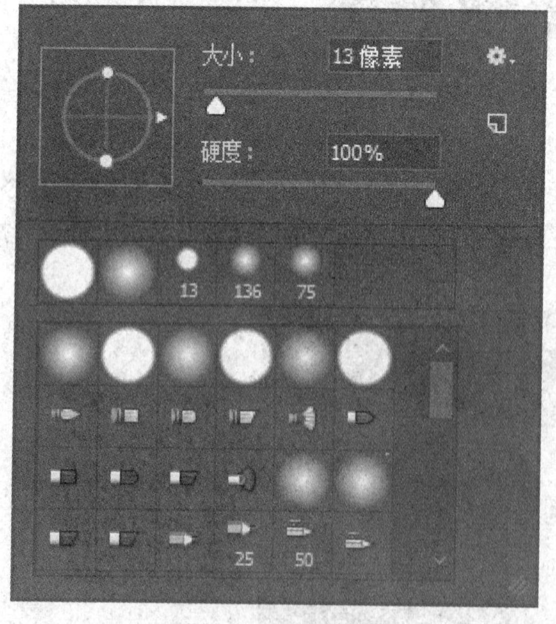

图 2-12　画笔属性

图 2-13　去掉背景杂色

(4) 按快捷键“Ctrl + ’”显示网格，按快捷键“Ctrl + J”复制图层，选中复制的图层，再按快捷键“Ctrl + T”以网格线为基准对图片进行旋转，把人物摆正，按“Enter”键退出操作。效果如图 2-14 所示。

图 2-14　把人物摆正

(5) 选择工具箱中的“裁剪工具”，在图片裁剪区域单击鼠标右键选择裁剪的相应属性“使用裁剪框大小和分辨率”。在属性栏中设置裁剪的宽为 2.5 厘米，高为 3.5 厘米，如图 2-15 所示。

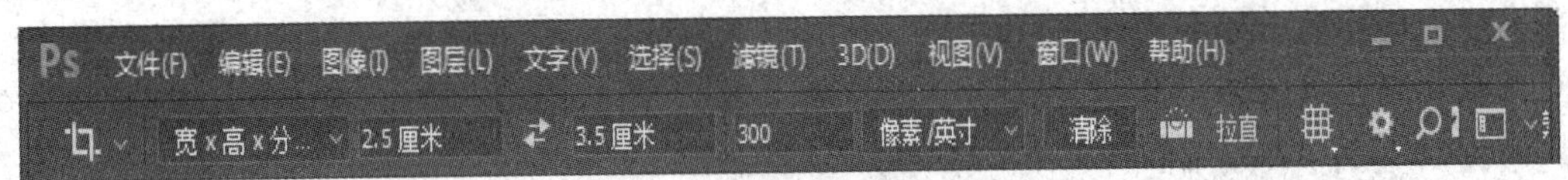

图 2-15　设置裁剪属性

(6) 将光标置于被框选的图像中，按住鼠标左键将图片移动到合适的位置，将需要的人物头像框选出来，效果如图 2-16 所示。

(7) 按下键盘上的“Enter”键，完成图像的裁剪，效果如图 2-17 所示。

图 2-16　框选裁剪部分

图 2-17　完成裁剪效果图

(8) 选择工具箱中的“魔棒工具”，在图像背景上点击鼠标，选中图像背景，效果如图 2-18 所示。

(9) 在工具箱中的“设置前景色/设置背景色”按钮上，点击下面一层(即“设置背景色”)，弹出“拾色器(背景色)”对话框，在该对话框中输入 RGB 数值，分别为 R:0，G:191，B:243，设置好后点击“确定”按钮。

(10) 按下键盘上的“Ctrl + Delete”快捷键，即可给图像填充蓝色背景，按下键盘上的“Ctrl + D”快捷键，即可取消选中，效果如图 2-19 所示。

图 2-18　选中图像背景

图 2-19　填充背景

注：标准的一寸和两寸照片的大小分别为 2.5 cm × 3.5 cm 和 3.5 cm × 4.9 cm。常用的蓝底照片颜色数值为 R:0，G:191，B:243 或 C:67，M:2，Y:0，K:0；常用的红底照片颜色数值为 R:255，G:0，B:0 或 C:0，M:99，Y:100，K:0。

(11) 在菜单栏中执行“图像”→“画布大小”命令，在弹出的画布大小属性面板中，按如图 2-20 所示设置参数，点击“确定”按钮，画像的四周将出现一圈白色的边框。

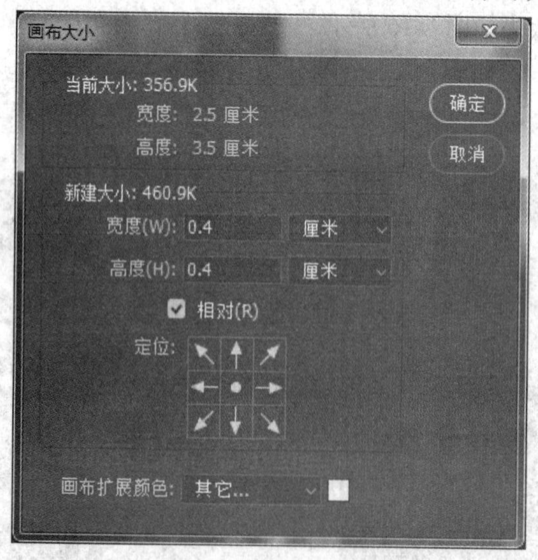

图 2-20　设置画布大小

(12) 在菜单栏中执行“编辑”→“定义图案”命令，在弹出的图案名称属性面板中的名称文本框中输入“一寸证件照”，如图 2-21 所示，点击“确定”按钮。

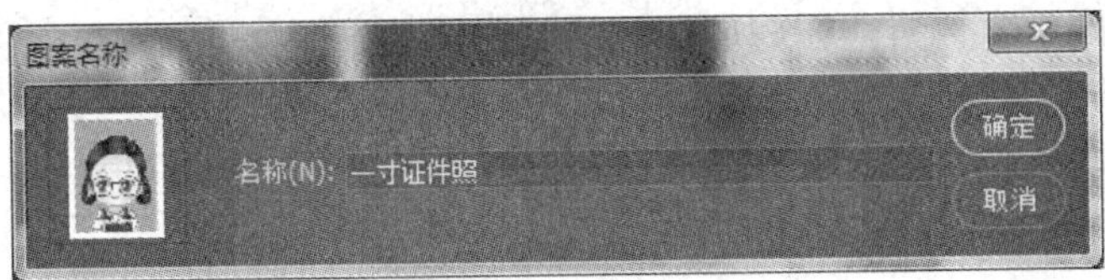

图 2-21　定义图案

(13) 新建图像文件。在菜单栏中执行“文件”→“新建”命令，在弹出的新建文档属性框中按如图 2-22 所示设置参数，然后点击“创建”按钮。

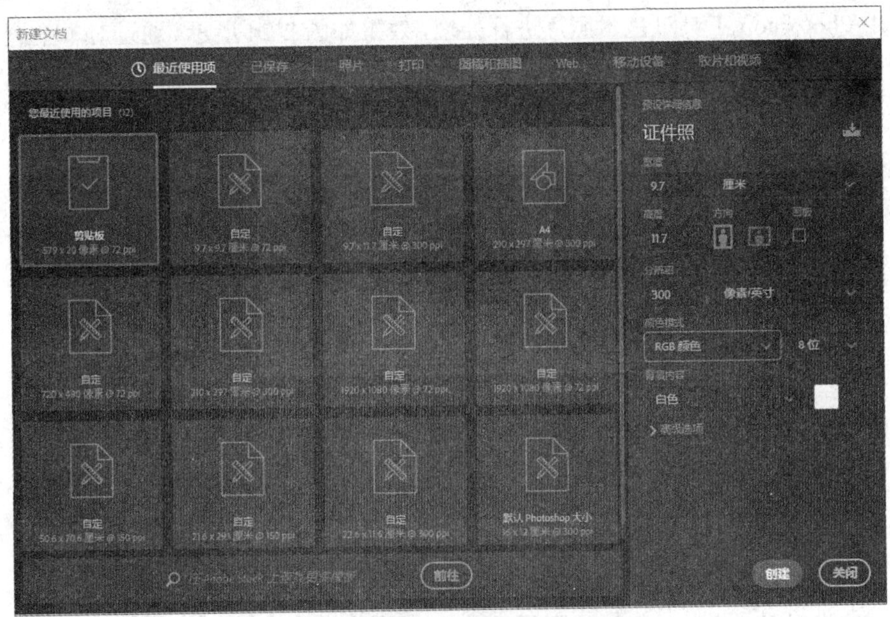

图 2-22　新建文档

(14) 填充图案。在菜单栏中执行“编辑”→“填充”命令，弹出“填充”面板，在“内容”选项中选择图案，按如图 2-23 所示设置参数。其中在“自定图案”选项中，选择前面定义的一寸证件照图案。

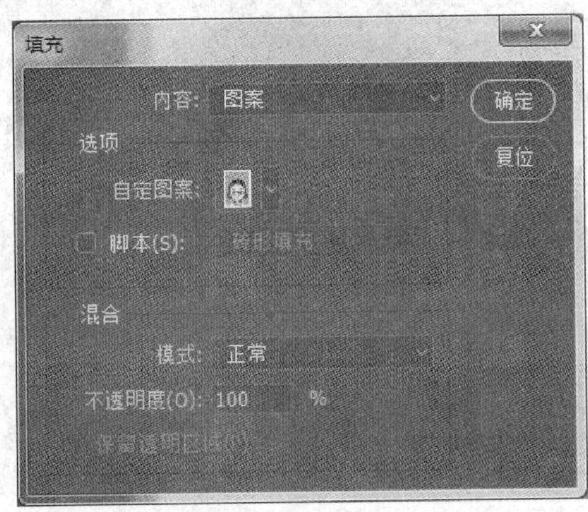

图 2-23　填充图案

(15) 点击“确定”按钮，完成证件照的制作，效果图如图 2-9 所示，最终效果如“案例一. jpg”文件所示。

(16) 在菜单栏中执行“文件”→“存储为”命令，将制作好的证件照保存在指定的文件夹中。最后关闭图像，退出 Adobe Photoshop CC 2017 软件。

2.3.2　制作创意相框

1. 案例目的

运用 Photoshop 工具对艺术照片进行处理，效果如图 2-24 所示。通过对本案例的学习，掌握图层属性、图层蒙版、快速蒙版、剪切蒙版、抠图、滤镜的基本功能和应用。

图 2-24　相框效果图

2. 操作步骤

(1) 启动 Adobe Photoshop CC 2017 软件，在菜单栏中执行“文件”→“新建”命令，新建一个名为“创意相框”的文档，参数如图 2-25 所示，点击“创建”按钮。

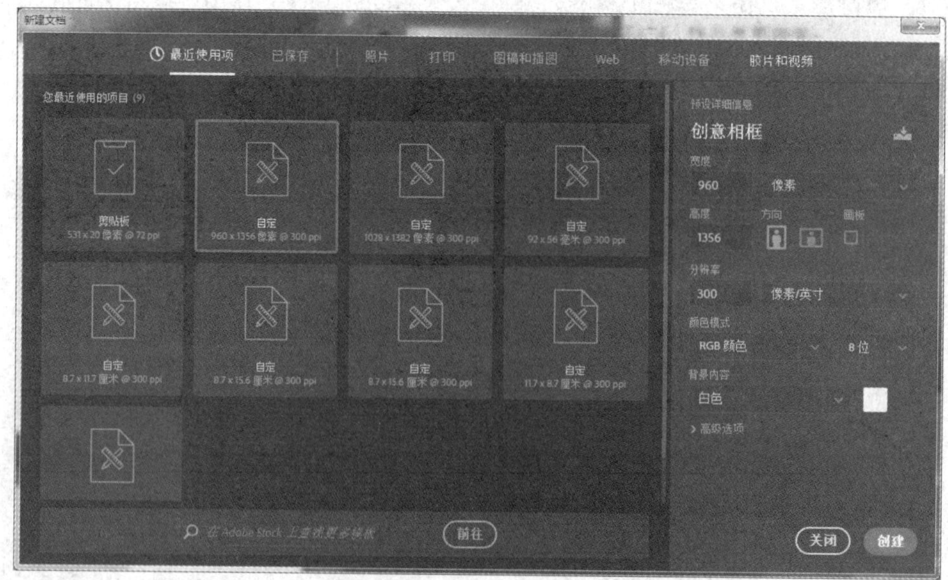

图 2-25　新建文档

(2) 选择背景图层，按快捷键“Ctrl + J”复制背景图层，双击该图层，命名为“相框背景”，如图 2-26 所示。

图 2-26　复制背景图层

(3) 在菜单栏中执行“文件”→“打开”命令，选择素材图片“灯泡.jpg”，效果如图 2-27 所示。

图 2-27　打开灯泡图片

(4) 在图层面板中单击背景图层中的锁头对图层进行解锁，选择工具箱中的“魔术棒工具”，在属性栏中勾选“连续”，单击图片白色部分建立选区，单击鼠标右键选择“选择反向”，效果如图 2-28 所示。

图 2-28　抠出灯泡

(5) 切换到工具箱中的“移动工具”，将灯泡直接拖入到“创意相框”文档，按快捷键“Ctrl + T”将灯泡调整至合适的大小，按“Enter”键确定，效果如图 2-29 所示。

图 2-29　置入灯泡

(6) 在菜单栏中执行“文件”→“置入嵌入的智能对象”命令，选择素材图片“山岩.png”，单击“置入”按钮，效果如图 2-30 所示。

图 2-30　置入山岩

(7) 按快捷键“Shift + Alt”，对山岩的长和宽进行等比缩放并调整到合适的大小，再把它拖动至合适的位置，按“Enter”键退出操作，效果如图 2-31 所示。

图 2-31　调整山岩大小、位置

(8) 在菜单栏中执行“文件”→“置入嵌入的智能对象”命令，选择素材图片“椰子树.png”，单击“置入”按钮，效果如图 2-32 所示。

图 2-32　置入椰子树

(9) 按快捷键“Shift + Alt”，对椰子树进行等比缩放并调整到合适的大小，再把它拖动到合适的位置，按“Enter”键退出操作，效果如图 2-33 所示。

图 2-33　调整山岩大小、位置

(10) 在菜单栏中执行“文件”→“置入嵌入的智能对象”命令，选择素材图片“海浪.png”，单击“置入”按钮，效果如图 2-34 所示。

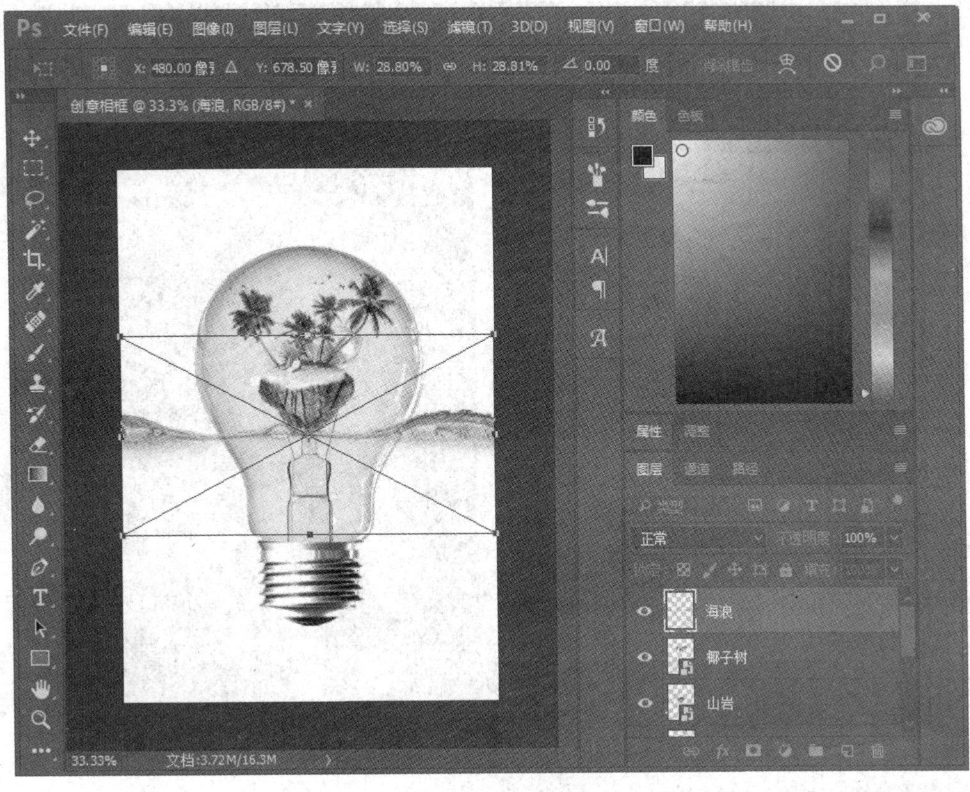

图 2-34　置入海浪

(11) 按快捷键“Shift + Alt”，对海浪进行等比缩放并调整到合适的大小，再把它拖动到合适的位置，按“Enter”键退出操作，效果如图 2-35 所示。

图 2-35　调整海浪大小、位置

(12) 选中“海浪”图层，将其移动到“灯泡”图层上方。按住“Alt”键，在这两个图层之间出现向下箭头时按住鼠标左键对海浪图层添加剪切蒙版。效果如图 2-36 所示。

图 2-36　添加剪切蒙版

(13) 为了使海浪显得更逼真，再复制一层海浪，将复制的海浪图层拖到最顶层，效果如图 2-37 所示。

图 2-37　复制海浪图层

(14) 点击图层控制面板下方的“添加图层蒙版”按钮 ，给复制的海浪图层添加图层蒙版，并将前景色设置为黑色，背景色设置为白色。在工具箱中选择“画笔工具” ，对上层的海浪进行涂抹，达到与下层海浪相互融合的自然效果。最终效果如图 2-38 所示。

图 2-38　添加图层蒙版

(15) 在菜单栏中执行“文件”→“置入嵌入的智能对象”命令，选择素材图片“气泡.png”，单击“置入”按钮，效果如图 2-39 所示。

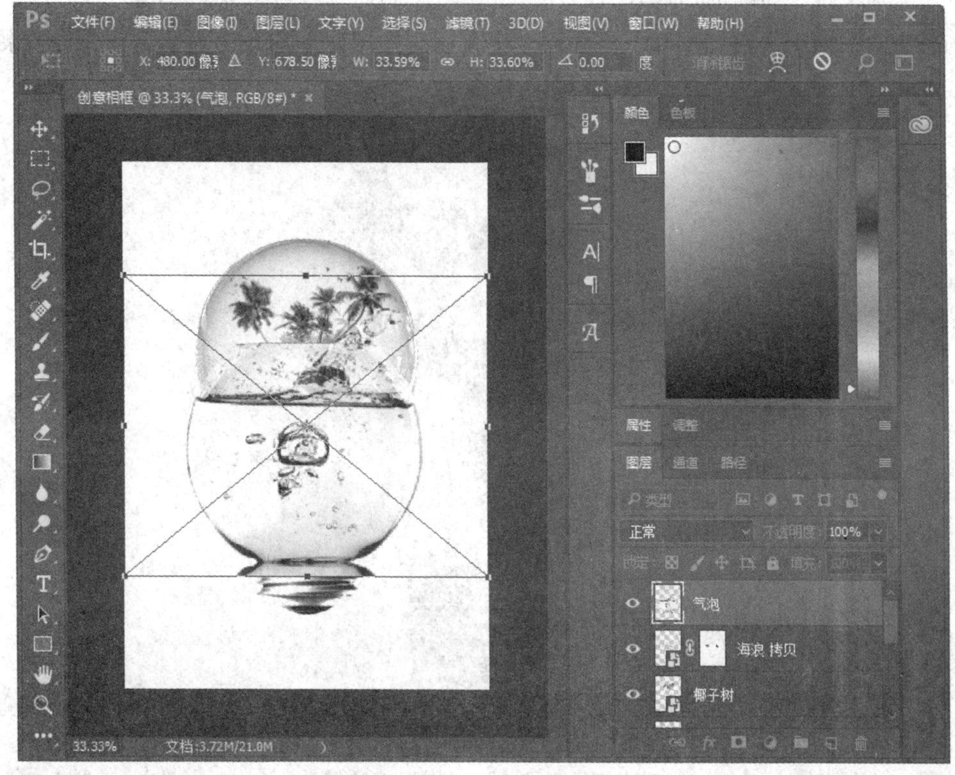

图 2-39　置入气泡

(16) 按住“Shift + Alt”快捷键对鱼缸进行等比缩放并调整到合适的大小，再把它拖动到合适的位置，按“Enter”键退出操作，效果如图 2-40 所示。

(17) 选择图层面板下方的“添加图层蒙版”按钮，给气泡图层添加图层蒙版，将前景色设置为黑色，背景色设置为白色。在工具箱中选择“画笔工具”，对鱼缸进行涂抹，留下需要的部分，按快捷键“Ctrl + T”对其大小和位置进行调整，按“Enter”键退出操作。最终效果如图 2-41 所示。

图 2-40　调整气泡的大小、位置

图 2-41　抠出气泡

(18) 选中两个海浪图层和气泡图层，将它们的图层属性均改变为明度，最终效果如图 2-42 所示。

图 2-42　最终效果图

(19) 制作相框。选中“相框背景”图层，选择工具箱中的“矩形选框工具”，在画布上框选合适的区域，点击工具箱面板下的“以快速蒙版模式编辑”按钮 ，如图 2-43 所示。

图 2-43　以快速蒙版模式编辑

(20) 在菜单栏中执行“滤镜”→“扭曲”→“波浪”命令，在弹出的波浪属性面板中按如图 2-44 所示设置属性，得出的效果如图 2-45 所示。

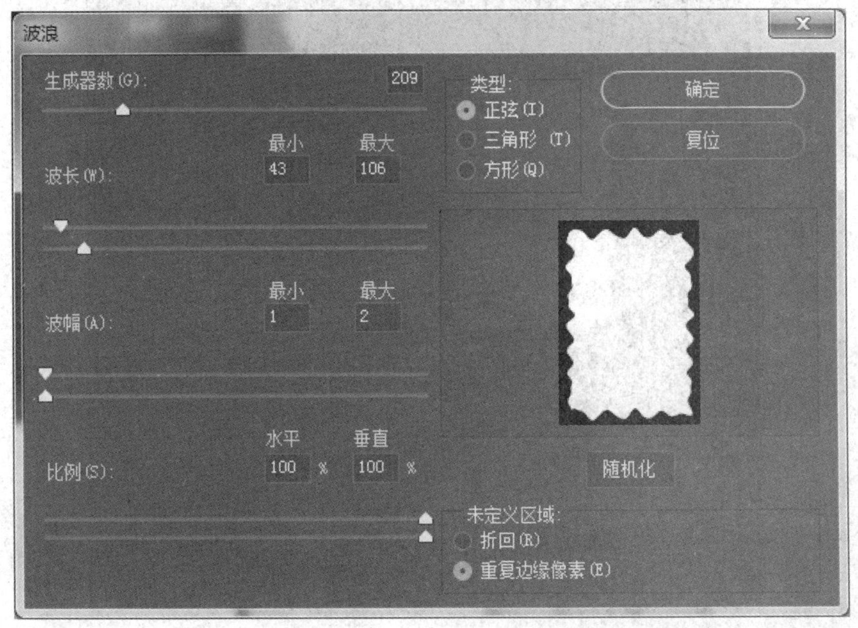

图 2-44　波浪滤镜参数

图 2-45　添加波浪滤镜后效果

(21) 在菜单栏中执行“滤镜”→“扭曲”→“波纹”命令，在弹出的波纹属性面板中按如图 2-46 所示设置属性，然后点击“确定”按钮，得出的效果如图 2-47 所示。

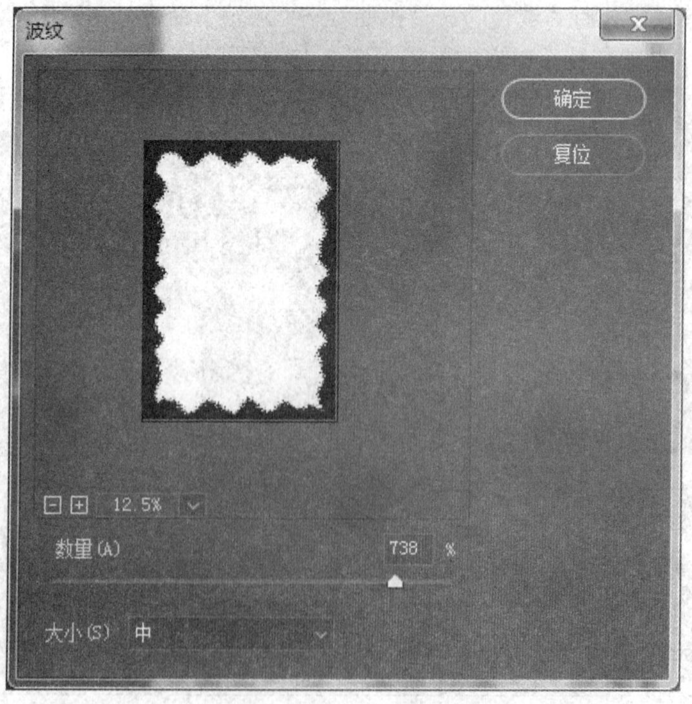

图 2-46　波纹滤镜参数

图 2-47　添加波纹滤镜后效果

(22) 选择工具箱中的“矩形选框工具”，在画布上单击鼠标右键并选择“载入选区”，在弹出的载入选区属性面板中勾选“反相”，点击“确定”按钮，如图 2-48 所示。

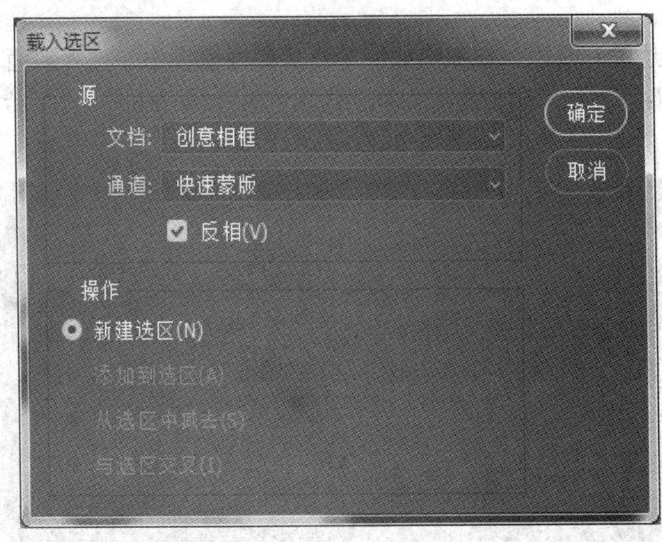

图 2-48　载入选区

(23) 再次单击工具箱面板下的“以快速蒙版模式编辑”按钮，退出快速蒙版编辑模式。单击鼠标右键选择“选择反向”，再单击鼠标右键，选择“新建图层”，在弹出的新建图层属性面板中设置名称为“边框”，如图 2-49 所示，点击“确定”按钮。按快捷键“Alt + Backspace”填充前景色为黑色，按快捷键“Ctrl + D”退出选区编辑，效果如图 2-50 所示。

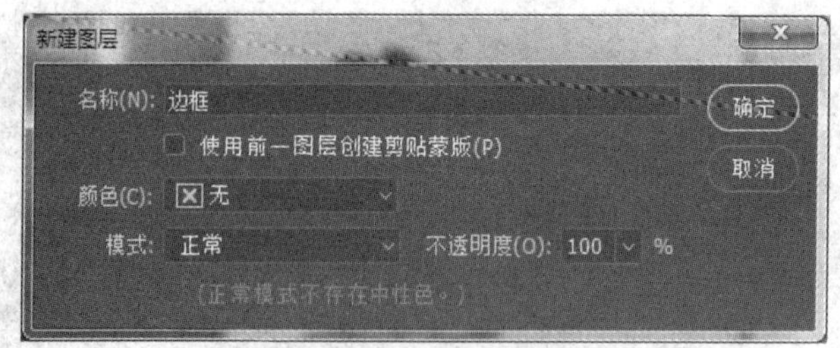

图 2-49　给选区新建图层

图 2-50　填充前景色

(24) 双击“边框”图层，在弹出的图层样式属性面板中勾选“斜面和浮雕”，按如图 2-51 所示设置属性，勾选“颜色叠加”并设置颜色为“#66758d”，然后点击“确定”按钮，如图 2-52 所示。最终完成效果如图 2-24 所示。

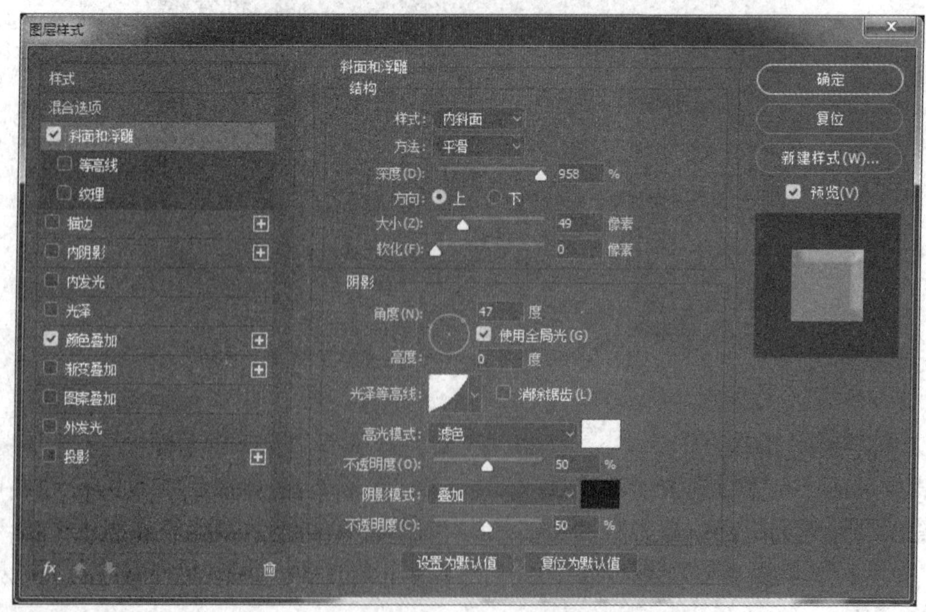

图 2-51　斜面和浮雕属性

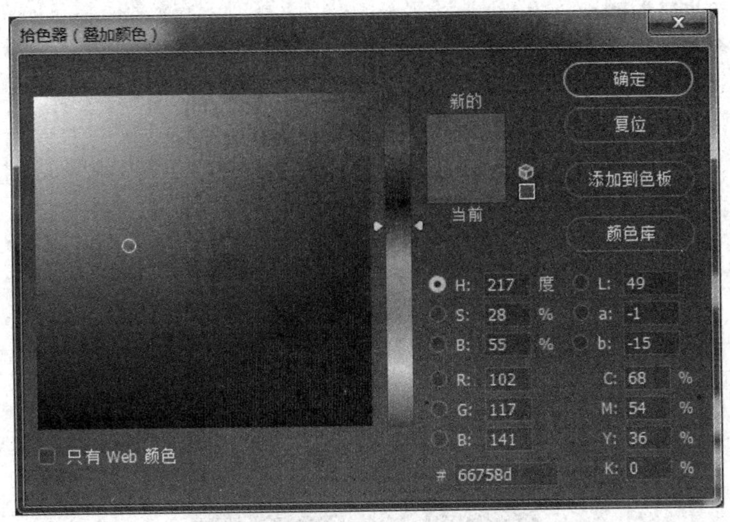

图 2-52　选取叠加的颜色

(25) 在菜单栏中执行“文件”→“存储为”命令，将制作好的创意相框保存在指定的文件夹中。最后关闭图像，退出 Adobe Photoshop CC 2017 软件。

2.3.3　名片制作

1. 案例目的

运用 Adobe Photoshop CC 2017 工具制作一张名片，效果如图 2-53 所示。通过对本案例的学习，掌握矩形工具、文字工具、滤镜、图层属性、蒙版的功能及运用，了解名片设计的排版和流程。

图 2-53　名片效果图

2. 案例步骤

(1) 启动 Adobe Photoshop CC 2017 软件，在菜单栏中执行“文件”→“新建”命令，新建一个宽 92 mm，高 56 mm，分辨率为 300 的文档。

(2) 选中“背景”图层，点击鼠标右键，选择“复制图层”，复制一个背景层，效果如图 2-54 所示。

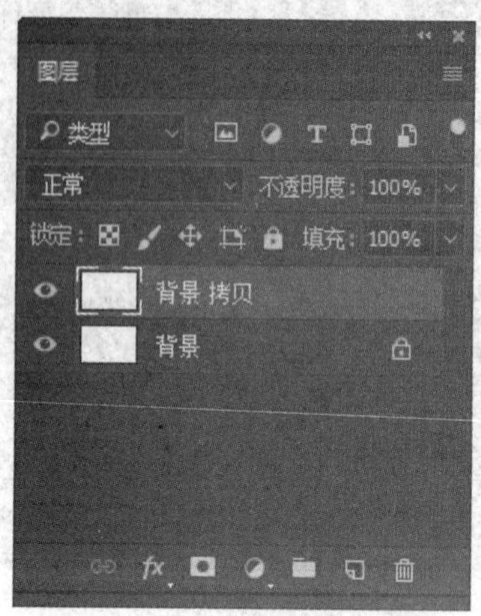

图 2-54　复制“背景”图层

(3) 选择工具箱中的“渐变工具”，在属性栏中点击“渐变编辑器”，弹出如图 2-55 所示的渐变编辑器面板。在渐变编辑器面板中从左到右设置色标的位置和颜色依次为：在 0%的位置上时，颜色值为“#d1c0a5”；在 50%的位置上时，颜色值为“#ffffff ”；在 100%的位置上时颜色值为“#a6937c”。

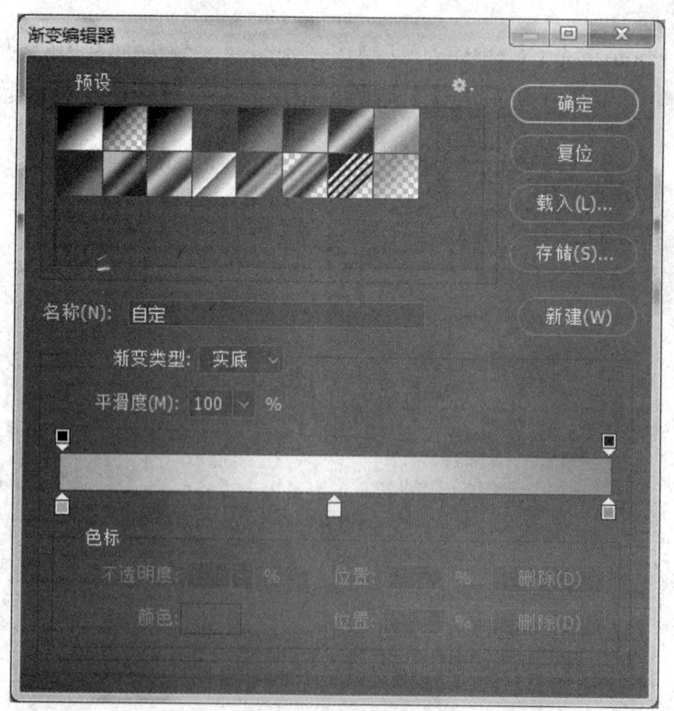

图 2-55　渐变编辑器

(4) 回到画布，从画布左上角拖动鼠标至画布右下角，得到背景渐变效果，效果如图 2-56 所示。

图 2-56　渐变背景效果图

(5) 选择工具箱中的“矩形工具”，在画布的左上角画出矩形，在图层面板中双击其图层缩览图，在弹出的拾色器面板中设置颜色参数为“#5b3228”，如图 2-57 所示，得到的效果如图 2-58 所示。

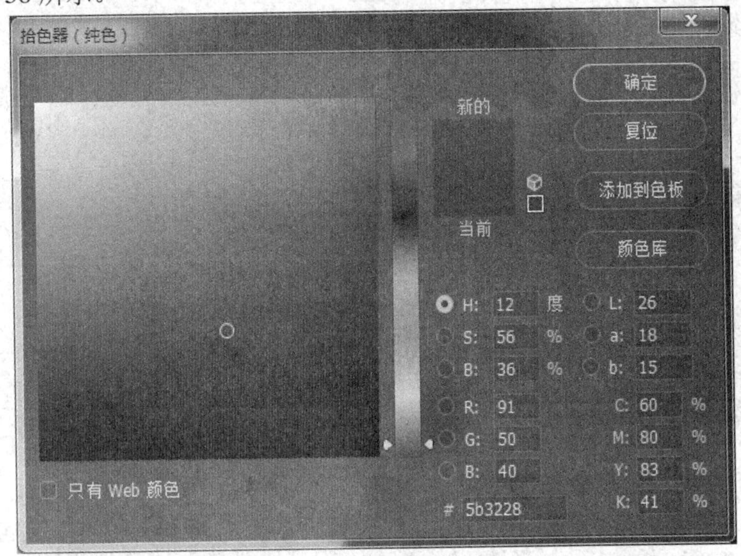

图 2-57　矩形填充颜色

图 2-58　画出矩形的效果图

(6) 选择工具箱中的“矩形工具”，按住“Shift”键在矩形框中画正方形，大小为 17.22 像素 × 17.22 像素，设置填充颜色为“#f7ebe8”，按住“Ctrl + T”快捷键调整正方形，按住“Shift”键不放将正方形旋转 45°，按“Enter”键退出操作，效果如图 2-59 所示。按住“Alt”键单击正方形并拖动鼠标复制出另外 3 个正方形，调整位置制作出 logo 的形状，效果如图 2-60 所示。

图 2-59　画出正方形

图 2-60　画出 logo 图案

(7) 选择工具箱中的“横排文字工具”，在 logo 图案下方输入文字“logo”，按如图 2-61 所示设置文字的属性，效果如图 2-62 所示。

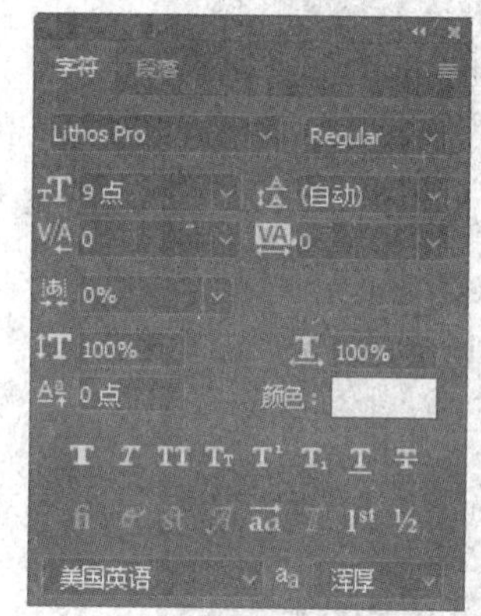

图 2-61　文字属性

图 2-62　logo 整体效果图

(8) 选择工具箱中的“横排文字工具”，在画布中输入文字，设置文字颜色为“#a38346”，文字大小为 12，按如图 2-63 所示设置文字属性。特别选中“职务”二字，设置其大小为 9，效果如图 2-64 所示。

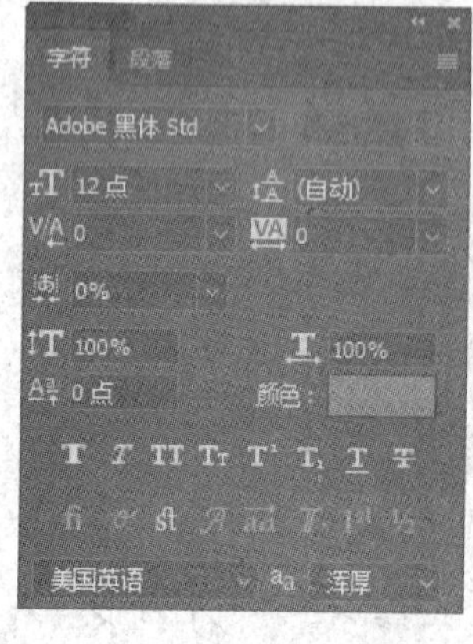

图 2-63　第一行文字属性

图 2-64　添加第一行文字

(9) 添加 Mobil 一行的文字，按如图 2-65 所示设置文字的属性，字体颜色设置为“#a38346”，效果如图 2-66 所示。

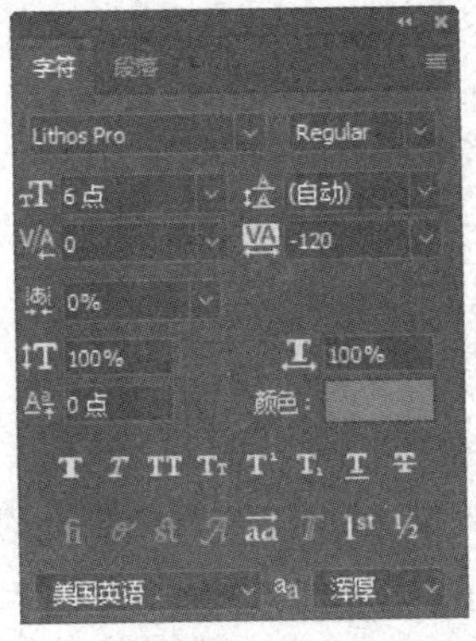

图 2-65　mobil 一行文字属性

图 2-66　添加第二行文字

(10) 选择工具栏中的“直线工具”，在画布相应位置画出直线，颜色设置为“#9a6836”，按如图 2-67 所示设置参数，效果如图 2-68 所示。

图 2-67　设置直线参数

图 2-68　添加直线

(11) 在直线下方合适的位置输入关于公司信息的文字，文字的字体颜色为“#a38346”，按如图 2-69 和图 2-70 所示设置属性，最终效果如图 2-71 所示。

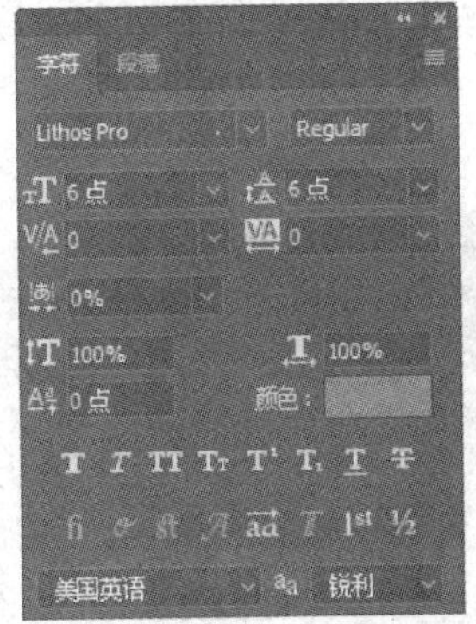

图 2-69　直线下方英文文字属性

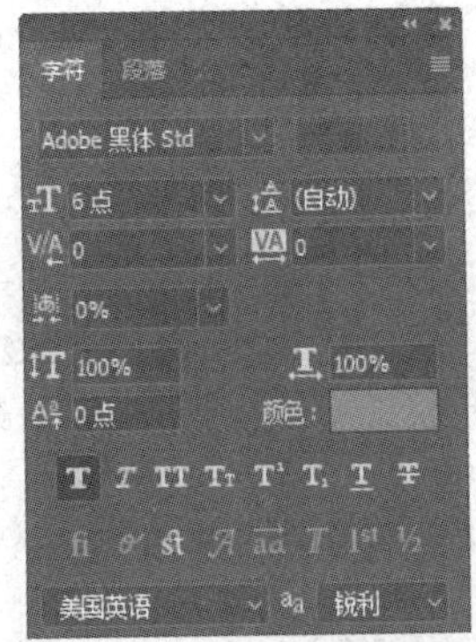

图 2-70　直线下方中文文字属性

图 2-71　添加公司文字信息效果图

(12) 新建图像文件。在菜单栏中执行“文件”→“置入嵌入的智能对象”命令，在弹出的“置入嵌入对象”面板中选择素材文件夹中的“living room.jpg”图片，单击“置入”，效果如图 2-72 所示。

图 2-72　置入场景图片

(13) 按快捷键“Shift + Alt”，对置入的图片进行等比缩放，调整好大小后按住鼠标左键将图片拖动到合适的位置，按“Enter”键完成操作，效果如图 2-73 所示。

图 2-73　调整图片的大小、位置

(14) 选中“living room”图层，按快捷键“Ctrl + J”复制图层，在复制的图层中，在工具栏上执行“滤镜”→“风格化”→“查找边缘”命令，得到的效果如图 2-74 所示。

图 2-74　添加风格化滤镜后效果

(15) 在菜单栏中执行“滤镜”→“滤镜库”→“艺术效果”命令，选择“粗糙蜡笔”效果，按如图 2-75 所示设置参数，得出的效果如图 2-76 所示。

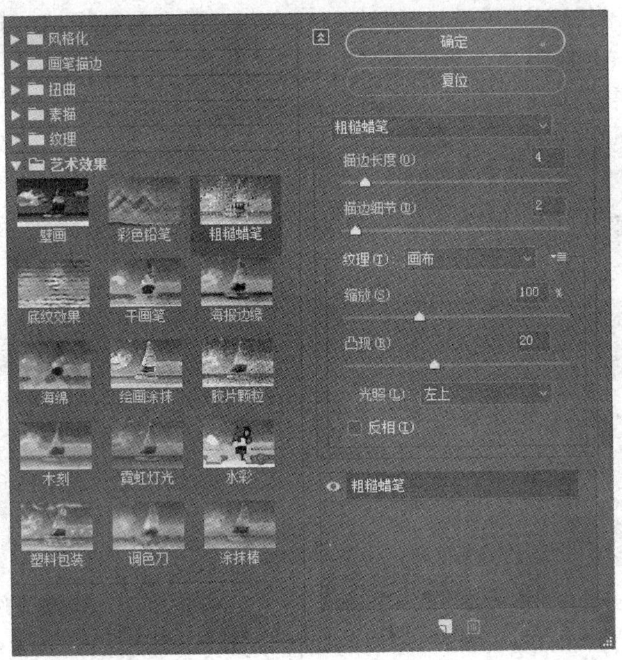

图 2-75　粗糙蜡笔参数设置

图 2-76　添加粗糙蜡笔滤镜后效果

(16) 在图层面板中，双击该图层样式中的“滤镜库”后方的“编辑滤镜混合选项”，在弹出的混合选项面板中按如图 2-77 所示设置参数，得到的效果如图 2-78 所示。

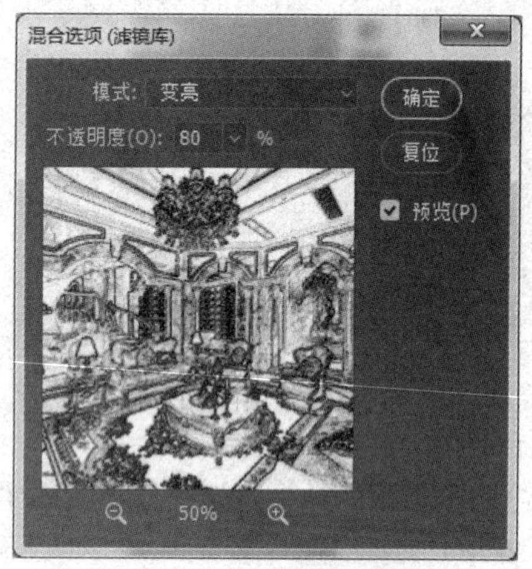

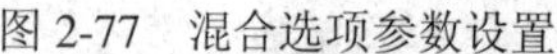
图 2-77　混合选项参数设置　　图 2-78　编辑混合选项后效果

(17) 双击图层面板中“查找边缘”后方的“编辑滤镜混合选项”，在弹出的混合选项面板中按如图 2-79 所示设置参数，得到的效果如图 2-80 所示。

图 2-79　混合选项参数设置　　图 2-80　编辑混合选项后效果

(18) 将复制的“living room”图层的属性设置为明度模式，效果如图 2-81 所示。

图 2-81　设置图层属性后效果

(19) 按住“Ctrl”键选中“living room”图层和“living room 拷贝”图层，单击鼠标右键选择“合并图层”，单击图层面板下方的“添加图层蒙版”按钮，在工具栏中选择“画笔工具”，按如图 2-82 所示设置画笔的属性。将前景色设置为黑色，背景色设置为白色，在合并图层的边缘进行涂抹，最终完成效果如图 2-53 所示。

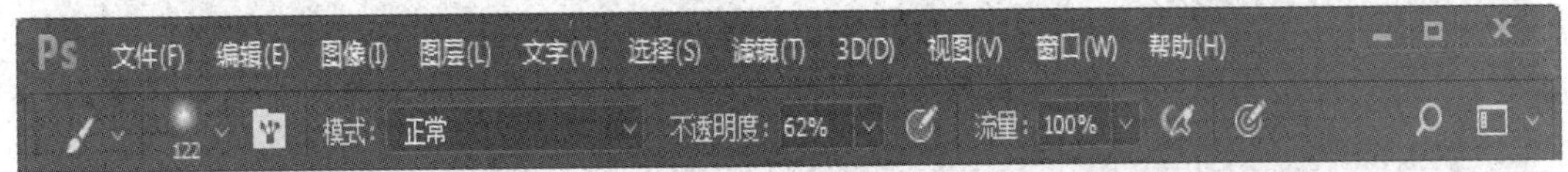

图 2-82　设置画笔属性

(20) 在菜单栏中执行“文件”→“存储为”命令，将制作好的名片保存在指定的文件夹中。关闭图像，退出 Adobe Photoshop CC 2017 软件。

2.3.4　制作圣诞海报

1. 案例目的

运用 Adobe Photoshop CC 2017 软件制作圣诞海报，效果图如图 2-83 所示。通过本案例的学习，掌握综合使用滤镜、渐变工具、钢笔工具、图层蒙版、图层样式等的功能及应用其制作圣诞节的宣传海报的方法。

图 2-83　圣诞海报效果图

2. 操作步骤

(1) 启动 Adobe Photoshop CC 2017 软件，在菜单栏中执行 “文件”→“新建”命令，在弹出的新建文档面板中按如图 2-84 所示设置属性，点击“创建”按钮。

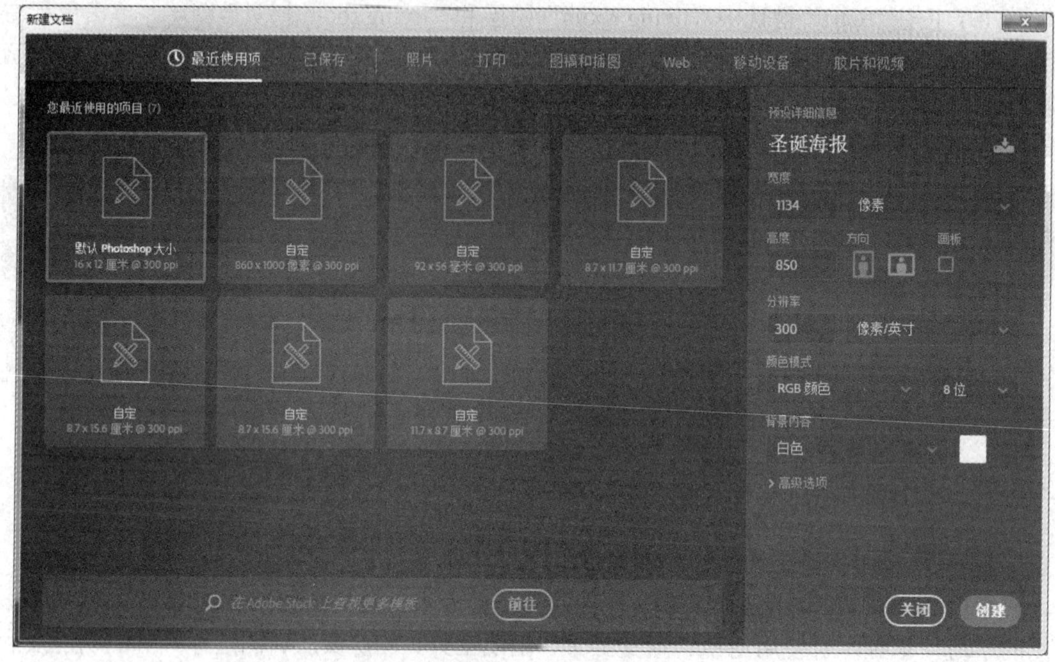

图 2-84　新建文档

(2) 选择工具箱中的“渐变工具”■，单击菜单栏中的色块，在弹出的“渐变编辑器”面板中按如图 2-85 所示设置参数，色标颜色值从左往右依次为“#5e9691”和“#88b2ae”，单击“确定”按钮回到画布，将鼠标从上方拖动到下方，得到的效果如图 2-86 所示。

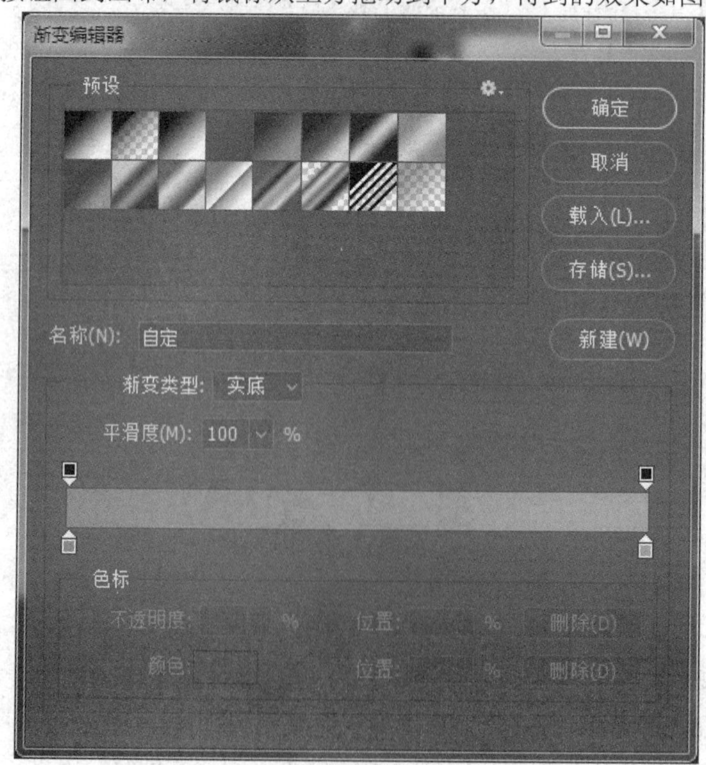

图 2-85　设置背景渐变色

图 2-86　背景渐变效果

(3) 选择工具箱中的“钢笔工具”，在画布下方画出小雪堆的形状，长按工具箱的“钢笔工具”，在弹出的面板中选择“转换点工具”，如图 2-87 所示，选中锚点，按快捷键“Ctrl + T”可以对锚点的位置进行调节，调整好后的效果如图 2-88 所示。

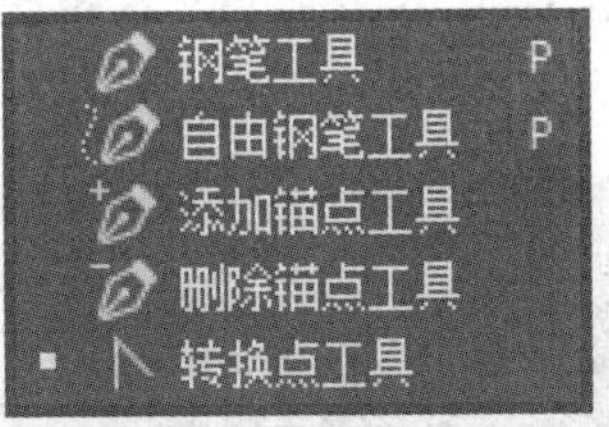

图 2-87　切换到转换点工具

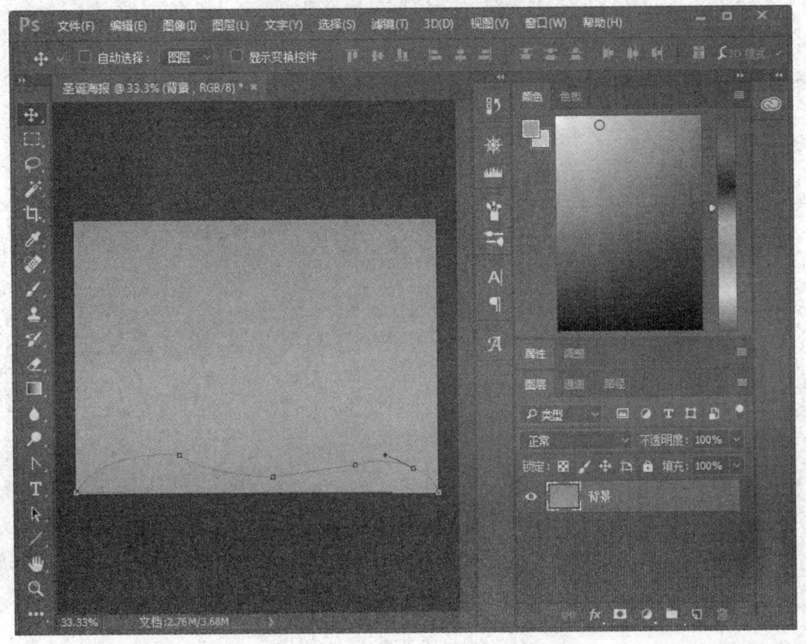

图 2-88　使用钢笔工具画出小雪堆

(4) 在画布内任意处单击鼠标右键，在弹出菜单中选择“建立选区”，在弹出的“建立选区”窗口中，按如图 2-89 所示设置参数，单击“确定”按钮。

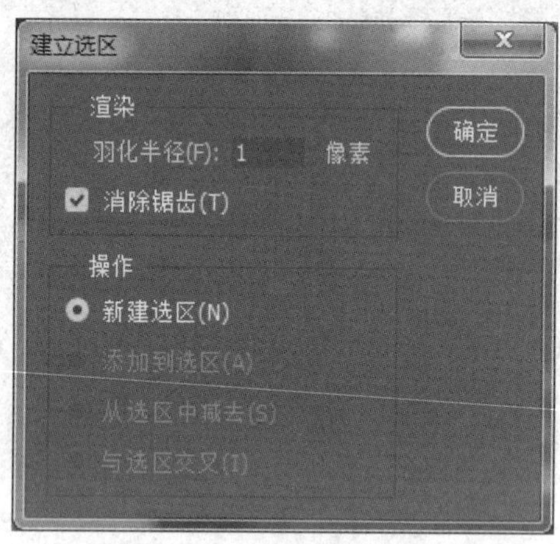

图 2-89　建立选区参数设置

(5) 再次选择工具箱中的“渐变工具”，单击属性栏中的色块，弹出“渐变编辑器”窗口，依然是上述步骤中设置的两个色块，将色标颜色从左到右依次改为“#ffffff”和“#cecdcd”，在选区中由顶部向下拉出线性渐变，按快捷键“Ctrl + D”取消选区，效果如图 2-90 所示。

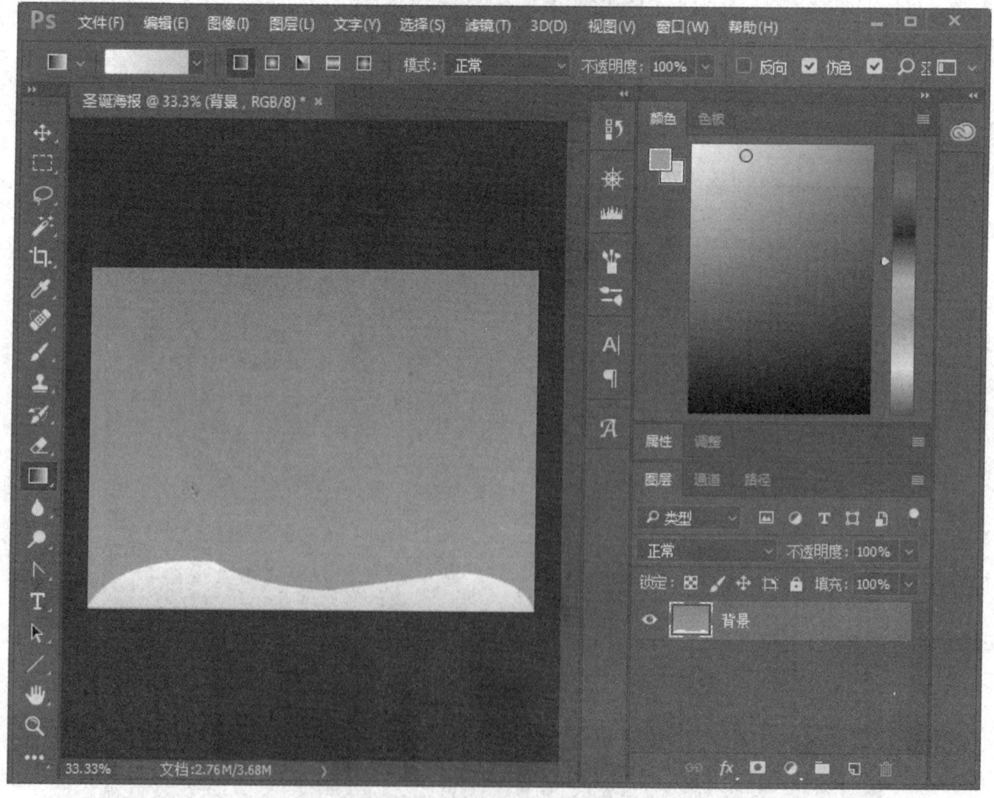

图 2-90　添加渐变后效果

(6) 用同样的方法，另画出两层小雪堆，使它们看起来重叠在一起，最终效果如图 2-91 所示。

图 2-91　三层小雪堆效果

(7) 使用快捷键“Ctrl + J”复制“背景”图层，然后选中复制的背景图层，将工具箱中的前景色改为“#abdef5”，背景色改为“#ffffff”，执行“滤镜”→“渲染”→“分层云彩”命令，图层的混合模式选择“滤色”，点击图层面板下方的“创建新的填充或调整图层”按钮，选择“色彩平衡”，按如图 2-92 所示设置属性面板，得到的效果如图 2-93 所示。

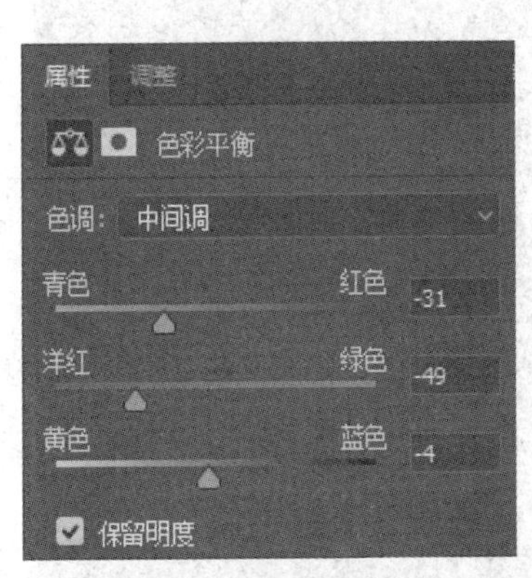

图 2-92　设置色彩平衡参数

图 2-93　添加分层云彩滤镜后效果

(8) 选中刚复制的图层，单击图层面板下方的“添加图层蒙版”按钮，点击工具箱下方的“更换前景色/背景色”按钮将背景色改为白色，使用“画笔工具”将图层蒙版的中间部分擦除，如图 2-94 所示。

(9) 使用快捷键“Ctrl + J”复制两次新图层，按住“Shift”键选中这三个复制的图层，按快捷键“Ctrl + G”将它们成组，并命名为“云”，效果如图 2-95 所示。

图 2-94　添加图层蒙版擦除中间部分

图 2-95　选中图像背景

(10) 在菜单栏中执行“文件”→“置入嵌入的智能对象”命令，在弹出的“置入嵌入对象”面板中选择素材文件夹中的“雪花.png”图片，单击“置入”，效果如图 2-96 所示。

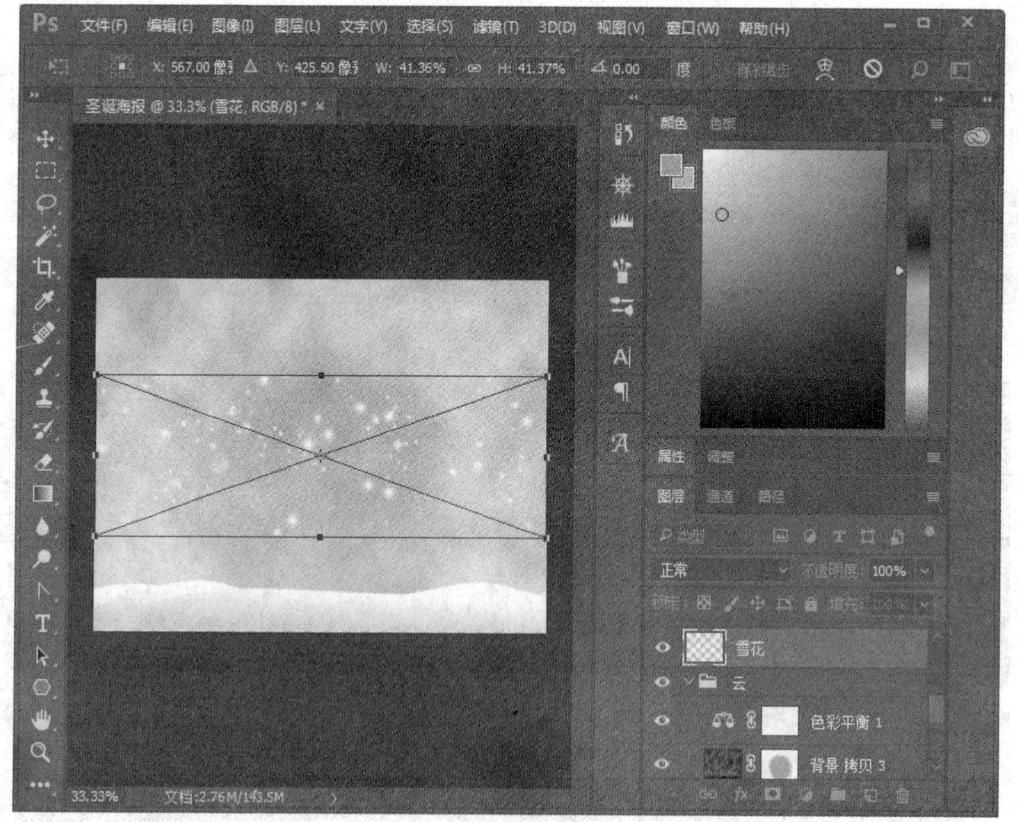

图 2-96　置入雪花

(11) 按快捷键“Alt + Shift”，等比例调整雪花至合适的大小，并用鼠标拖动到合适的位置，按“Enter”键完成操作，调整好后效果如图 2-97 所示。

(12) 选中“雪花”图层，按快捷键“Ctrl + J”对此图层复制四次，重复上一步的操作分别调整雪花的大小和位置，选中五个雪花图层，按快捷键“Ctrl + G”将它们组成一组命名为“雪花”，最终效果如图 2-98 所示。

图 2-97　调整雪花大小、位置

图 2-98　雪花最终效果

(13) 在菜单栏中执行“文件”→“置入嵌入的智能对象”命令，在弹出的“置入嵌入对象”面板中，选择素材文件夹中的“圣诞树.png”图片，单击“置入”，效果如图 2-99 所示。

图 2-99　置入圣诞树

(14) 按快捷键“Alt + Shift”，等比例调整圣诞树至合适的大小，并用鼠标拖动到合适的位置，按“Enter”键完成操作，调整好后效果如图 2-100 所示。

(15) 制作光晕。选择工具箱中的“多边形工具”，鼠标左键点击画布，在弹出的“创建多边形”面板中按如图 2-101 所示设置参数，将图层命名为“光晕”。

图 2-100　调整圣诞树的大小、位置

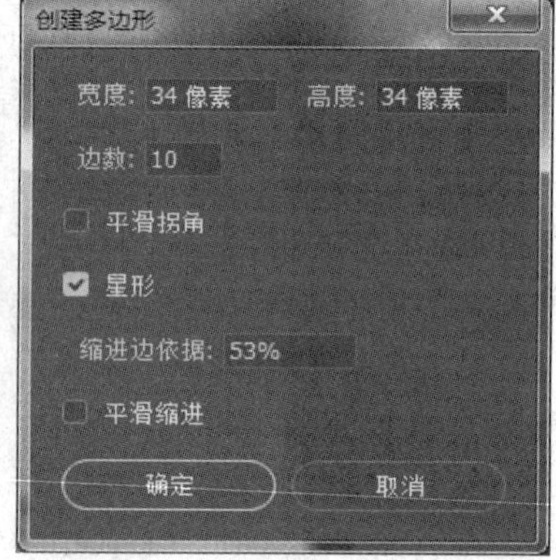

图 2-101　设置多边形属性

(16) 双击“光晕”图层缩览图，将填充多边形的颜色设置为“#f4ed77”，如图 2-102 所示，得出的效果如图 2-103 所示。

图 2-102　拾取填充颜色

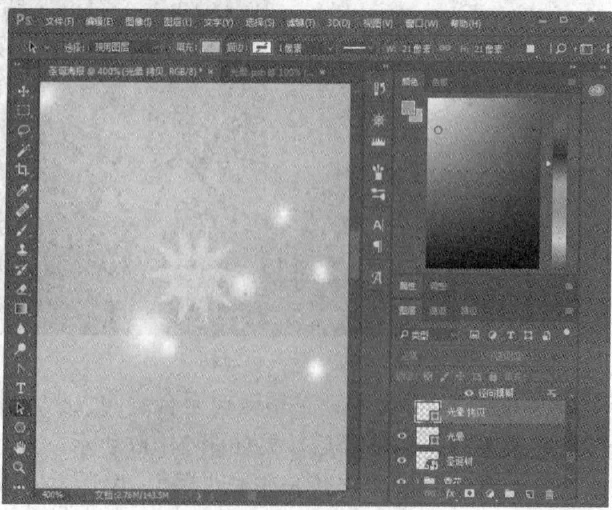

图 2-103　填充颜色后效果

(17) 选中“光晕”图层，按快捷键“Ctrl + J”复制此图层，为了制作有层次感的光晕效果，选中复制的“光晕”图层，按快捷键“Ctrl + T”编辑光晕，再按快捷键“Shift + Alt”对光晕等比例缩小，双击复制的“光晕”图层缩览图将填充多边形的颜色设置为“#f5db2c”，如图 2-104 所示，填充颜色后效果如图 2-105 所示。

图 2-104　拾取填充颜色

图 2-105　填充颜色后效果

(18) 选中两个“光晕”图层，按快捷键“Ctrl + G”将它们组成一组，命名为“光晕”。选中“光晕”组，按快捷键“Ctrl + J”复制十次，然后按快捷键“Ctrl + T”依次调整光晕到合适位置，给圣诞树添加光亮点缀的效果，再选中所有“光晕”组，按快捷键“Ctrl + G”将它们组成一个大组，命名为“光晕”。操作完成后效果如图 2-106 所示。

图 2-106　添加光晕后效果

(19) 在菜单栏中执行“文件”→“置入嵌入的智能对象”命令，在弹出的“置入嵌入对象”面板中选择素材文件夹中的“小孩.png”图片，单击“置入”，效果如图 2-107 所示。

图 2-107　置入小孩

(20) 按快捷键“Alt + Shift”，等比例调整“小孩”至合适的大小，并用鼠标拖动到合适的位置，按“Enter”键完成操作，调整好后的效果如图 2-108 所示。

图 2-108　调整小孩的大小、位置

(21) 制作小孩的影子。点击图层面板下方的“创建新图层”按钮，创建新的图层并命名为“阴影”，再将其移动到“小孩”图层下方。将前景色设置为黑色，选择工具箱中的“画笔工具”，在上方属性栏面板中按如图 2-109 所示设置画笔的属性。

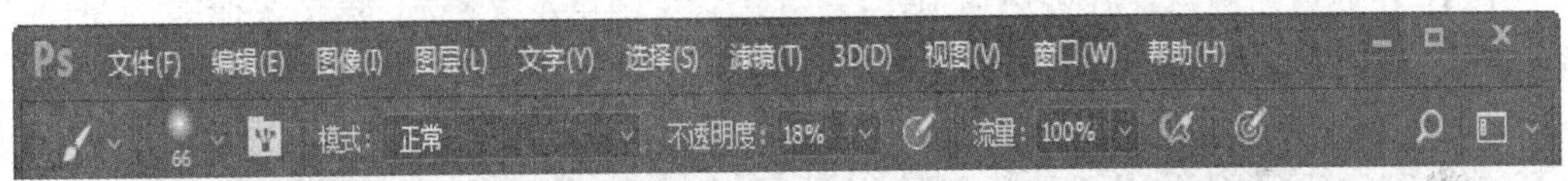

图 2-109　设置画笔属性

(22) 在两个小孩的脚底进行涂抹，制作出影子效果，如图 2-110 所示。

图 2-110　添加人物影子效果

(23) 制作小孩胸前蝴蝶结。在菜单栏中执行“文件”→“打开”命令，在弹出的“打开”面板中选择素材文件“蝴蝶结.png”，如图 2-111 所示。

图 2-111　打开蝴蝶结图片

(24) 在通道面板中选择蓝色通道，按快捷键“Ctrl + A”全选，再按快捷键“Ctrl + C”复制蓝色通道，选中绿色通道按快捷键“Ctrl + V”到绿色通道，效果如图 2-112 所示。

图 2-112　使用通道后效果

(25) 点击 RGB 通道前面的眼睛，回到图层面板，按快捷键“Ctrl + D”取消选区，此时蝴蝶结已经由之前的黄色变为红色，如图 2-113 所示。

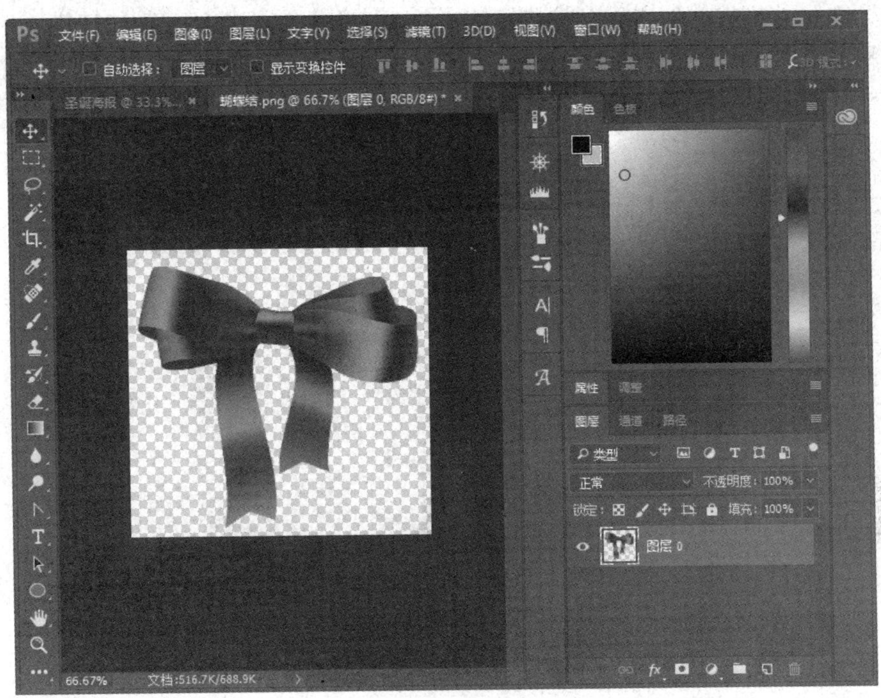

图 2-113　蝴蝶结变红色

(26) 选择工具箱中的“移动工具”，按住鼠标左键不放，拖动蝴蝶结至“圣诞海报”文档，如图 2-114 所示。

图 2-114　置入蝴蝶结

(27) 选择“蝴蝶结”图层，按快捷键“Ctrl + J”复制蝴蝶结，按快捷键“Ctrl + T”编辑蝴蝶结，再按快捷键“Alt + Shift”，依次等比例调整这两个蝴蝶结至合适的大小，并用鼠标移动至女孩和男孩的胸前，按“Enter”键完成操作，调整好后的效果如图 2-115 所示。

图 2-115　调整蝴蝶结大小、位置

(28) 添加气球。在菜单栏中执行“文件”→“置入嵌入的智能对象”命令，在弹出的“置入嵌入对象”面板中选择素材文件夹中的“气球.png”图片，单击“置入”，效果如图 2-116 所示。

图 2-116　置入蝴蝶结

(29) 选择“气球”图层，按快捷键“Ctrl + J”复制气球，按快捷键“Ctrl + T”编辑气球，再按快捷键“Alt + Shift”，依次等比例调整这两个气球至合适的大小，并用鼠标移动至女孩和男孩的手上，按“Enter”键完成操作，调整好后效果如图 2-117 所示。

图 2-117　调整气球大小、位置

(30) 新建图层添加文字。在画布上方使用“椭圆工具”画一个椭圆，按如图 2-118 所示设置参数，得到的效果如图 2-119 所示。

图 2-118　设置椭圆参数

图 2-119　画出椭圆后效果

(31) 选择工具箱中的“横排文字工具”T，点击画布上的椭圆，输入文字“MARRY”此时文字沿着椭圆方向输出，按如图 2-120 所示设置文字的属性。得到文字输出效果如图 2-121 所示，然后删除“椭圆”图层。

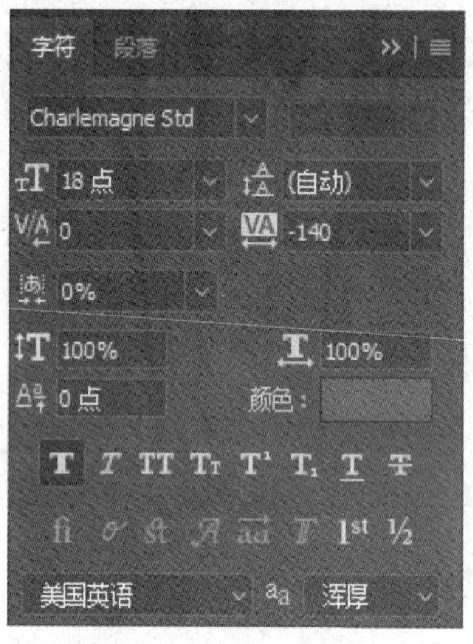

图 2-120　设置文字属性

图 2-121　输出文字效果

(32) 选择工具箱中的“横排文字工具” T，在文字“MERRY”下方输入“CHRISTMARS”，按如图 2-122 所示设置文字的样式，效果如图 2-123 所示。

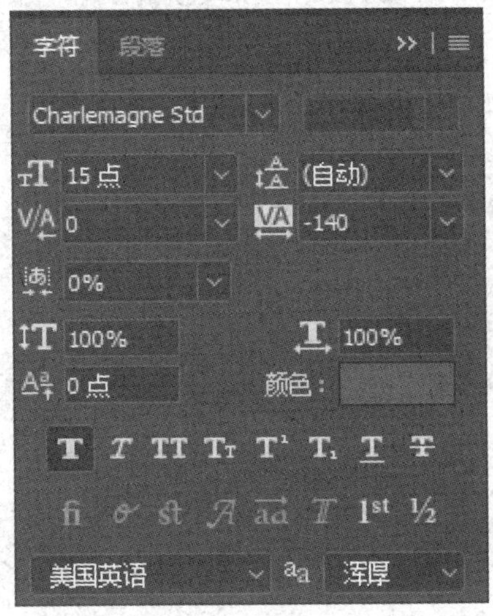

图 2-122　设置文字属性

图 2-123　输出文字效果

(33) 选中两个文字图层，按快捷键“Ctrl + G”将它们组成组，命名为“文字”，双击“文字”组，在弹出的“图层样式”面板中勾选“斜面和浮雕”，按如图 1-124 所示设置参数。再勾选“投影”，按如图 2-125 所示设置参数，得到的效果如图 2-126 所示。

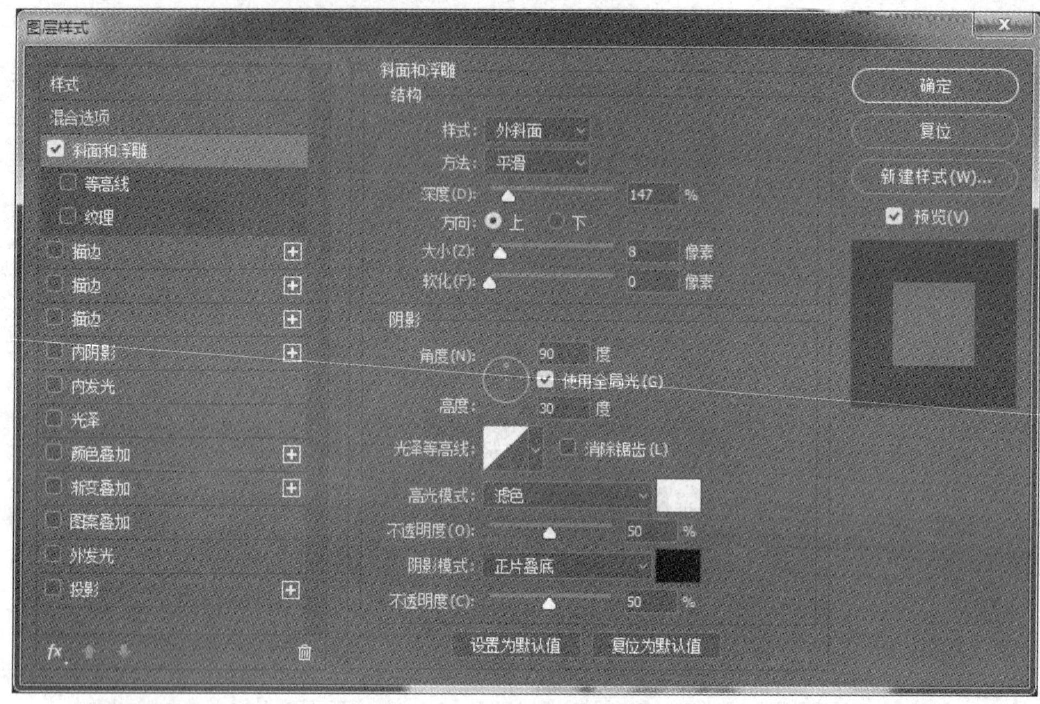

图 2-124　设置斜面和浮雕参数

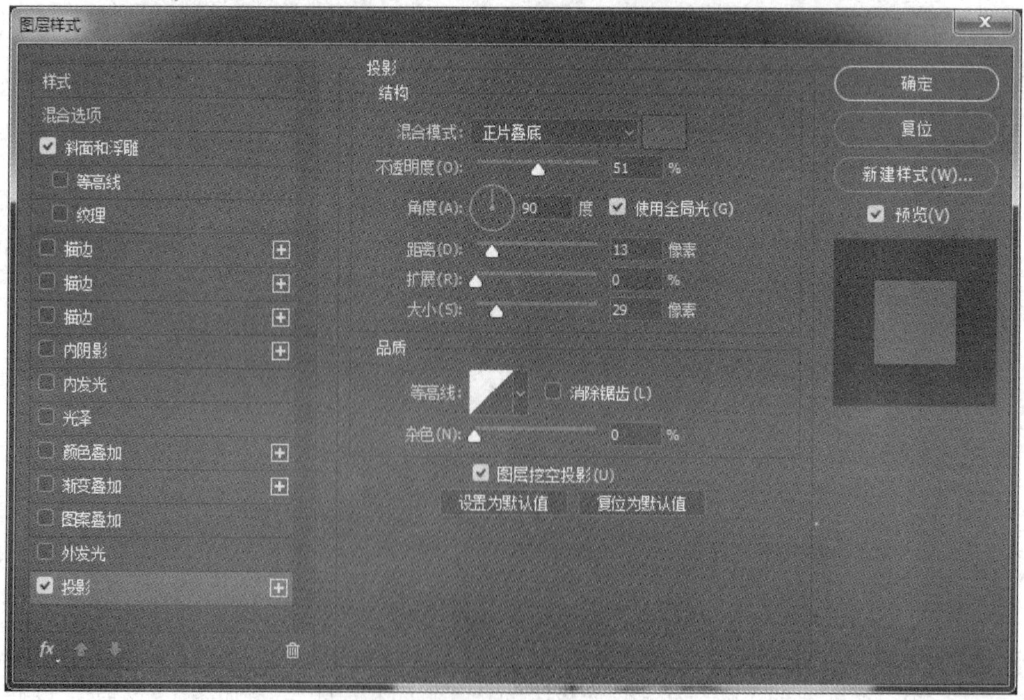

图 2-125　设置投影参数

图 2-126　添加图层样式后效果

(34) 在菜单栏中执行“文件”→“置入嵌入的智能对象”命令，在弹出的“置入嵌入对象”面板中，选择素材文件夹中的“文字背景图.png”图片，单击“置入”，效果如图 2-127 所示。

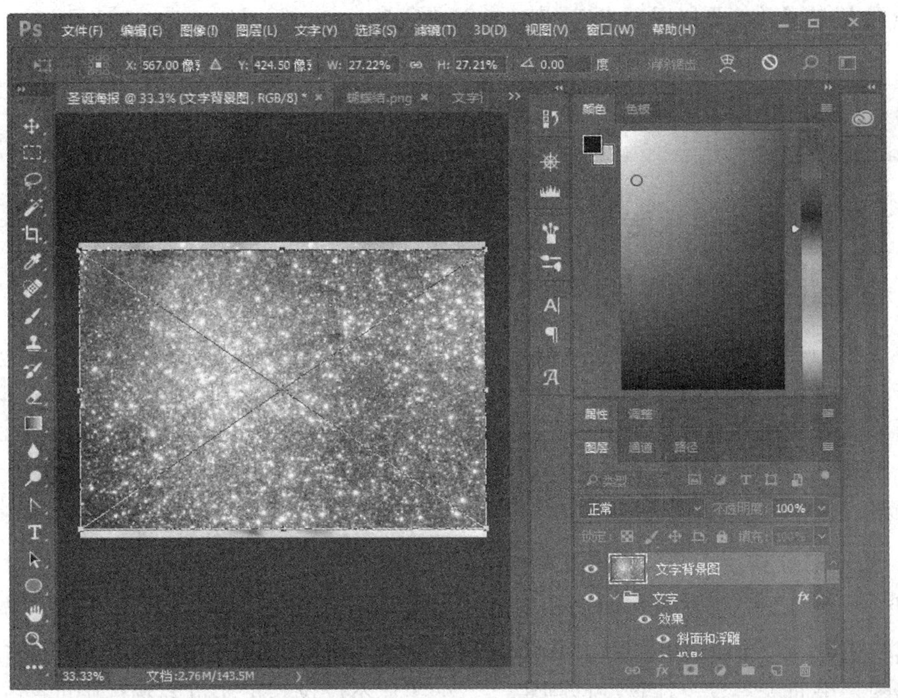

图 2-127　置入文字背景图

(35) 按“Enter”键退出编辑，选中文字背景图层，按住“Alt”键，在与“文字”组之间出现向下箭头时按住鼠标左键对文字图层添加剪切蒙版。最终完成效果如图 2-83 所示。

(36) 在菜单栏中执行“文件”→“存储为”命令，将制作好的圣诞海报保存在指定的文件夹中。关闭图像，退出 Adobe Photoshop CC 2017 软件。

第3章　计算机图形处理技术

学习目标：

(1) 掌握数字图形的基础知识，如图形的分类及特征、图形文件格式、图形与图像的区别等。

(2) 熟悉 CorelDRAW 图形操作软件的界面及其工具箱中各工具的功能。

(3) 了解并掌握 CorelDRAW 常用操作，如对象的操作和管理、图形绘制、图形填充、编辑图形、文本处理、图层和样式、位图编辑处理等基本应用。

学习建议：

加强对 CorelDRAW 案例的学习和训练，在完成案例的过程中，掌握图形的基础知识和 CorelDRAW 的常用操作，尤其是应用 CorelDRAW 进行图形绘制要将贝塞尔工具、钢笔工具等最常用的绘图工具运用到得心应手的程度。

3.1　计算机图形基础知识

3.1.1　计算机图形基本概念

1. 图形

图形是指由外部轮廓线条构成的矢量图，即由计算机绘制的直线、圆、矩形、曲线、图表等。图形用一组指令集合来描述其内容，如构成该图的各种图元位置维数、形状等。描述对象可任意缩放且不会失真。在显示方面图形使用专门软件将描述图形的指令转换成屏幕上的形状和颜色，适用于描述轮廓不是很复杂、色彩不是很丰富的对象，如几何图形、工程图纸、CAD、3D 造型软件等。

2. 图形的分类及特征

图形一般分为二维计算机图形与三维计算机图形。二维图形是平面的，其变换都在二维空间中进行，二维计算机图形主要用于采用传统印刷和绘制技术的场合，如字体、地图、工程制图、平面广告等。在这些应用中，二维图形不仅仅是现实世界物体中的一个表示，它本身也是一个有附加含义的独立对象。二维计算机图形采用的模型一般不提供三维形状，也不提供光照、阴影、反射、折射等三维效果，但二维模型在有些应用中更为实用。三维计算机图形(3D Computer Graphics，3DGG)和二维计算机图形的不同之处在于计算机内储存了几何数据的三维表示，用于计算机绘制最终的二维图形。一般来讲，与为三维计算机图形准备几何数据的三维建模和雕塑、照相类似，而二维建模和平面绘画相似。而且，三维计算机图形依赖于很多二维计算机图形的算法。

图形是矢量图。矢量图的一个突出的优点是不需要对图上的每一个点的信息进行保存，而只需要描述对象的几何形状即可，所以需要的存储空间与点阵图像相比要小得多。图形的矢量化使得我们有可能对图中的各个部分分别进行控制。因为所有的图形部分都可以用数学的方法加以描述，从而可以方便地实现对图形的移动、缩放、旋转、叠加和扭曲等转换与修改。因此，矢量图形常常用在画图、工程制图、美术字等方面，绝大多数 CAD 和 3D 软件均使用矢量图形作为基本图形存储格式，但用它来表现人物或风景照片时就很不方便。PC 上常用的矢量图形文件有扩展名为 .3ds 和 .dxf(用于 3D 造型和 CAD)以及 .wmf(用于桌面出版)等的文件。由于矢量图形在每一次显示时要根据描述来重新生成图形，故对比较复杂的图形需要较多的计算时间，而图形越复杂，要求越高，所需的时间也就越多。

3.1.2　图形文件格式

与图像文件一样，图形文件也有多种格式，常用的图形文件格式有以下几种：

1. EPS 格式

EPS(Encapsulated PostScript)是 Adobe 公司开发的矢量文件格式。多用于插图和桌面印刷应用程序以及作为位图和矢量数据的交换，是印前系统中功能最强的一种格式，支持 DOS、Windows、Macintosh 和 UNIX 等多种系统平台，图形的 EPS 格式可以在 Illustrator 及 CorelDraw 中修改，也可再加载到 Photoshop 中做影像合成，可以在任何作业平台及高分辨率输出设备上，输出色彩精确的向量或位图，是做分色印刷美工排版人员最爱使用的图形格式。

2. PS 格式

PS(Interpreted PostScript)也是由 Adobe 公司研发和拥有的图形文件格式，是一种基于矢量页面描述语言的格式，几乎所有的图形应用程序都支持 PS 格式，在印刷工业领域应用非常广泛。

3. WMF 格式

WMF 格式是微软操作系统存储矢量图和光栅图的格式，被 Windows 平台和若干基于 Windows 的图形应用程序所支持，支持 24 位颜色，广泛用于保存图形文件和在基于 Windows 的应用程序间进行矢量图和位图数据的交换。

4. DXF 格式

DXF(Document Exchange Format)为 CAD 程序存储矢量图的标准 ASCII 文本文件，支持 256 色，可以保存三维对象，不能压缩，被许多其他计算机辅助设计软件和一些绘图软件所支持。

5. HGL 格式

HGL(Hewlett Packard Graphics Language)是由惠普公司开发的矢量文件格式，被 PC 和 Macintosh 平台以及许多插图应用程序所支持。

3.1.3　图形与图像的区别

1. 概念的区别

图形和图像根本不是一个概念。

图像由像素点组合而成，色彩丰富、过渡自然。保存时计算机需记录每个像素点的位置和颜色，所以图像像素点越多(分辨率高)，图像越清晰，文件就越大，一般能直接通过照相、扫描、摄像得到的图形都是图像。其缺点是体积一般较大，放大图形不能增加图形的点数，可以看到不光滑边缘和明显颗粒，质量不容易得到保证。常用的图像绘图软件有Photoshop、Cool3D、Painter、Firework 等。

图形由数学公式表达的线条所构成，线条非常光滑流畅，放大图形，其线条依然可以保持良好的光滑性及比例相似性，图形整体不变形；占用空间较小，工程设计图、图表、插图经常以图形曲线来表示。常用的图形绘图软件有 AutoCAD、CorelDraw、Illustrator、Freehand 等。

2. 存储方式的区别

图形存储的是画图的函数；图像存储的则是像素的位置信息和颜色信息以及灰度信息。

3. 缩放的区别

图形在进行缩放时不会失真，可以适应不同的分辨率；图像放大时会失真，可以看到整个图像是由很多像素组合而成的，如图 3-1 所示。

(a) 图像放大后失真　　(b) 图形放大后仍然清晰

图 3-1　图像与图形放大后的效果比较

3.2　计算机图形制作软件 CorelDRAW 的基本操作

CorelDRAW 是加拿大 Corel 公司推出的一款著名的图形绘图软件。这个图形工具软件给设计师提供了矢量动画、页面设计、网站制作、位图编辑和网页动画等多种功能。

3.2.1　CorelDRAW 操作界面

启动 CorelDRAW X7 应用程序，出现欢迎页面，如图 3-2 所示。单击欢迎窗口的“新建空白文档”选项，弹出如图 3-3 所示的“创建新文档”窗口，点击“确定”按钮，即可按默认设置(210 mm × 297 mm 的纵向 A4 绘制页面)创建一个空白的图形文件，并进入

CorelDRAW 的工作界面，如图 3-4 所示。

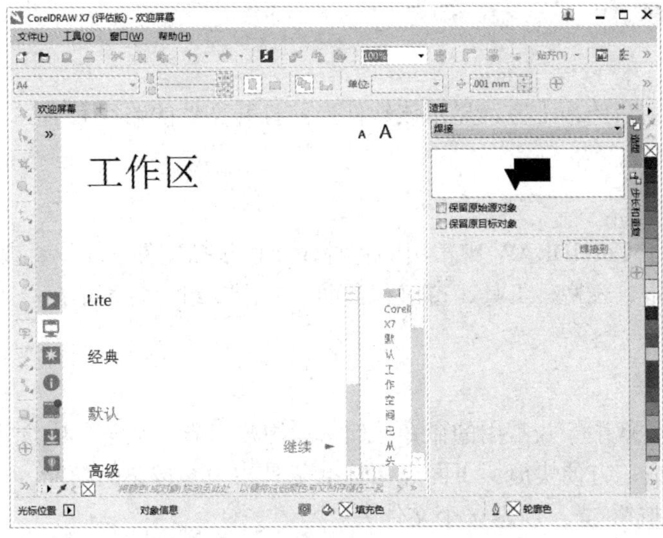

图 3-2　CorelDRAW X7 欢迎页面

图 3-3　创建新文档

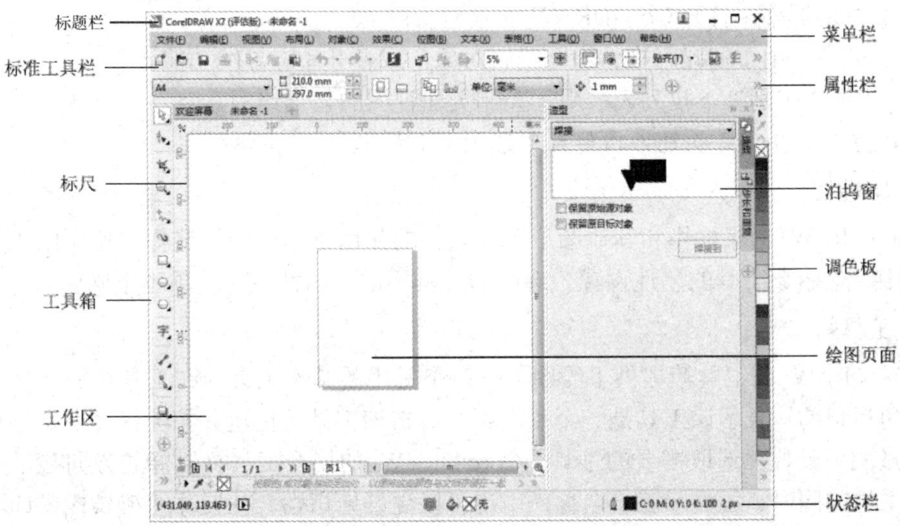

图 3-4　CorelDRAW X7 的工作界面

工作界面中包括常见的标题栏、菜单栏、标准工具栏、属性栏、工具箱、工作区、绘图页面、状态栏等。

1. 标题栏

标题栏位于窗口的最上方，显示该软件当前打开文件的路径和名称，以及文件是否处于激活的状态。

2. 菜单栏

菜单栏放置了 CorelDRAW 中常用的各种命令，包括文件、编辑、视图、版面、排版、效果、位图、文本、表格、工具、窗口和帮助，共十二组，各菜单命令下又汇聚了软件的各项功能命令。

3. 标准工具栏

标准工具栏收藏了一些常用的命令按钮，为用户节省了从菜单中选择命令的时间，使操作过程一步完成，方便快捷。下面介绍标准工具栏中各按钮的功能。

(1)“新建”按钮：新建一个文件夹。

(2)“打开”按钮：打开文件。

(3)“保存”按钮：保存文件。

(4)“打印”按钮：打印文件。

(5)“剪切”按钮：剪切文件，并将文件放到剪贴板上。

(6)“复制”按钮：复制文件，并将文件复制到剪贴板上。

(7)“粘贴”按钮：粘贴文件。

(8)“撤销”按钮：撤销上一步操作。

(9)“重做”按钮：恢复撤销的上一步操作。

(10)“导入”按钮：导入文件。

(11)“导出”按钮：导出文件。

(12) 应用程序启动器：打开菜单选择其他的 Corel 应用程序。

(13) 欢迎屏幕：打开 CorelDRAW 的欢迎窗口。

(14) 贴齐：用于贴齐网格、辅助线、对象，或打开动态导线功能。

(15)“缩放级别”下拉列表：用于控制页面视图的显示比例。

(16) 选项：单击该按钮，可打开“选项”对话框。

4. 属性栏

CorelDRAW 的属性栏和其他图形图像软件的作用是相同的。选择要使用的工具后，属性栏中会显示该工具的属性设置。选取的工具不同，属性栏的选项也不同。

5. 工具箱

CorelDRAW 的工具箱提供了绘图操作时最常用的基本工具。在工具按钮下显示有黑色小三角标记的，表示该工具是一个工具组，点击该工具组按钮并按住鼠标左键不放，可展开隐藏的工具栏并选取需要的工具。CorelDRAW 的展开工具栏以竖式方向显示，在显示工具图标的同时，还显示工具名称，用户可以更好地识别。在展开的工具栏中选取绘制工具(如星形工具)，然后在绘图窗口中按下鼠标左键并拖动，在释放鼠标后即可绘制出一个简单的图形。

6. 标尺

标尺可以帮助用户准确地绘制、缩放和对齐对象。执行“视图”→“标尺”命令，即可显示或隐藏标尺。当“标尺”命令前显示有勾选标记时，表示标尺已显示，反之则被关闭。

7. 工作区

工作区中包含了用户放置的所有图形和屏幕上的其他元素，包括标题栏、菜单栏、标准工具栏、属性栏、工具箱、标尺、泊坞窗、绘图页面等。

8. 绘图页面

工作区中有一个带阴影的矩形，称为绘图页面。用户可根据实际的尺寸需要，对绘图页面的大小进行调整。在进行图形的输出处理时，可根据纸张大小设置页面大小，同时对象必须放置在页面范围之内，否则可能无法完全输出。

9. 泊坞窗

泊坞窗是放置 CorelDRAW 的各种管理器和编辑命令的工具面板。执行“窗口”“→泊坞窗”命令，然后选择各种管理器和命令选项，即可将其激活并显示在页面上。

10. 调色板

调色板中放置了 CorelDRAW 中默认的各种颜色色标。它被默认放在工作界面的右侧，默认的色彩模式为 CMYK 模式。执行“工具”→“调色板编辑器”命令，弹出如图 3-5 所示的“调色板编辑器”对话框，在该对话框中可以对调色板属性进行设置，如图 3-6 所示，包括修改默认色彩模式、编辑颜色、添加颜色、删除颜色、将颜色排序和重置调色板等。

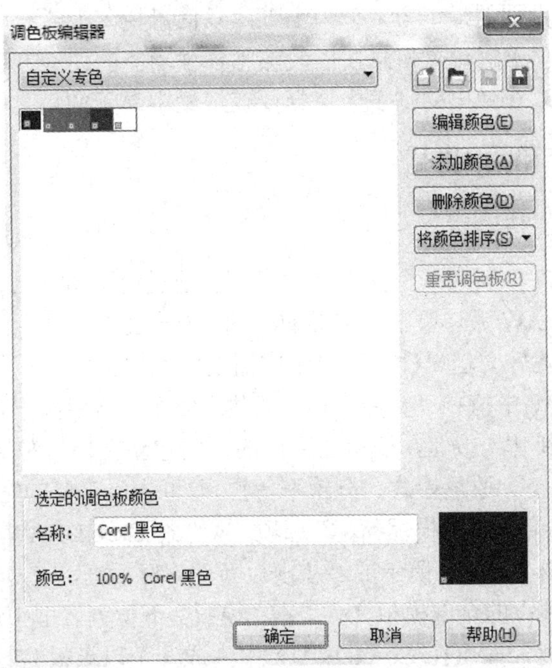

图 3-5　调色板编辑器

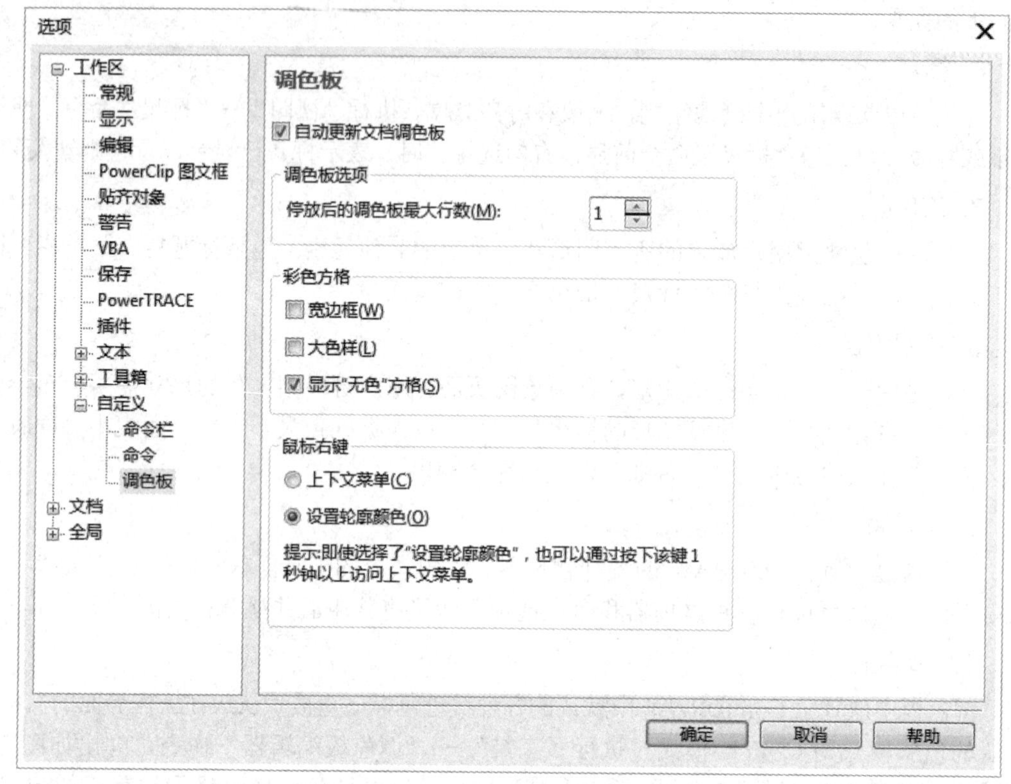

图 3-6　调色板

11. 状态栏

状态栏位于工作界面的最下方，分为上下两条信息栏，主要给用户提供在绘图过程中的相应提示，帮助用户了解对象信息，以及熟悉各种功能的使用方法和操作技巧；单击信息栏右边的按钮，可以在弹出的列表中选择要在该栏中显示的信息类型。

3.2.2　新建、保存和关闭图形

1. 新建

在 CorelDRAW X7 中新建一个图形文件，可以通过以下所示的几种操作方法来完成。

(1) 启动 CorelDRAW 后，单击欢迎界面中的“新建空白文档”选项，在弹出的“创建新文档”对话框中设置好文档属性，即可生成需要的空白文档。

(2) 在 CorelDRAW 中执行“文件”→“新建”命令，或者按下快捷键“Ctrl + N”，或者单击属性栏中的“新建”按钮，然后在弹出的“创建新文档”对话框中设置好需要的文档属性(例如名称、大小、原色模式、分辨率等)，即可生成需要的空白图形文件。

(3) 在欢迎界面中单击“从模板新建”选项，或者在 CorelDRAW 中执行“文件”→“从模板新建”命令，弹出如图 3-7 所示的“从模板新建”对话框，在对话框左边单击“全部”选项，即可显示系统预设的全部模板文件。在“模板”下拉列表框中选择所需的模板文件，然后单击“打开”按钮，即可在 CorelDRAW 中生成一个以模板为基础的图形文件，用户可以在该模板的基础上进行新的创作。

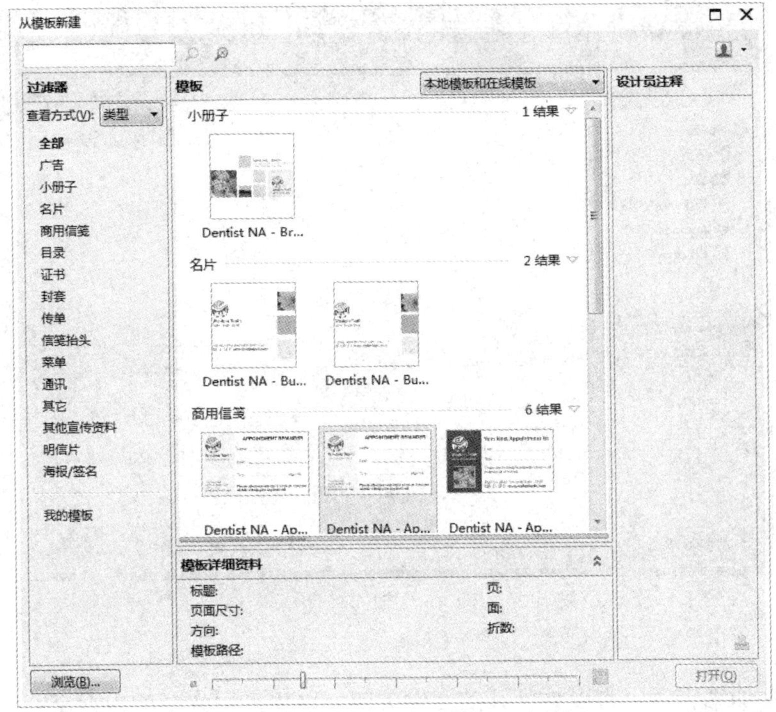

图 3-7　从模板中创建新文档

要在 CorelDRAW 中打开已有的 CorelDRAW 文件(其后缀名为 .cdr)，可以通过以下所示的几种操作方法来完成。

(1) 在欢迎窗口中单击“打开其他文档”按钮，打开“打开绘图”对话框。选择要打开的图形，然后单击“打开”按钮，即可在 CorelDRAW 中将选取的文件打开。

(2) 执行“文件”→“打开”命令，或者按下快捷键“Ctrl + O”，或者单击属性栏中的“打开”按钮，选取要打开的图形，点击“打开”按钮，即可在 CorelDRAW 中将选取的文件打开。

注：如果需要同时打开多个文件，在“打开绘图”对话框的文件列表中按住“Shift”键选择连续排列的多个文件，或者按住“Ctrl”键选择不连续排列的多个文件，然后单击“打开”按钮，即可按照文件排列的先后顺序将选取的所有文件打开。

2. 保存

CorelDRAW X7 中保存文件的操作步骤如下：

(1) 执行“文件”→“保存”命令，或者按下快捷键“Ctrl+S”，或者单击属性栏中的“保存”按钮，则会弹出如图 3-8 所示的“保存绘图”对话框。

(2) 单击“保存在”下拉按钮，从弹出的下拉列表中选择文件所要保存的位置。

(3) 在“文件名”文本框中输入所要保存文件的名称，并在“保存类型”下拉类表中选择要保存文件的格式。

(4) 在“版本”下拉列表框中，选择要保存文件的版本(CorelDRAW 的高版本可以打开低版本的文件，但低版本不能打开高版本的文件)。

(5) 完成保存设置后，单击“保存”按钮，即可将文件保存到指定的目录。

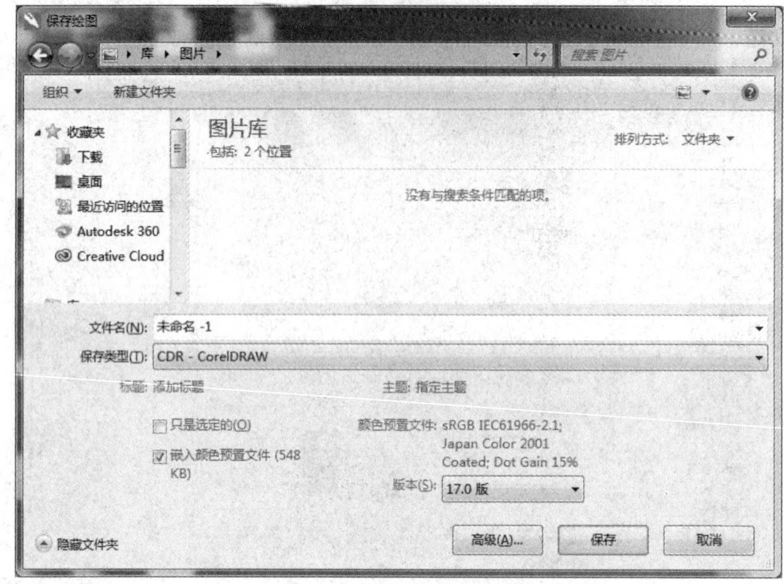

图 3-8　保存绘图

3. 关闭

完成文件的编辑后，可以将打开的文件关闭，以免占用太多的内存空间。关闭文件的方式有以下两种：

(1) 关闭当前文件：执行“文件”→“关闭”命令，或者单击菜单栏右边的“关闭”按钮 ，即可关闭当前文件。

(2) 关闭所有打开的文件：执行“文件”→“全部关闭”命令，即可关闭所有打开并保存了的文件。如果关闭的文件还未保存，则系统会弹出如图 3-9 所示的提示对话框，单击“是”按钮，则用户可在保存文件后自动将该文件关闭；单击“否”按钮，则不保存而直接关闭文件；单击“取消”按钮，则取消关闭操作。

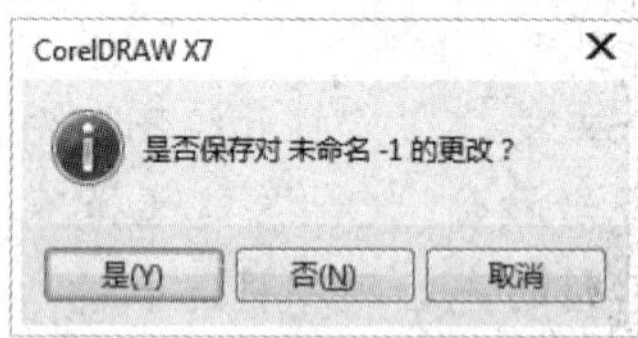

图 3-9　是否保存文件对话框

3.2.3　图形预览

在 CorelDRAW 中，选择“视图”菜单中的“预览菜单”项，用户可以对文件中的左右图形进行预览，也可以对选定区域中的对象进行预览，还可以分页预览，预览绘图之前，可以先指定预览模式。预览模式会影响预览显示的速度，以及图像在绘图窗口中显示的细节质量。

1. 视图的显示模式

CorelDRAW 为用户提供了多种视图显示模式对图形进行预览，用户可以在绘图过程中根据实际情况进行选择。单击“视图”菜单，在其中可查看和选择视图的显示模式，这些视图显示模式包括简单线框、线框、草稿、普通、增强、像素和模拟叠印模式等，如图 3-10 所示。

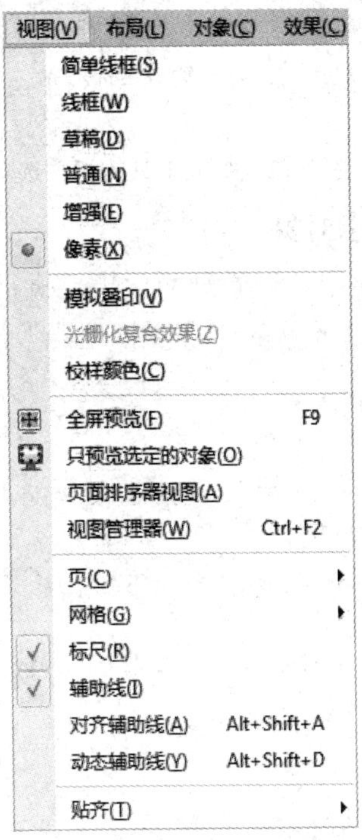

图 3-10　视图显示模式

2. 使用缩放工具查看对象

缩放工具可以用来放大或缩小视图的显示比例，方便用户对图形的局部进行浏览和编辑。缩放工具的操作方法有以下两种：

(1) 单击工具箱的“缩放工具”按钮，当光标变成形状时，在页面上单击鼠标左键，即可将页面逐级放大。

(2) 使用“缩放工具”在页面上按下鼠标左键，拖动鼠标框选出需要放大显示的范围，释放鼠标后即可将框选范围内的视图放大显示，并最大范围地显示在整个工作区中，如图 3-11 所示。

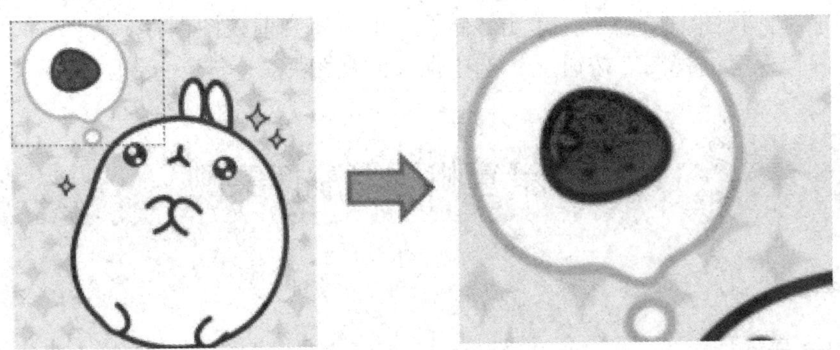

图 3-11　图片放大后效果

点击“缩放工具”按钮后，在属性栏中会显示该工具的相关选项，如图 3-12 所示。

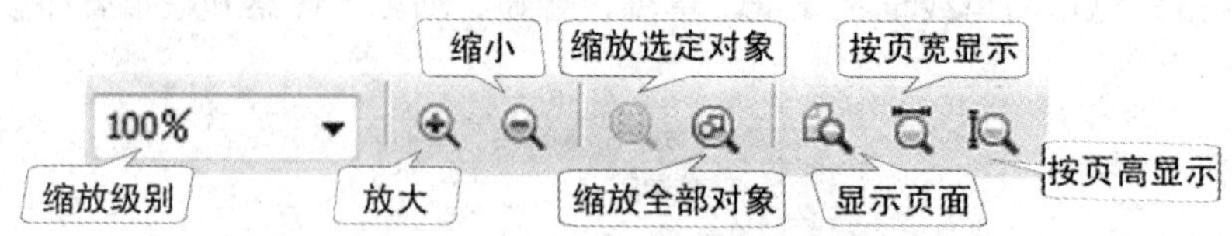

图 3-12　缩放工具的相关选项

3. 使用“视图管理器”显示对象

使用视图管理器，可以方便用户查看画面效果。执行“窗口”→“泊坞窗”→“视图管理”命令，即可开启如图 3-13 所示的“视图管理器”泊坞窗。

图 3-13　视图管理器

视图管理器中的按钮及用法如下：

“缩放一次”按钮：单击该按钮或者按下“F2”键，光标变换为状态，此时单击鼠标左键，可完成放大一次的操作，相反，单击鼠标右键可以完成缩小一次的操作。

“放大”按钮和“缩小”按钮：单击按钮，可以分别执行放大或缩小对象显示的操作。

“缩放选定对象”按钮：选取对象后，单击该按钮或者按下“Shift + F2”键，即可对选定对象进行缩放。

“缩放全部对象”按钮：单击该按钮或者按下“F4”键，即可对全部对象进行缩放。

“添加当前视图”按钮：单击该按钮，即可将当前视图保存。

“删除已保存的视图”按钮：选中保存的视图后，单击该按钮，即可将其删除。

3.3　计算机图形制作实例

3.3.1　绘制剪花

1. 案例目的

运用 CorelDRAW 工具绘制一朵剪花，效果如图 3-14 所示。通过对本案例的学习，了解泊坞窗的基本功能，掌握椭圆工具的基本应用，能熟练应用相交功能对图形进行处理，会使用修剪功能对图形进行修剪。

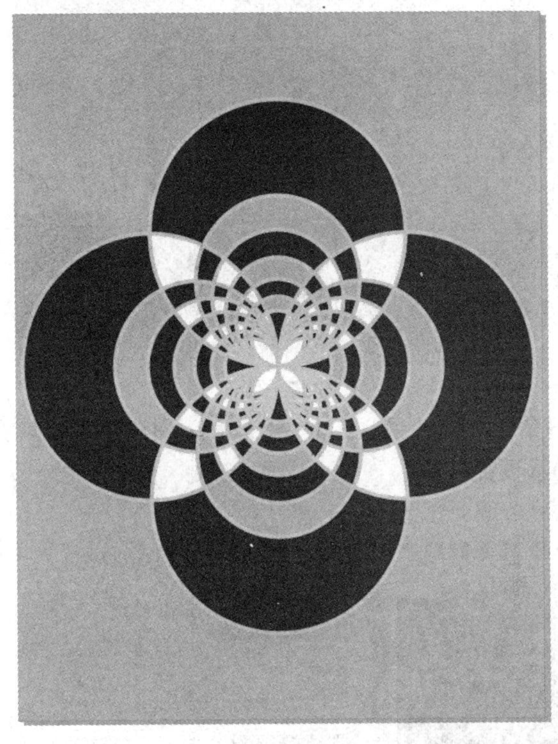

图 3-14　剪花效果图

2. 操作步骤

(1) 在菜单栏中，执行“文件”→“新建”命令，在弹出的“创建新文档”窗口中按如图 3-15 所示设置参数。

(2) 在工具栏中，执行“布局”→“页面背景”→“纯色”命令设置背景颜色，色值参数如图 3-16 所示。

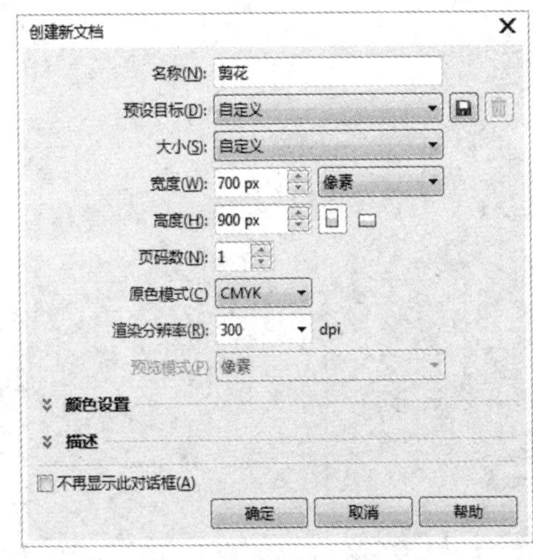

图 3-15　创建新文档

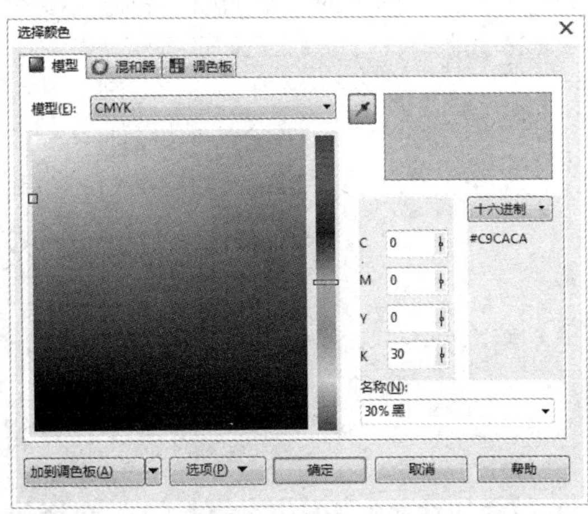

图 3-16　背景色值参数

(3) 选择工具箱中的“椭圆形”工具，在绘图页中，按住键盘上的“Ctrl + Shift”键，在画布中绘制出一个正圆，大小为 340 px × 340 px，效果如图 3-17 所示。

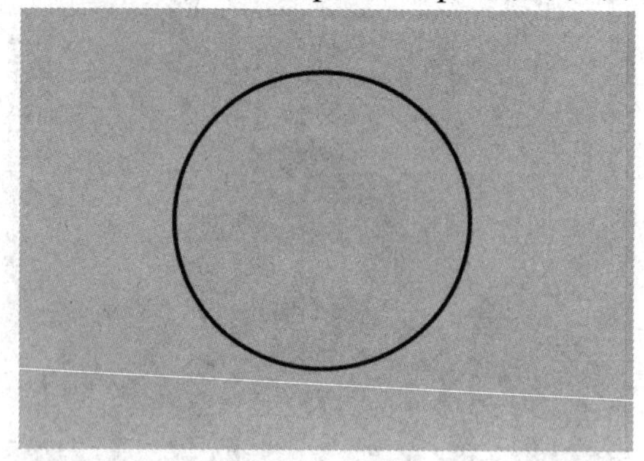

图 3-17　绘制圆

(4) 双击窗口右下角的“油漆桶”工具 ◇☒无，弹出“编辑填充”对话框，选择均匀填充，按如图 3-18 所示设置参数。

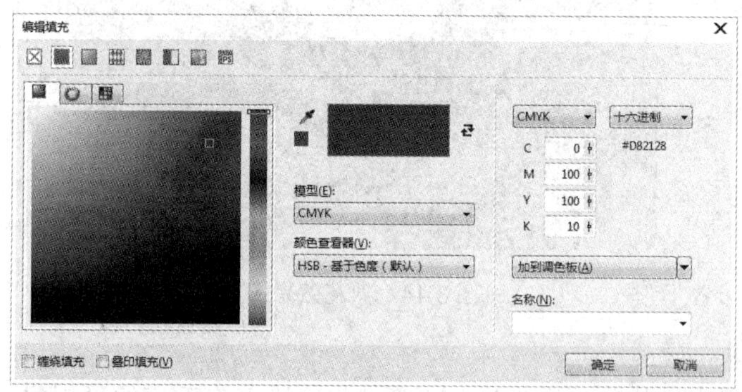

图 3-18　图形填充

(5) 双击窗口右下角的“钢笔”工具，弹出“轮廓笔”对话框，按如图 3-19 所示设置参数，描边色值参数如图 3-20 所示，打开“编辑填充”对话框，选择均匀填充，点击“确定”按钮，图形的效果如图 3-21 所示。

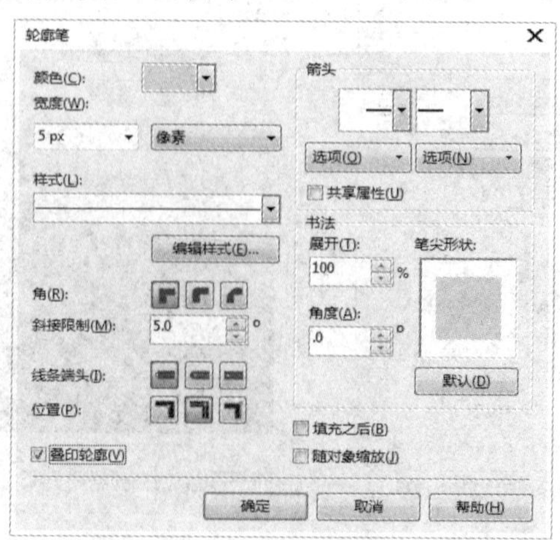

图 3-19　描边设置

图 3-20　描边色值参数

图 3-21　大圆效果

(6) 选中大圆，按“Ctrl + C”键复制大圆，按“Ctrl + V”键粘贴大圆，再按住“Shift”键等比例缩小图片，为其填充白色，得到的效果如图 3-22 所示。重复上述步骤，绘制出 7 个圆，其中 4 个为红色，3 个为白色，效果如图 3-23 所示。

图 3-22　复制圆

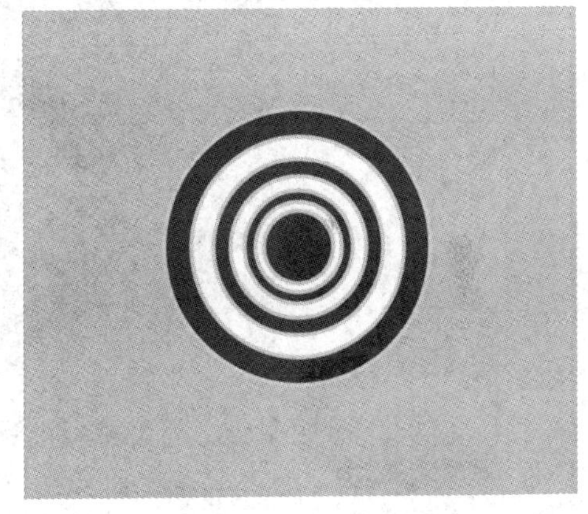

图 3-23　复制后效果图

(7) 全选所有的圆，执行“窗口”→“泊坞窗”→“对齐与分布”命令，在右边弹出的窗口中选择“右对齐”工具，得到的效果如图 3-24 所示。

图 3-24　右对齐

(8) 如图 3-25 所示，先选中 2 号圆，然后按住“Shift”键选中 1 号圆，执行“窗口”→“泊坞窗”→“造型”命令，在右边弹出的窗口中选择“修剪”，按如图 3-26 所示设置参数，点击 1 号圆，再按“Delete”键删除 2 号圆，效果如图 3-27 所示。

图 3-25　修剪

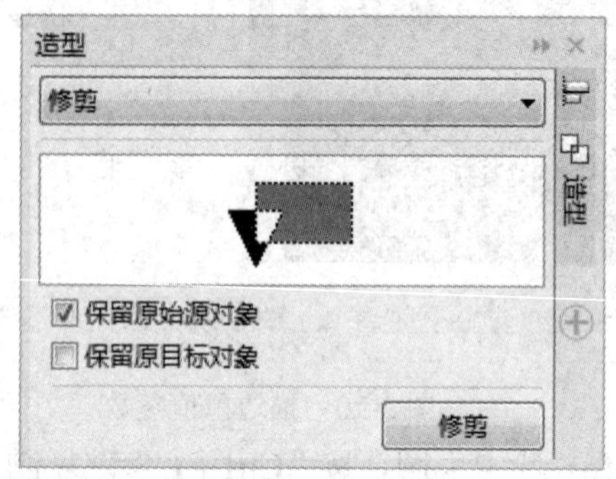

图 3-26　修剪设置

图 3-27　修剪圆效果图

(9) 依照上述步骤对剩下的圆进行修剪和删除，效果如图 3-28 所示；删除数字标记，得到的效果如图 3-29 所示。

图 3-28　修剪效果

图 3-29　删除标注

(10) 选取修剪好的图形进行复制，点击工具栏上的“镜像”工具 进行镜像操作，效果如图 3-30 所示，再点击工具栏上的“旋转”按钮 90.0 °，对得到的图形进行复制并旋转 90°，得到的效果如图 3-31 所示。

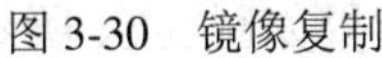
图 3-30　镜像复制

图 3-31　旋转复制最终效果

(11) 选择左边的红色大圆并按住“Shift”键选择上方的红色大圆，在“造型”窗口中选择“相交”，如图 3-32 所示，点击“相交对象”，在画布中点击两圆相交部分，为其填充白色，效果如图 3-33 所示。

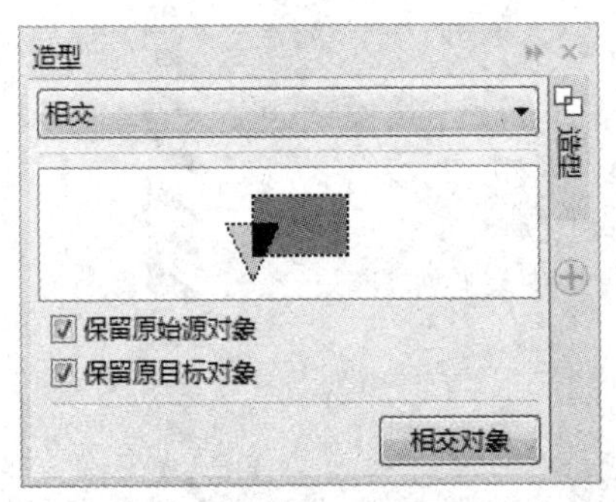

图 3-32　相交设置

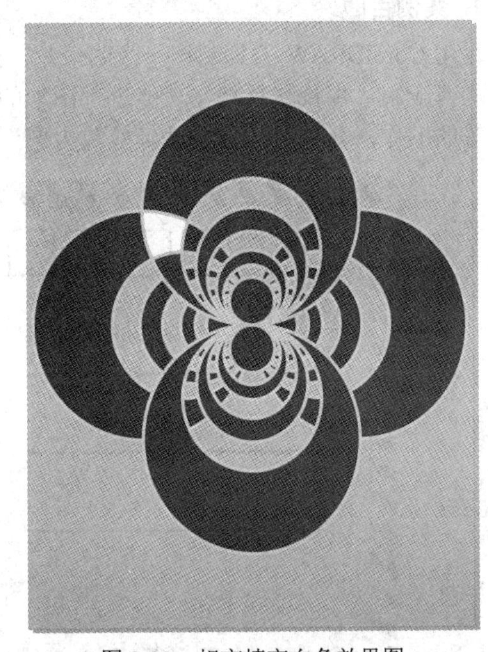
图 3-33　相交填充白色效果图

(12) 重复上述步骤，依次对剩下的圆进行“相交”处理，最后得到的效果如图 3-34 所示。

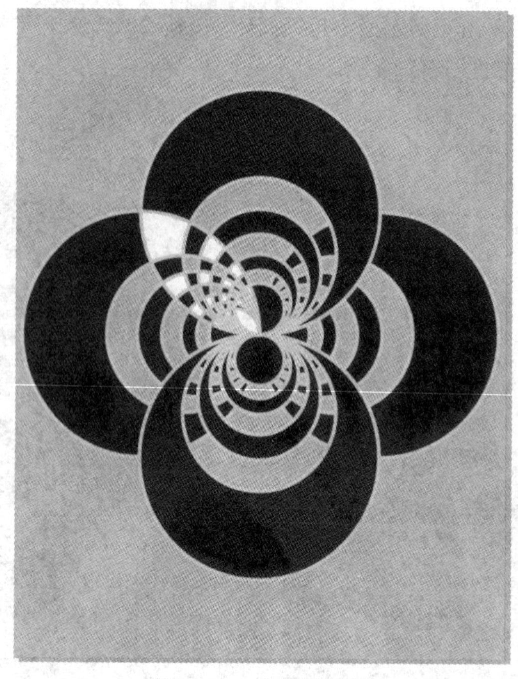

图 3-34　相交效果图

(13) 对图形相交部分进行复制和旋转，得到的最终效果如图 3-14 所示。

3.3.2　制作明信片

1. 案例目的

运用 CorelDRAW 工具制作一张明信片，效果如图 3-35 所示。通过对本案例的学习，掌握如何应用“步长与重复”功能进行图形的多重复制，熟悉“调和工具”和“2 点线工具”等的操作，会使用“图框精确剪裁内部”功能进行图形的裁切。

图 3-35　明信片效果图

2. 操作步骤

(1) 执行“文件”→“新建文件”命令，新建一个宽度为 702px，高度为 456px 的文件，如图 3-36 所示，点击“确定”按钮。

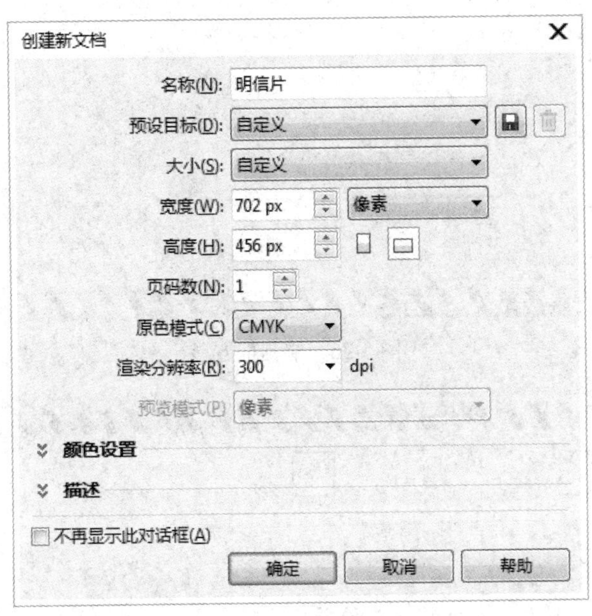

图 3-36　创建新文档

(2) 执行“文件”→“导入”→“明信片背景素材”命令，在画布左边缘单击鼠标左键导入素材，如图 3-37 所示。

图 3-37　导入素材

(3) 选择工具栏上的“矩形”工具，按住“Shift”键绘制一个正方形，在属性栏中设置边长为 42 px，效果如图 3-38 所示。将正方形进行复制粘贴，向右移动到适当位置，效果如图 3-39 所示；单击“阴影”工具右下角的三角形，在弹出框中选择“调和”，如图 3-40 所示。按住鼠标左键从矩形 1 拉一条线到矩形 2，如图 3-41 所示。将菜单栏下的“调和对象” 4 的参数值设为 4，效果如图 3-42 所示。

图 3-38　绘制正方形

图 3-39　复制正方形

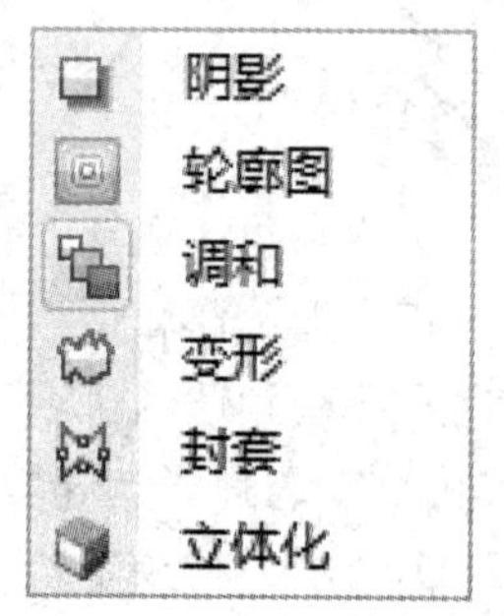

图 3-40　选择“调和”工具

图 3-41　调和处理

图 3-42　调和效果

(4) 单击“手绘”工具右下角的三角形，选择“2 点线”，如图 3-43 所示。按住“Shift”键，在正方形下方的空白位置绘制三条直线，设置长度为 282 px，笔触为 2 px，效果如图 3-44 所示。

手绘(F)　F5
2 点线
贝塞尔(B)
钢笔(P)
B 样条
折线(P)
3 点曲线(3)
智能绘图(S)　Shift+S

图 3-43　选择“2 点线”工具

图 3-44　绘制直线效果

(5) 选择“矩形”工具，绘制一个宽度为 150 px，高度为 100 px 的矩形，如图 3-45 所示，再选择“椭圆”工具，以矩形的左上角为圆心，绘制一个小圆，如图 3-46 所示。

图 3-45　绘制矩形　　图 3-46　绘制圆

(6) 单击小圆，然后选择菜单中的“编辑”→“步长和重复”命令，打开一个“步长和重复”泊坞窗口。假设我们首先要沿水平方向复制若干个小圆形，“水平设置”为“对象之间的间距”，“距离”根据需要输入(要根据复制后的偏移量加以调整)，“垂直设置”为无偏移。然后按“应用”按钮，此时小圆将沿着矩形进行复制，效果如图 3-47 所示。

图 3-47　步长效果

(7) 按照以上步骤，分别沿矩形的其他边对小圆进行复制，复制完成后效果如图 3-48 所示。

注意：以上小圆的复制也可以用“复制”、“粘贴”命令，用手工方式一个个拖动完成，但位置会有偏差。掌握“步长和重复”泊坞窗对于重复对象的绘制，在许多应用中是很有帮助的。

图 3-48　复制小圆效果

(8) 使用“选择工具”，选择页面上的所有小圆，执行菜单栏上的“对象”→“造型”→“合并”命令，合并所有的小圆。选择所有的小圆和矩形，使用菜单栏上的“窗口”→“泊坞窗”→“造型”→“修剪”命令，在弹出窗口中，选择“修剪”并取消勾选“保留原始源对象”和“保留原目标对象”，如图 3-49 所示。单击“修剪”工具按钮，在画布上单击矩形，在菜单栏将邮票轮廓笔 1 px 设置为 1 px，完成邮票齿轮的制作，效果如图 3-50 所示。

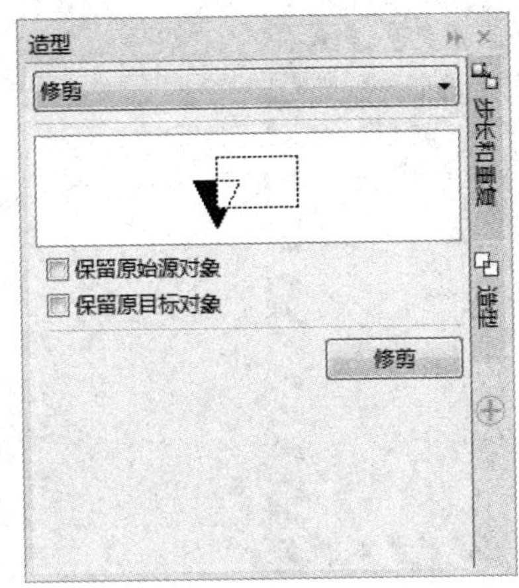

图 3-49 “造型”工具设置

图 3-50　修剪效果

(9) 执行“文件”→“导入”命令，导入邮票素材，效果如图 3-51 所示；点击鼠标右键拖动邮票图片到邮票框的正中间，松开鼠标，在弹出的如图 3-52 所示选项中，选择“图框精确剪裁内部”选项，得到的效果如图 3-53 所示。

图 3-51　导入素材

图 3-52　选择“图框精确剪裁内部”

图 3-53　“图框精确剪裁内部”效果

(10) 执行“文件”→“导入”命令，将邮戳素材导入并移动至邮票右下角，得到最终效果，如图 3-35 所示。

3.3.3　绘制樱桃小丸子

1. 案例目的

运用 CorelDRAW 工具画一幅樱桃小丸子图形，效果如图 3-54 所示。通过对本案例的学习，学会分析图形的基本构成，掌握运用相应的工具对图形进行组合的方法。

图 3-54　效果图

2. 操作步骤

(1) 执行菜单栏中的“文件”→“新建”命令，在弹出的“创建新文档”窗口中按如图 3-55 所示设置参数。

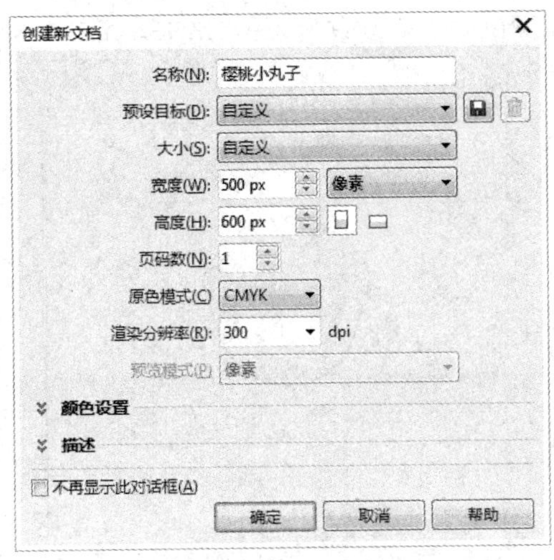

图 3-55　创建新文档

(2) 单击“手绘”工具下方的小三角形，在弹出的选项中选中“贝塞尔”工具，如图 3-56 所示。绘制脸部形状，先绘制一个五边形，如图 3-57 所示。点击“形状”工具，选中图片上的节点，点击右键选择“到曲线”，调整曲线，依次按上述方法调节其他线段至圆滑，如图 3-58 所示。

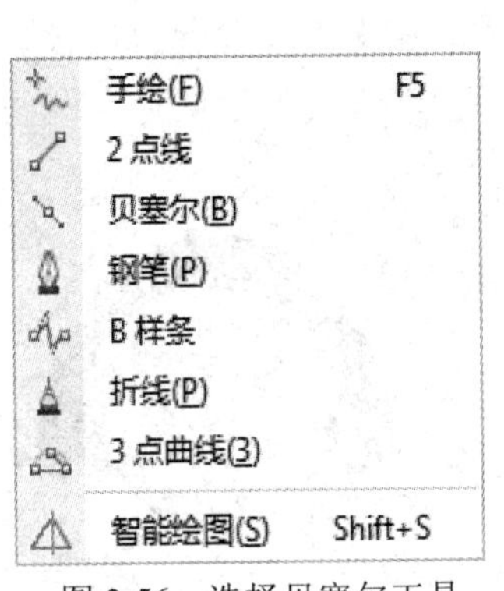

图 3-56　选择贝塞尔工具

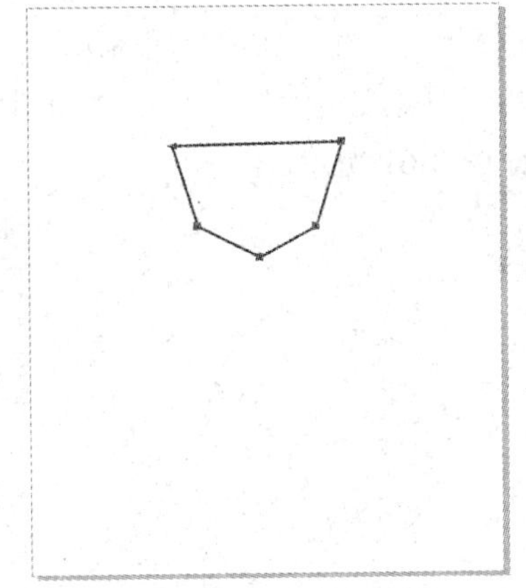

图 3-57　绘制五边形

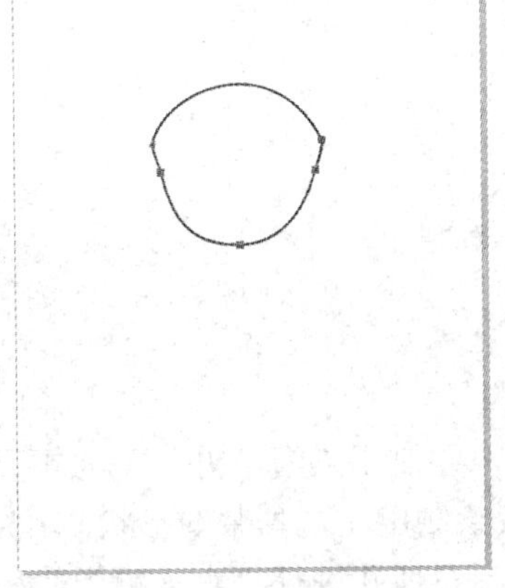

图 3-58　调整曲线

(3) 给脸部形状填充颜色，色值参数为 C:3，M:13，Y:24，K:0，轮廓色为黑色，效果如图 3-59 所示。

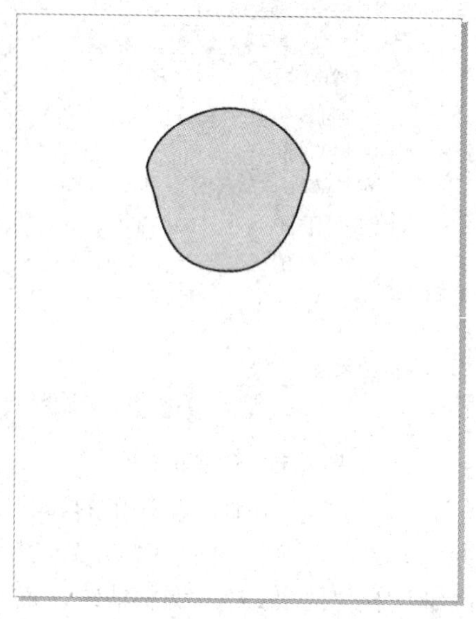

图 3-59　脸部效果

(4) 选择“贝塞尔”工具绘制出樱桃小丸子的头发，如图 3-60 所示；选中头发，执行菜单栏上的“对象”→“顺序”→“向后一层”命令，给头发填充黑色，轮廓色设置为黑色，效果如图 3-61 所示。

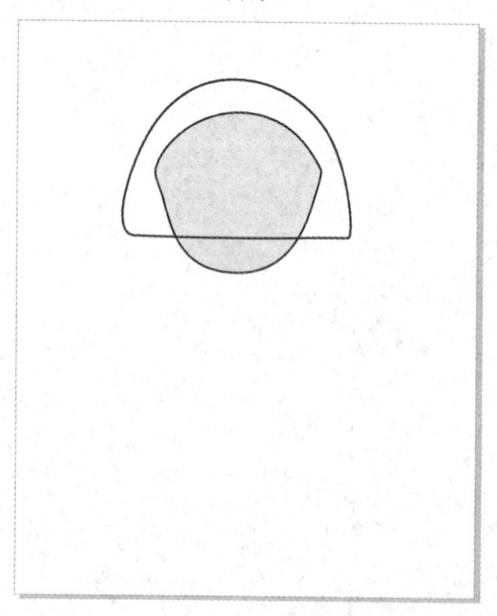

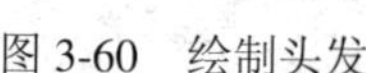

图 3-60　绘制头发

图 3-61　头发调整

(5) 选择“贝塞尔”工具，绘制出刘海，并将刘海填充为黑色，轮廓笔颜色设置为黑色，效果如图 3-62 所示；继续绘制出左边耳朵的形状，填充颜色色值为 C:3，M:13，Y:24，K:0，轮廓笔设置为黑色，复制左耳并进行“水平镜像”操作，移动到相应位置，效果如

图 3-63 所示。

(6) 选择“矩形”工具 ，绘制出一个矩形形状的脖子，并将矩形置于脸部层之下，效果如图 3-64 所示。

图 3-62　绘制刘海

图 3-63　绘制耳朵

图 3-64　绘制脖子

(7) 选择“贝塞尔”工具绘制连衣裙，填充色色值为 C:0，M:62，Y:65，K:0，轮廓色为黑色，效果如图 3-65 所示；再在胳膊与身体相交处绘制两条曲线，轮廓笔为黑色，形成袖子上的褶皱，使得连衣裙看起来更真实，效果如图 3-66 所示；接着绘制连衣裙的衣领，填充色为白色，轮廓色为黑色，效果如图 3-67 所示。

图 3-65　绘制连衣裙

图 3-66　绘制褶皱

图 3-67　绘制衣领

(8) 选择“贝塞尔”工具，绘制出樱桃小丸子脚的形状，使用“形状”工具调整节点位置，填充色色值为 C:3，M:13，Y:24，K:0，轮廓色设置为黑色，效果如图 3-68 所示；选中脚，对其进行复制，使用“形状”工具调整复制出来的脚的节点，并填充白色，形成袜子，效果如 3-69 所示。

(9) 选中袜子和脚，执行“对象”→“组合”→“组合对象”命令，将其复制一份，对复制出来的对象进行“水平镜像”操作，效果如图 3-70 所示；选中两只脚和袜子，执行“对象”→“顺序”→“置于此对象之后”命令，再单击连衣裙，将脚和袜子置于连衣裙之后，效果如图 3-71 所示。

图 3-68 绘制脚

图 3-69 调整袜子

图 3-70 复制脚和袜子

图 3-71 调整顺序

(10) 使用“贝塞尔”工具绘制出左手的基本形状，再用“形状”工具进行调整，并对其填充颜色，色值为 C:3，M:13，Y:24，K:0，效果如图 3-72 所示；将左手进行复制，并旋转和移动，放置到合适的位置，形成右手；选中左右手，将它们置于连衣裙后，效果如图 3-73 所示。

图 3-72 绘制左手

图 3-73 顺序调整

(11) 选择“椭圆”工具绘制一个椭圆作为左眼眼球，填充黑色，轮廓色设置为黑色，再绘制一个小椭圆并填充白色，轮廓色设置为无，放置在适当位置作为眼白，效果如图 3-74 所示；将眼球和眼白组合，复制左眼并放置到适当位置作为右眼，效果如图 3-75 所示。

图 3-74　绘制左眼　　图 3-75　绘制右眼

(12) 使用“贝塞尔”工具绘制出嘴巴形状，并填充颜色：C:11，M:95，Y:100，K:0，效果如图 3-76 所示。

图 3-76　绘制嘴巴

最终完成的卡通形象如图 3-54 所示。

3.3.4　海报设计

1. 案例目的

运用 CorelDRAW 工具制作一张外卖海报，效果如图 3-77 所示。通过对本案例的学习，熟悉钢笔工具、贝塞尔工具和文字工具的使用，学会对版面进行设计和排版，了解设计的一般流程。

图 3-77　外卖海报效果图

2. 操作步骤

(1) 执行“文件”→“新建”命令，创建一个参数大小如图 3-78 所示的文档。

(2) 选择“矩形工具”□，绘制一个宽度为 600、高度为 810 的矩形，填充颜色为 C:0，M:41，Y:100，K:0，并将轮廓笔设置为无，效果如图 3-79 所示。

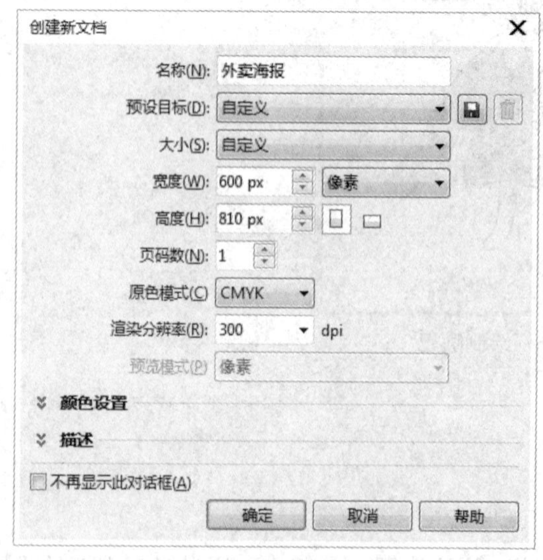

图 3-78　创建新文档

图 3-79　填充背景

(3) 执行“文件”→“导入”命令，将素材“房子”放入到页面中，按住鼠标右键将素材拖入画布中，在弹出的如图 3-80 所示的窗口中，选择“图框精确裁剪内部”，裁剪图片，得到的效果如图 3-81 所示。

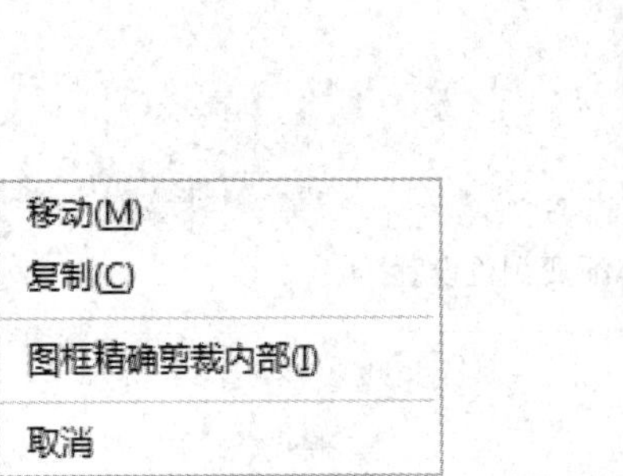

图 3-80　图框精确裁剪内部

图 3-81　添加“房子”素材

(4) 选择“贝塞尔”工具，绘制出不规则的大的多边形，再绘制出边角上的小三角形，并将其填充为白色，效果如图 3-82 所示。

图 3-82　绘制多边形

(5) 选择“文字”工具 字，选用“方正粗活意简体”，字号大小设置为 8 px，在大多边形内输入“美团外卖　美味尽享”；选用“方正胖娃简体”在多边形内输入“送外卖啦”并设置“外卖”文字大小为 24 px；“送啦”文字大小设置为 18 px。选择界面右下方的“油桶”工具 选择渐变填充，设置黄色色值为 C:0，M:55，Y:100，K:0，红色色值为 C:11，M:78，Y:0，K:0，具体参数设置如图 3-83 所示，分别给刚才输入的文字填充渐变颜色。选用“方正艺黑简体”，继续输入“健康美味送到家”，文字大小设置为 10 px，为文字填充渐变色，按如图 3-84 所示设置参数，得到的效果如图 3-85 所示。

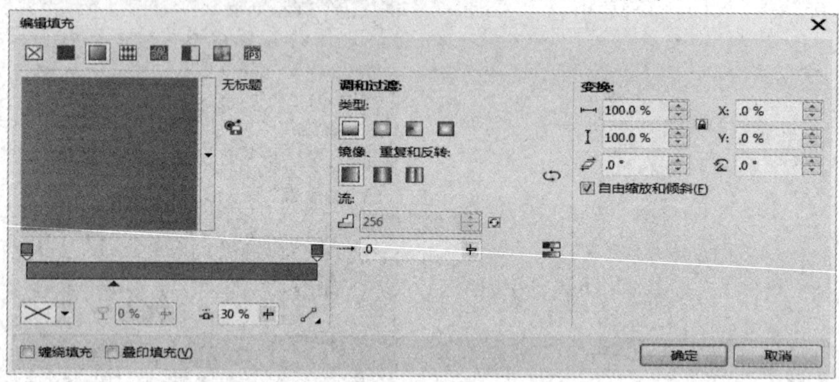

图 3-83　字体渐变颜色设置一

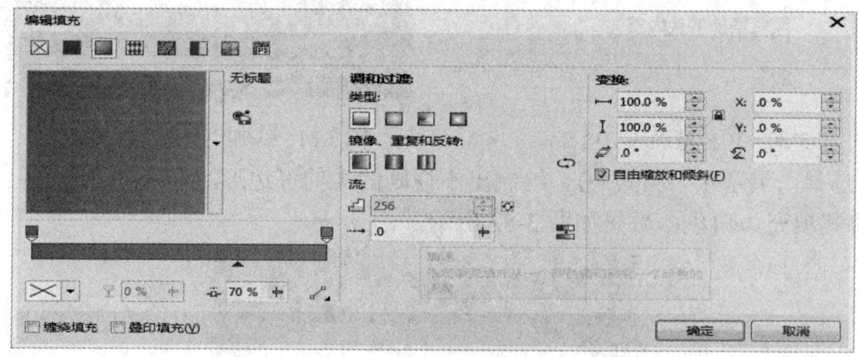

图 3-84　字体渐变颜色设置二

图 3-85　字体填充渐变颜色

(6) 选择“贝塞尔”工具 ，在多边形内绘制小三角形，效果如图 3-86 所示。

(7) 选择“文字”工具，选用“方正水黑简体”，在页面右下方输入文字“20 元起免外送费”，设置字体颜色为黑色，轮廓笔颜色为白色；“免”的字体大小设置为 20 px，轮廓大小设置为 4 px，旋转 15°；“元起送外卖费”的字体大小设置为 8 px，“20”的字体大小设置为 12 px，轮廓大小设置为 2 px；选用“方正大黑简体”，输入“订餐电话：88888888”，“订餐电话”字体大小设置为 4 px，字体颜色设置为黑色；“88888888”字体大小设置为 7 px，字体颜色设置为红色。效果如图 3-87 所示。

图 3-86　绘制小三角形

图 3-87　添加文字

(8) 选择“矩形”工具，在“88888888”外绘制一个矩形，效果如图 3-88 所示；选择“形状”工具，单击矩形，出现节点，如图 3-89 所示；选择节点向内拖拽，效果如图 3-90 所示；设置轮廓笔颜色为红色，并将素材“电话”导入到矩形内，效果如图 3-91 所示。

图 3-88　绘制矩形

图 3-89　出现矩形节点

图 3-90　调整矩形节点　　　　图 3-91　添加“电话”素材

(9) 选择“贝塞尔”工具，绘制出云朵、道路和文字修饰符，并填充为白色，效果如图 3-92 所示。

图 3-92　绘制云朵、道路和文字修饰符

(10) 导入素材“气球”和“人”，将素材的大小移动到合适位置，效果如图 3-77 所示，完成外卖海报的设计。

第 4 章　计算机二维动画制作

学习目标：

(1) 掌握动画的基础知识，如动画的基本概念、动画格式和动画的类型。

(2) 熟悉 Animate 动画制作软件操作界面，尤其是时间轴的应用。

(3) 了解并能熟练制作常见的 Animate 动画，如逐帧动画、补间动画、引导动画和遮罩动画等。

学习建议：

动画的构成具有较强的逻辑性，在制作动画之前，要学会分析动画的基本构成，在了解动画的结构之后再进行制作。通过制作生活中真实的动画案例来提高自己对动画学习的兴趣，将枯燥的学习趣味化。

4.1　动画的基础知识

4.1.1　动画的基本概念

1. 动画

动画即逐帧拍摄对象并连续播放形成运动的影像的技术。不论拍摄对象是什么，只要它的拍摄方式是采用逐帧的方式，观看时连续播放形成了活动的影像，它就是动画。广义而言，把一些原先不活动的东西，经过影片的制作与放映，变成活动的影像，即为动画。“动画”的中文叫法应该说是源自日本，第二次世界大战前后，日本称以线条描绘的漫画作品为“动画”。然而，动画的概念不同于一般意义上的动画片，它是一种综合艺术，是集合绘画、漫画、电影、数字媒体、摄动、画影、音乐、文学等众多艺术门类于一体的一种艺术表现形式。

2. 帧及关键帧

帧就是影像动画中最小单位的单幅影像画面，相当于电影胶片上的每一格镜头。一帧就是一副静止的画面，连续的帧就形成动画，如电视图像等。我们通常说的帧率，就是指在 1 秒钟时间里传输的图片的帧数，也可以理解为图形处理器每秒钟能够刷新几次，通常用 fps(frames per second)表示。每一帧都是静止的图像，快速连续地显示帧便形成了运动的假象。高的帧率可以得到更流畅、更逼真的动画。每秒钟帧数(fps)愈多，所显示的动作就会愈流畅。

任何动画要表现运动或变化，至少前后要给出两个不同的关键状态，而中间状态的变化和衔接电脑可以自动完成，在 Animate 中，表示关键状态的帧叫做关键帧。

3. 元件

元件是构成 Animate 动画的所有因素中最基本的因素，包括形状、实例、声音、位图、视频、组合等等。Animate 里面有很多时候需要重复使用素材，这时我们就可以把素材转换成元件，或者干脆新建元件，以方便重复使用或者再次编辑修改。也可以把元件理解为原始的素材，元件通常存放在元件库中。元件必须在 Animate 中才能创建或转换生成，它有三种形式，即影片剪辑、图形、按钮。元件只需创建一次，即可在整个文档或其他文档中重复使用。

影片剪辑元件可以理解为电影中的小电影，可以完全独立于场景时间轴存在，并且可以重复播放。影片剪辑是一小段动画，用在需要有动作的物体上，它在主场景的时间轴上只占 1 帧，就是动画中的动画。影片剪辑必须要进入影片测试里才能观看得到。

图形元件是可以重复使用的静态图像，它是作为一个基本图形来使用的，一般是静止的一幅图画，每个图形元件占 1 帧。

按钮元件实际上是一个只有 4 帧的影片剪辑，但它的时间轴不能播放，只是根据鼠标指针的动作做出简单的响应，并转到相应的帧，通过给舞台上的按钮添加动作语句实现 Animate 影片强大的交互性。

4.1.2 动画格式

1. GIF 动画格式

GIF(Graphics Interchange Format)的原意是“图像互换格式”，是 CompuServe 公司在 1987 年开发的一种图像文件格式。

GIF 文件的数据格式，是一种基于 LZW 算法的连续色调的无损压缩格式。其压缩率一般在 50% 左右，它不属于任何应用程序，目前几乎所有相关软件都支持它，公共领域有大量的软件在使用 GIF 图像文件。GIF 图像文件的数据是经过压缩的，而且采用的是可变长度等压缩算法。GIF 格式的另一个特点是在一个 GIF 文件中可以存多幅彩色图像，如果把存于一个文件中的多幅图像数据逐幅读出并显示到屏幕上，就构成了一种最简单的动画。

2. SWF 格式

SWF(Shock Wave Flash)是 Macromedia(现已被 Adobe 公司收购)公司的动画设计软件 Flash 的专用格式，是一种支持矢量和点阵图形的动画文件格式，被广泛应用于网页设计、动画制作等领域，SWF 文件通常也被称为 Flash 文件。SWF 普及程度很高，现在超过 99% 的网络使用者都可以读取 SWF 文件。这个文件格式由 FutureWave 创建，后来由于一个主要的目标即创作一个可以播放动画的小文件，受到 Macromedia 支援。改进之后的 SWF 文件可以在任何操作系统和浏览器中进行，并让网络较慢的人也能顺利浏览。SWF 可以用 Adobe Flash Player 打开，但浏览器中必须安装 Adobe Flash Player 插件。

3. FLIC/FLI/FLC 格式

FLC/FLI(Flic 文件)是 Autodesk 公司在其出品的 2D、3D 动画制作软件中采用的动画文件格式，FLIC 是 FLC 和 FLI 的统称。FLI 最初基于 320 × 200 分辨率的动画文件格式，在 Autodesk 公司出品的 Autodesk Animator 和 3DSudio 等动画制作软件中均采用了这种彩色动画文件格式。

FLC 是一种古老的编码方案，文件后缀通常为 .flc 和 .fli。由于 FLC 仅仅支持 256 色的调色板，因此它会在编码过程中尽量使用抖动算法(也可以设置不抖动)，以模拟真彩的效果。这种算法在色彩值差距不是很大的情况下几乎可以达到以假乱真的地步，例如红色 A(R:255，G:0，B:0)到红色 B(R:255，G:128，B:0)之间的抖动。这种格式现在已经很少被采用了，但当年很多这种格式的文件被保留了下来，在保存标准 256 色调色板或者自定义 256 色调色板时是无损的，可以清晰到像素，非常适合保存线框动画，例如 CAD 模型演示。

4. MOV、QT 格式

MOV 即 QuickTime 影片格式，它是 Apple 公司开发的一种音频、视频文件格式，用于存储常用数字媒体类型。当选择 QuickTime(*.mov)作为“保存类型”时，动画将保存为 .mov 文件。

5. 虚拟现实动画(VR)

VR 是一项综合集成技术，涉及计算机图形学、人机交互技术、传感技术、人工智能等领域，它用计算机生成逼真的三维视、听、嗅觉等，使人可以作为参与者通过适当装置，自然地对虚拟世界进行体验和交互作用。使用者进行位置移动时，电脑可以立即进行复杂的运算，将精确的 3D 世界影像传回而产生临场感。该技术集成了计算机图形(CG)技术、计算机仿真技术、人工智能、传感技术、显示技术、网络并行处理等技术的最新发展成果，是一种由计算机技术辅助生成的高技术模拟系统。

4.1.3　动画的类型

1. 逐帧动画

逐帧动画是指在时间轴中放置不同的内容，使其连续播放而形成的动画。这和早期的传统动画制作方法相同，这种动画的文件尺寸较大，但具有非常大的灵活性，几乎可以表现任何想表现的内容，很适合于表演细腻的动画。

2. 补间动画

补间动画是整个 Flash 动画设计的核心，也是 Animate 动画的最大优点。所谓的补间动画，其实就是建立在两个关键帧(一个开始，一个结束)之间的渐变动画，只要建立好开始帧和结束帧，中间过渡部分软件会自动生成并填补进去，非常方便好用。

补间动画有形状补间和动作补间两种形式。形状补间是由一个形态到另一个形态的变化过程，如移动位置、改变角度等。动作补间动画的对象必须是“元件”或“成组对象”。

3. 遮罩动画

“遮罩”，顾名思义就是遮挡住下面的对象。在 Flash 动画中，“遮罩”主要有两种用途，一个是用在整个场景或一个特定区域，使场景外的对象或特定区域外的对象不可见；另一个是用来遮罩住某一个元件的一部分，从而实现一些特殊的效果。遮罩动画的基本原理是，遮罩层的内容完全覆盖在被遮罩的层上面，只有遮罩层有内容的区域才可以显示下层图像信息，可以看到“被遮罩层”中的对象以及其属性(包括其形变效果)。但是遮罩层的对象的许多属性如渐变色、透明度、颜色和线条样式等都是被忽略的。

遮罩层是由普通图层转化而来的。只要在要某个图层上单击右键，在弹出菜单中的“遮罩”选项前打个勾，该图层就会生成遮罩层。可以在遮罩层、被遮罩层中分别或同时使用形状补间动画、动作补间动画、引导线动画等动画手段，从而使遮罩动画变成一个可以施展无限想象力的创作空间。

4. 引导动画

如果要让对象沿着指定的路线(曲线)运动，则需要添加引导层。引导层是一种特殊的图层类型，在引导层中绘制的图形，主要是用来设置对象的运动轨迹。引导动画是在引导层绘制好路径后，将对象拖到路径的起始位置和终点位置，然后创建动作补间动画，对象就会沿着指定的路径运动。

引导层可以辅助被引导图层中对象的运动或者定位，使用引导层可以制作沿自定义路径运动的动画效果。引导层存放的引导路径内容在文件发布或导出时是不显示的，它只起着辅助定位和为运动的角色指定运动路线的作用。

4.2 计算机二维动画制作软件 Animate 的基本操作

Animate 是一种集动画创作与应用程序开发于一体的创作软件，到 2017 年 9 月 2 日为止，最新的零售版本为 Adobe Animate CC(2017 年发布)。Adobe Animate CC 为数字动画、交互式 Web 站点、桌面应用程序以及手机应用程序开发提供了功能全面的创作和编辑环境。Animate 可以创建简单的动画、视频内容、复杂演示文稿和应用程序以及介于它们之间的任何内容。通常，将使用 Animate 创作的各个内容单元称为应用程序，即使它们可能只是很简单的动画。也可以通过添加图片、声音、视频和特殊效果，来构建包含丰富媒体的 Animate 应用程序。

4.2.1 Animate 的操作界面

启动 Animate CC 2017 应用程序，进入其初始界面，如图 4-1 所示。单击其中的“ActionScript 3.0”菜单项，进入 Animate 工作界面，如图 4-2 所示。

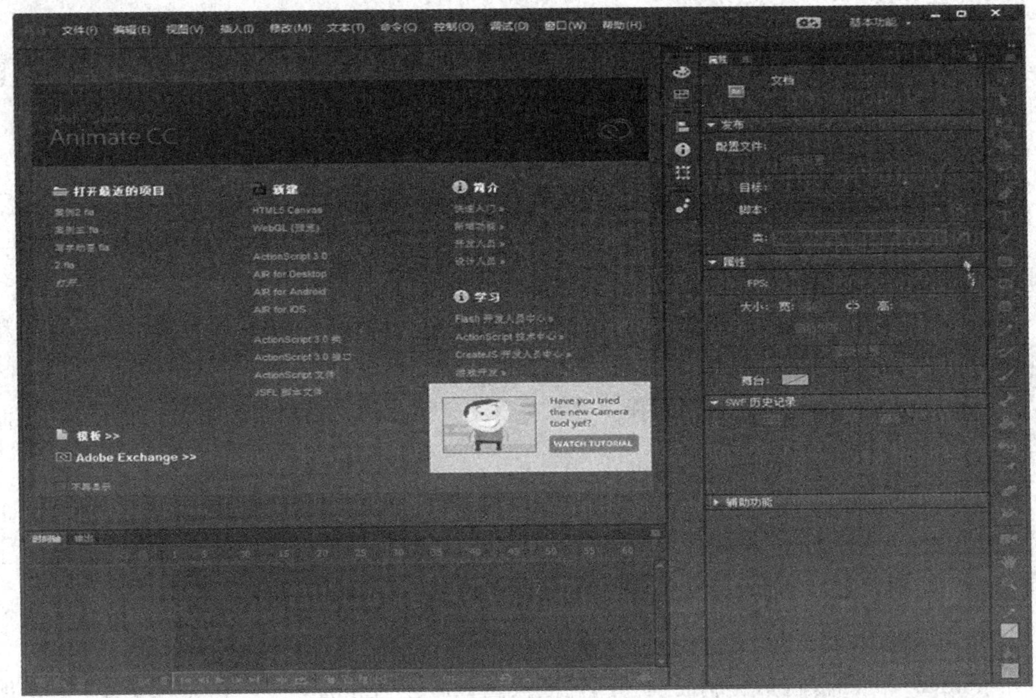

图 4-1　Animate CC 2017 初始化界面

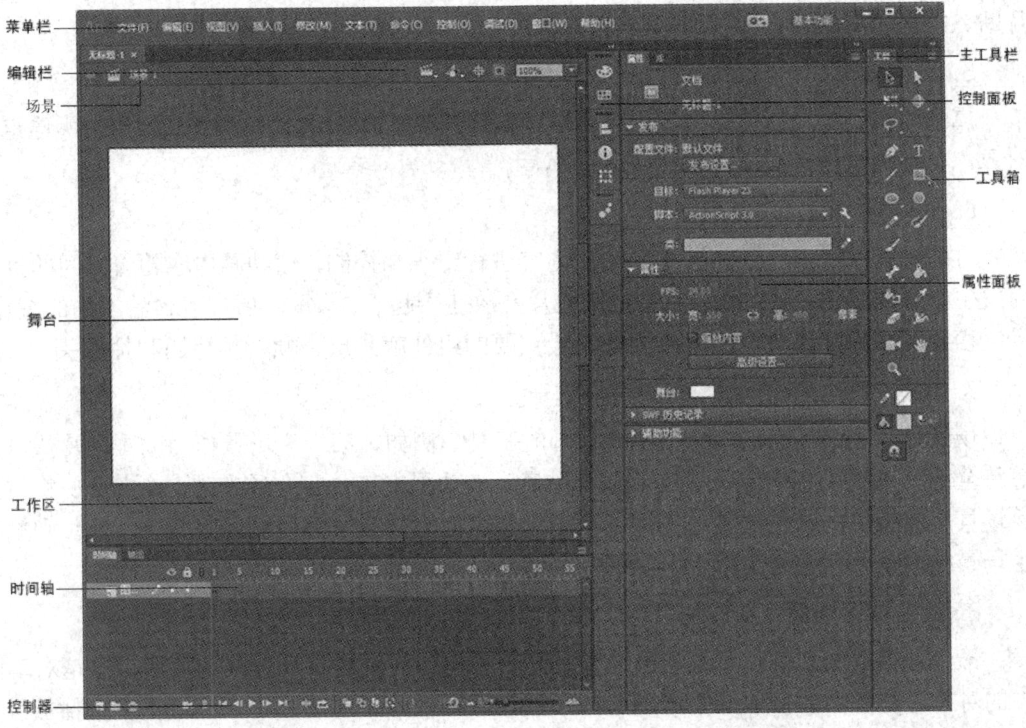

图 4-2　Animate CC 2017 工作界面

Animate 的工作界面主要由以下几部分组成：

1. 菜单栏

Animate 菜单栏中有文件、编辑、视图、插入、修改、文本、命令、控制、调试、窗口和帮助等菜单。Animate 操作中绝大部分的功能都可以利用菜单栏中的命令来实现。

2. 工具栏

Animate 的工具栏主要包括主工具栏、状态栏和控制器等部分。

(1) 主工具栏：包含一些常用命令按钮。默认情况下，主工具栏固定于菜单栏的下方，也可以将其移动到窗口中的合适位置。

(2) 编辑栏：由当前的场景名称、编辑场景按钮、编辑元件按钮以及窗口大小选项栏组成。

(3) 控制器：浮动出现在窗口中，主要用来控制动画的播放和预览等。也可以将控制器移动到窗口中的合适位置。

3. 工具箱

默认情况下，Animate CC 的工具箱在主界面右侧，但可以根据需要移动工具箱。工具箱分为绘图、查看(视图)、颜色和选项四部分。

4. 控制面板

Animate 的面板包括控制面板和属性面板两种。在 Animate 中，有关对象和工具的所有参数均被归类放置在不同的控制面板中。用户可以根据需要，将相应的面板打开、关闭和移动。在默认情况下，控制面板中显示的内容有颜色、样本、对齐、信息、变形、代码片断、组件、动画预设和项目等。

5. 属性面板

属性面板是一个智能化面板，它可以根据用户当前所选定的工具或在舞台中所选定的对象，自动显示与工具或对象相关联的属性。

6. 时间轴

时间轴可以用来对层和帧中的动画内容进行组织和控制，使动画内容随着时间的推移而发生相应的变化。层就像是多个电影胶片叠放在一起一样，每一层中包含着不同的图像，且它们会同时出现在舞台上。时间轴中最重要的组件就是层、帧、帧标题和播放头。

7. 场景

场景是 Animate 提供的一个组织动画的工具。例如，第一个场景作为动画的片头，要等待全部动画下载完毕才能播放下一个场景。当动画中包含多个场景时，Animate 将按照“场景”面板中的顺序播放。例如，动画中包含两个场景，每个场景包含 10 帧，则第二个场景中的帧将被编号为第 11～20 帧。

8. 舞台和工作区

舞台是指绘制和编辑图形的区域，它是用户创作时观看自己作品的场所，也是对动画中的对象进行编辑、修改的唯一场所；那些没有特效效果的动画可以在这里直接播放。

工作区是指舞台周围灰色的区域，通常用作动画的开始和结束点的设置，即在动画播放过程中，对象进入舞台和退出舞台时位置的设置。

4.2.2　新建、保存、关闭和预览动画

(1) 启动 Animate CC 2017 应用程序，进入其初始窗口，单击其中的“ActionScript 3.0”菜单项，新建一个 Animate 文档。

(2) 在属性面板上设置动画舞台的大小和颜色，如图 4-3 所示。

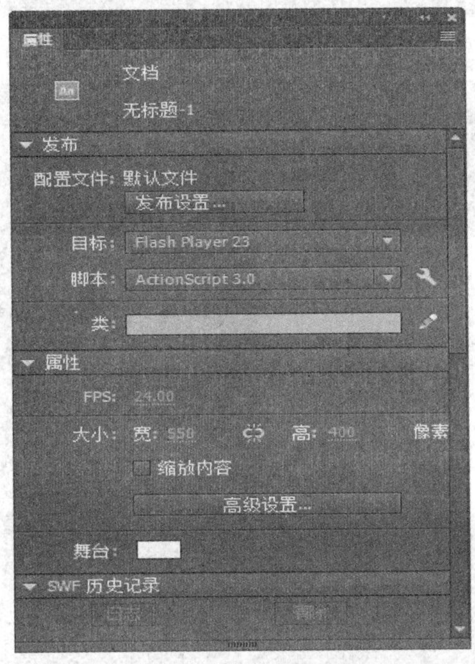

图 4-3　舞台属性设置

(3) 执行菜单中的“文件”→“导入到舞台”命令，在弹出的“导入”对话框中选择素材文件“小鸡动作”文件夹中的图片“小鸡动作 001.png”，如图 4-4 所示。点击“打开”按钮将会弹出如图 4-5 所示的窗口，选择“是”，此时“小鸡动作”文件夹的所有图片将以序列的方式导入到 Animate 中，效果如图 4-6 所示。

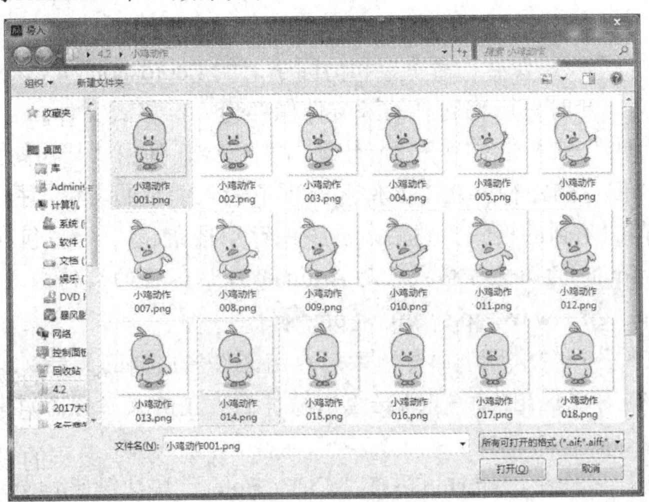

图 4-4　导入素材

图 4-5　选择序列中的所有图像

图 4-6　导入素材后的工作窗口

(4) 按“Ctrl + Enter”快捷键或执行菜单栏中的“控制”→“测试影片”命令，观看动画效果。

(5) 执行“文件”→“保存”命令，和前面学习的 Photoshop 和 CorelDraw 软件保存操作一样将文件保存。此时可以将动画的源文件保存为 .fla 格式文件。

(6) 执行“文件”→“导出”→“导出影片”命令，弹出“导出影片”对话框，如图 4-7 所示。选择要保存的路径，在“文件名”框中输入动画的名称，在“保存类型”下拉选项中选择要保存的动画的格式。然后点击“保存”按钮。

注：fla 是 Animate 的源文件格式，是 Animate 默认保存的文件格式。动画的导出格式有 swf、avi、mov、gif、wav、jpg、gif 和 png 等。

(7) 执行“文件”→“关闭”命令，或是点击文件名后面的叉号标志，即可关闭动画。

(8) 执行“文件”→“退出”命令，或是点击软件右上角的叉号标志，即可以关闭 Animate 软件。

(9) 在动画制作过程中，随时可以按“Ctrl + Enter”快捷键来预览动画。在动画导出后，可以通过媒体播放器观看动画效果。

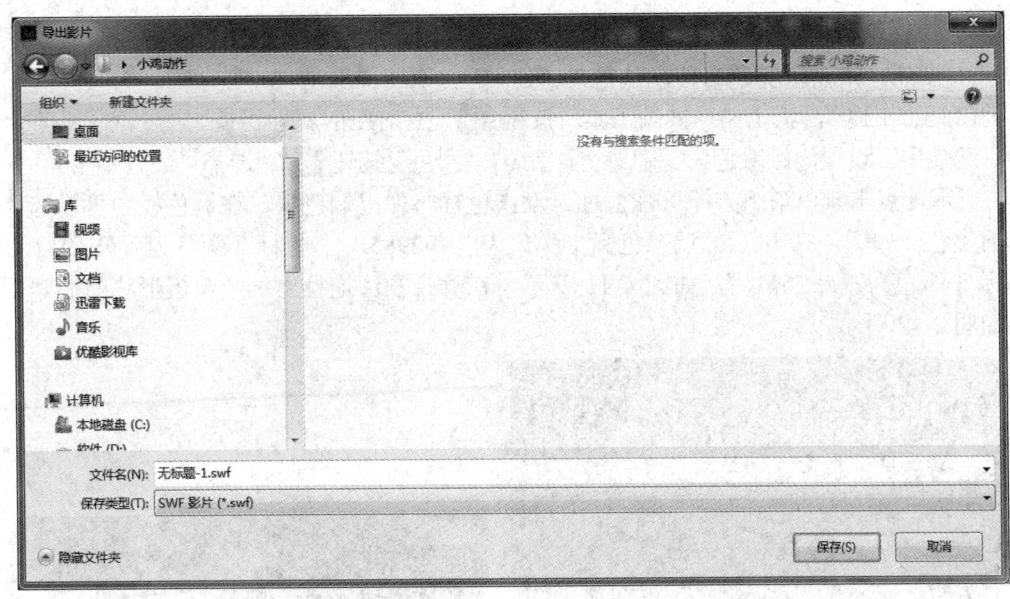

图 4-7　导出影片窗口

4.3　动画制作实例

4.3.1　制作小鸡破壳而出的动画

1. 案例目的

运用 Animate 制作一个小鸡破壳而出的动画，效果如图 4-8 所示。通过对本案例的学习，掌握元件的基本概念，熟悉逐帧动画和补间动画的制作。

图 4-8　小鸡破壳而出动画效果图

2. 操作步骤

(1) 启动 Animate CC 2017，执行“新建”→“ActionScript 3.0”命令。

(2) 点击工具面板上的“椭圆工具”按钮，在对应的属性面板中的“填充”和“笔触”选项中，设置笔触颜色为无色，点击“颜色”按钮，选择“线性渐变”，如图 4-9 所示，点击颜色条下方即可加色标，双击色标将弹出调色板，在调色板中可以选择需要的颜色，如图 4-10 所示。调节色标 1 颜色为“#F8985B”，色标 2 颜色为“#E1914A”，色标 3 颜色为“#E06410”，如图 4-11 所示，在舞台左边拖拉出一个鸡蛋形状的椭圆，效果如图 4-12 所示。

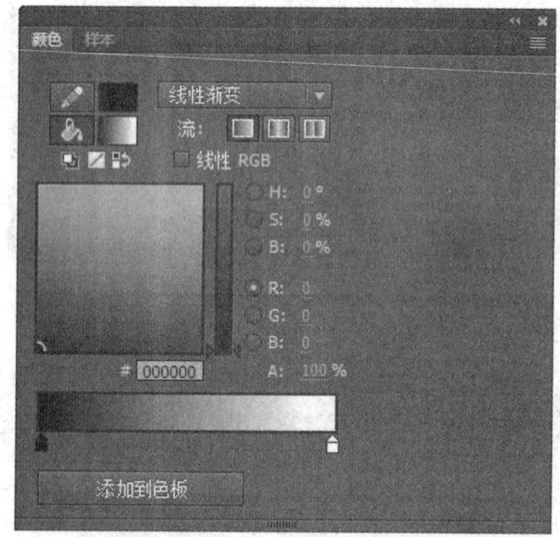

图 4-9　颜色面板

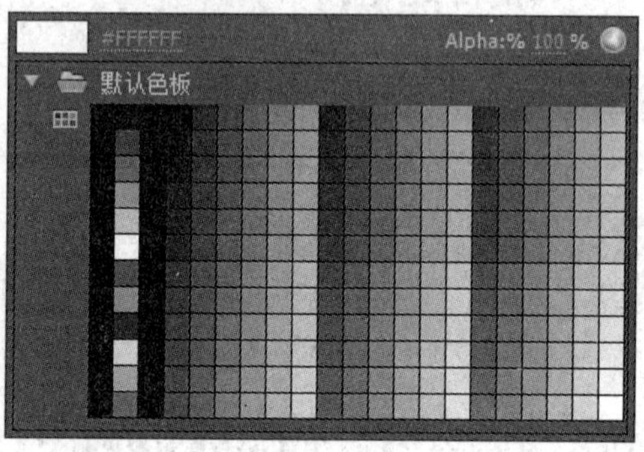

图 4-10　调色板

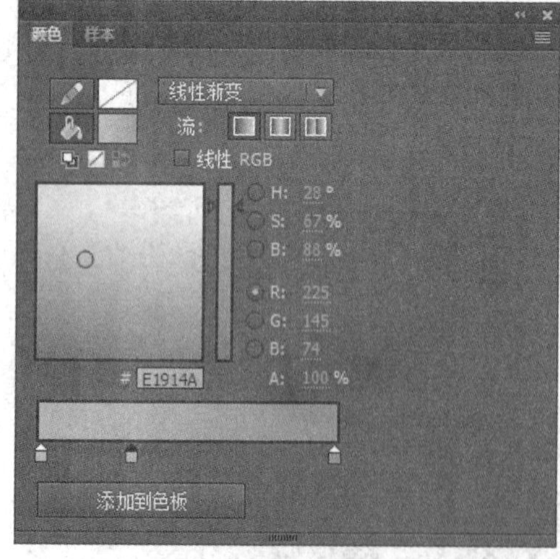

图 4-11　渐变颜色设置

图 4-12　鸡蛋形状的椭圆

(3) 单击工具面板中的“线条工具”按钮，设置笔触颜色为白色，然后从鸡蛋左上部分开始，按住鼠标左键不放，往鸡蛋前下方拖动一小段距离后松开鼠标，形成一条线段。再次按住鼠标左键不放，往鸡蛋前上方拖动出另一条线段，重复拖动多次后，绘制出一条折线，形成鸡蛋的裂纹，效果如图 4-13 所示。

图 4-13　鸡蛋的裂纹效果

(4) 在时间轴面板的图层 1 中选中第 1 帧，按住“Shift”键的同时在第 9 帧的位置点击鼠标，此时前面 1 至 9 帧的位置被全部选中，按下“F6”键即可添加关键帧，效果如图 4-14 所示。

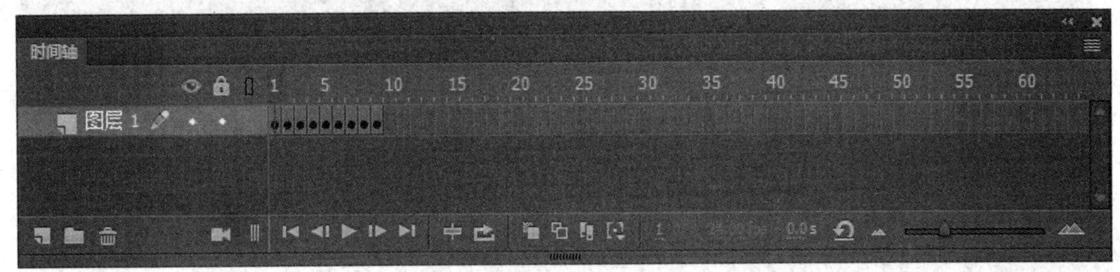

图 4-14　时间轴面板

(5) 选择图层 1 中的第 1 帧，单击“选择工具”按钮，移动鼠标到裂纹处，当光标右下方出现“弧形标志”时，单击鼠标，此时该部分线段被选中，按“Delete”键可将其删除，我们在图层第 1 帧处删除全部裂纹，在第 2 帧处只保留左起第一段裂纹，在第 3 帧处只保留左起前两段裂纹，依次类推，在第 9 帧处保留所有裂纹，如图 4-15 所示。

图 4-15　裂纹被逐条删除后的鸡蛋

(6) 选择鸡蛋上部，按“F8”键将其转换为元件，在“转换为元件”对话框中设置名称为“元件 1”，类型为“图形”，单击“确定”按钮，如图 4-16 所示。

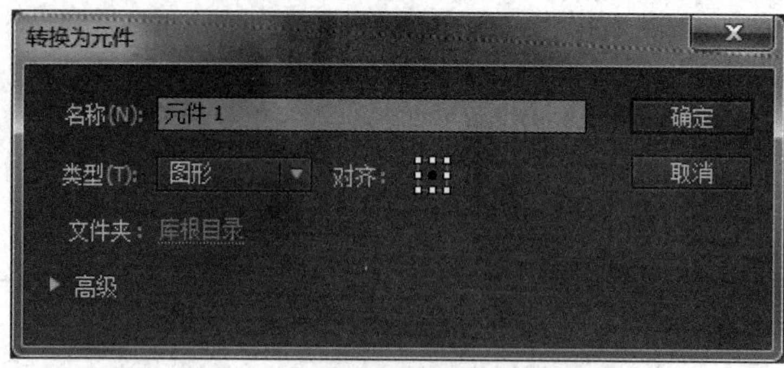

图 4-16　“转换为元件”对话框

(7) 单击图层 1 中的第 9 帧，选中元件 1(即鸡蛋上部)，按“Ctrl + X”快捷键将其剪切，单击位于“时间轴”面板左下角的“新建图层”按钮，新建图层 2。在图层 2 的第 9 帧处单击鼠标左键，按“F7”键插入空白关键帧，然后按“Ctrl + Shift + V”快捷键，在原位粘贴元件 1。效果如图 4-17 所示。

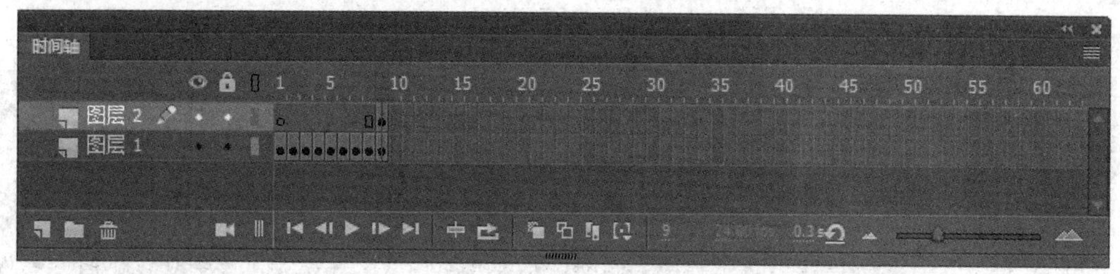

图 4-17　时间轴面板

(8) 选择图层 2 中的第 56 帧，按“F6”键插入关键帧，同时选中图层 1 中的第 56 帧，按“F5”键插入帧。选中元件 1，点击“任意变形工具”按钮，按住“Shift”键的同时将其顺时针旋转 180 度，并拖动到如图 4-18 所示位置。

图 4-18　鸡蛋壳掉落在下方

(9) 在图层 2 中的第 9 帧和第 56 帧之间的任意帧处单击鼠标右键，在弹出的菜单中选择“创建传统补间”，为鸡蛋破壳掉落创建补间动画。选择图层 2 中的第 32 帧，按“F6”键插入关键帧，将元件 1 的位置和旋转角度调整至如图 4-19 所示位置，按住“Shift”键的同时点击鼠标左键，选择图层 1 和图层 2 中的第 63 帧，按“F5”键插入帧。

图 4-19　鸡蛋壳掉落过程调节界面

(10) 执行“插入”→“新建元件”命令，在“创建新元件”对话框中设置名称为“元件 2”，类型为“影片剪辑”，单击“确定”按钮，转换到元件编辑模式。然后执行“文件”→“导入”→“导入到舞台”命令，在弹出的“导入”窗口中选择素材文件“小鸡素材”的第一张图片“小鸡 01”，如图 4-20 所示。点击“打开”按钮，将弹出“是否导入序列的所有图像”窗口，如图 4-21 所示，点击“是”按钮，将素材文件夹中的所有图片导入到元件 2 舞台中，效果如图 4-22 所示。

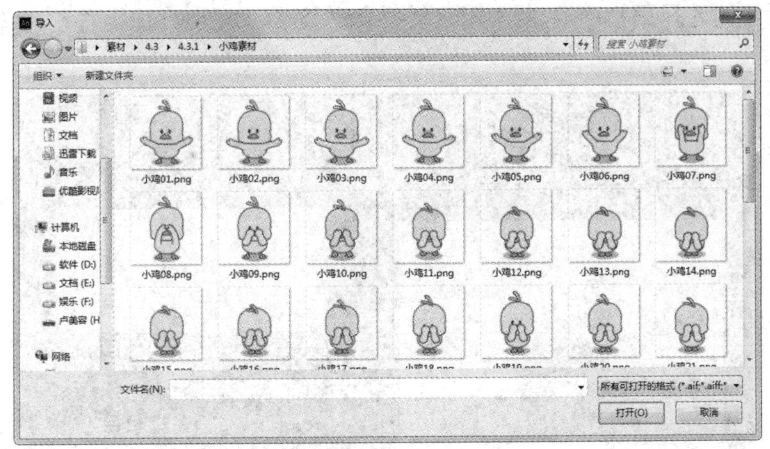

图 4-20　导入序列图像

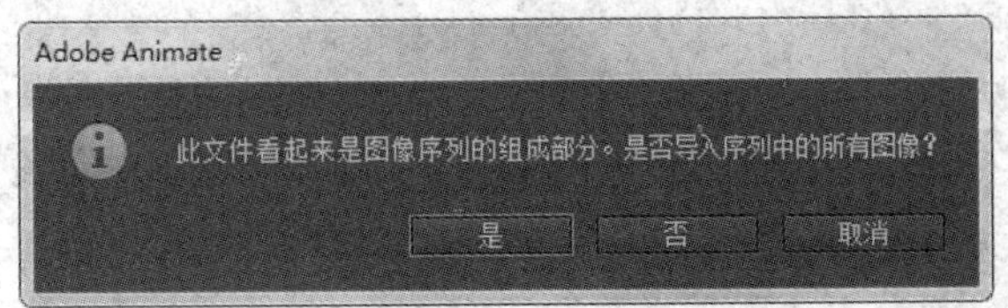

图 4-21　确认导入序列图像窗口

图 4-22　元件 2 编辑舞台

(11) 点击画布左上角的“场景 1”，回到场景编辑模式。双击“时间轴”面板下方的“图层 1”，将图层 1 重命名为“鸡蛋壳下”，双击图层 2，将其重命名为“鸡蛋壳上”。在选中“鸡蛋壳下”图层的状态下，单击“新建图层”按钮，新建图层 3(此时图层 3 位于最上层)，双击图层 3，重命名为“小鸡”。

(12) 单击选中“小鸡”图层，将右侧“库”面板中的“元件 2”拖到舞台中，效果如图 4-23 所示。选择第 20 帧，按“F6”键插入关键帧，将小鸡往上移动，效果如图 4-24 所示。

图 4-23　小鸡位置

图 4-24　小鸡在第 20 帧的位置

(13) 选择“小鸡”图层的第 1 帧与第 20 帧之间的任意帧，单击鼠标右键，选择“创建传统补间”。选择“小鸡”图层，按住鼠标左键不放，将“小鸡”图层拖到图层列表最下方，效果如图 4-25 所示。

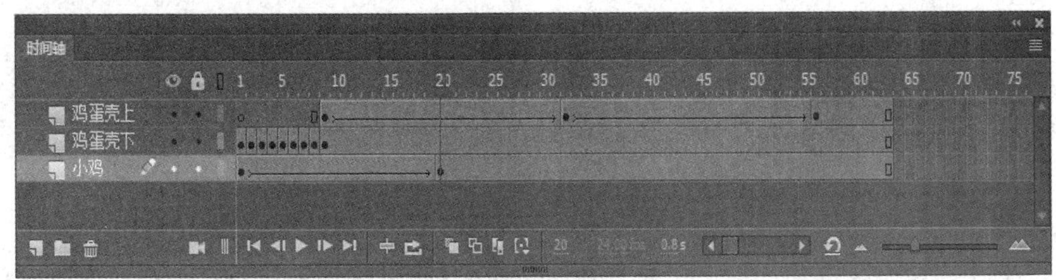

图 4-25　图层列表

(14) 单击鼠标选中“鸡蛋壳上”图层，在此状态下，单击“新建图层”按钮，新建图层 4，并将图层 4 重命名为“文字”；选择“文字”图层中的第 25 帧，按“F6”键插入关键帧；单击工具面板中的“文本工具”按钮 T，在舞台左上角单击鼠标，在出现的文本框中输入文字“咯”，再在第 30 帧插入关键帧，输入“咯”，再在第 35 帧插入关键帧，输入“哒”，依次类推，直到输入完“咯咯哒!!”。效果如图 4-26 所示。

图 4-26　文本内容

(15) 按“Ctrl + Enter”快捷键可以预览动画效果，最后可以执行“文件”→“保存”命令，将其保存，也可以执行“文件”→“导出”命令，选择相应的文件类型将其导出。

4.3.2　制作写字效果动画

1. 案例目的

运用 Animate 制作写字效果动画，效果图如 4-27 所示。通过对本案例的学习，掌握引导动画的制作。

图 4-27　写字效果图

2. 操作步骤

(1) 启动 Animate CC 2017 应用程序，执行“新建”→“ActionScript 3.0”命令。

(2) 在右边“属性”面板中，单击“舞台颜色”按钮，将舞台的背景颜色色值设置为“#FFFF99”。

(3) 执行“文件”→“导入”→“导入到库”命令，将素材文件夹中的所有图片导入到库面板中。

(4) 回到场景，双击图层 1，将其命名为“铅笔”，右击铅笔图层，在弹出的菜单中选择“添加传统运动引导层”。效果如图 4-28 所示。

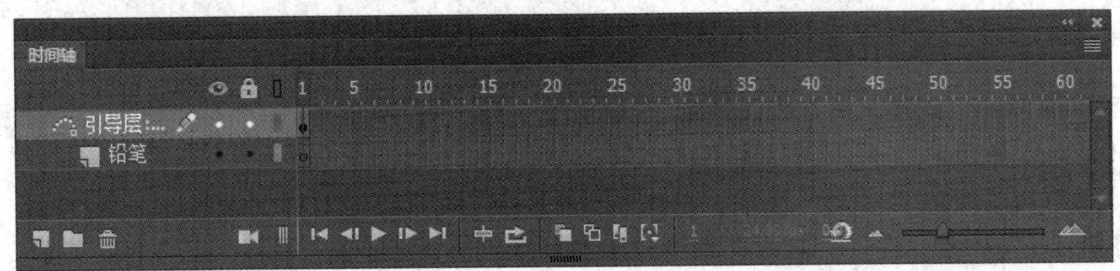

图 4-28　时间轴面板

(5) 点击引导层中的第 1 帧，单击“文本工具”按钮，在舞台中输入大写字母“A”，并在属性面板中设置字体大小为“260 磅”，如图 4-29 所示。

(6) 选择文字，单击鼠标右键，选择“分离”命令，将静态文本打散成可编辑图形。选择“墨水瓶工具”，并在右边属性面板中设置笔触颜色为黄色，笔触大小为“3.5”，属性面板如图 4-30 所示，然后分别在文字的内外边界处点击鼠标，效果如图 4-31 所示。

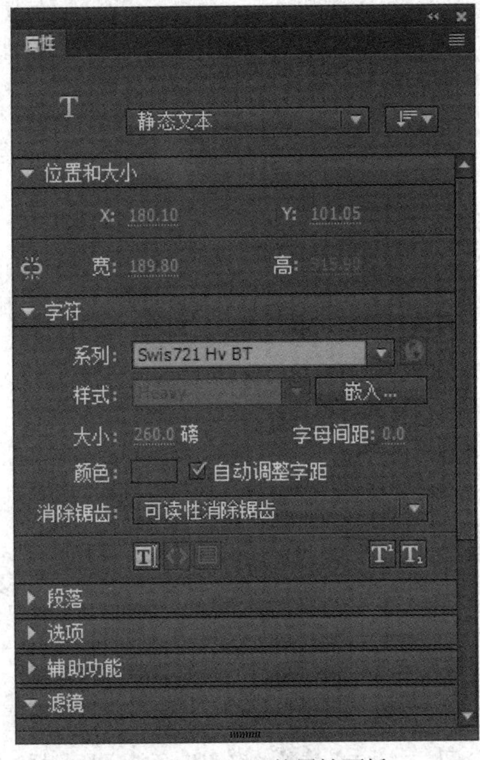

图 4-29　字母“A”的属性面板

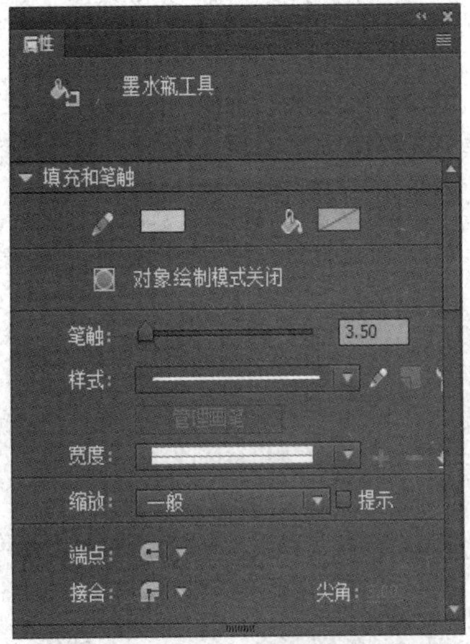

图 4-30　墨水瓶工具属性面板

图 4-31　加了轮廓的字母“A”

(7) 单击“选择工具”按钮，选取文字内部，按“Delete”键删除，得到文字轮廓，如图 4-32 所示。

(8) 单击选中“铅笔”图层，从库面板中将素材“笔.png”拖到舞台上，按“F8”键将其转换为图形元件，命名为“元件 1”。选择“任意变形工具”，调整笔的大小和角度，效果如图 4-33 所示。

图 4-32　字母“A”轮廓

图 4-33　调整好方向的笔

(9) 新建图层，命名为“路径”。选择引导层中的第 1 帧，按“Ctrl + C”快捷键复制文字路径，再选择“路径”图层，按“Ctrl + Shift + V”快捷键，在原位置粘贴相同的文字路径。选择引导层，用“选择工具”框选文字路径中的一小段，按“Delete”键删除，效果如图 4-34 所示。

图 4-34　删去小段路径

(10) 点击“锁定图层”按钮和“隐藏图层”按钮，将“路径”图层锁定和隐藏。选择“铅笔”图层中的第 30 帧，按“F6”键插入关键帧，选择引导图层和路径图层中的第 30 帧，按“F5”键插入关键帧，效果如图 4-35 所示。

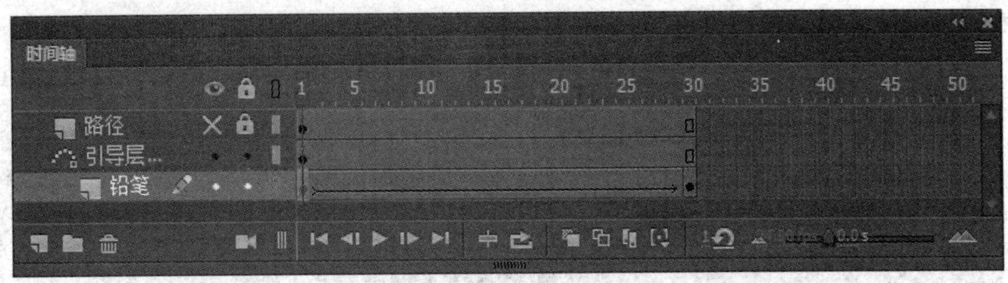

图 4-35　时间轴面板

(11) 选择“铅笔”图层中的第 1 帧，单击工具面板中的“任意变形工具”按钮 ，将铅笔的中心拖到笔尖，然后将铅笔移到路径缺口上边，将铅笔中心与路径的起点对齐，效果如图 4-36 所示。选择“铅笔”图层中的第 30 帧，将铅笔的中心拖到笔尖后，移动铅笔，使其中心与路径终点重合，效果如图 4-37 所示。在“铅笔”图层的第 1 帧到第 30 帧之间，点击鼠标右键，选择“创建传统补间”。

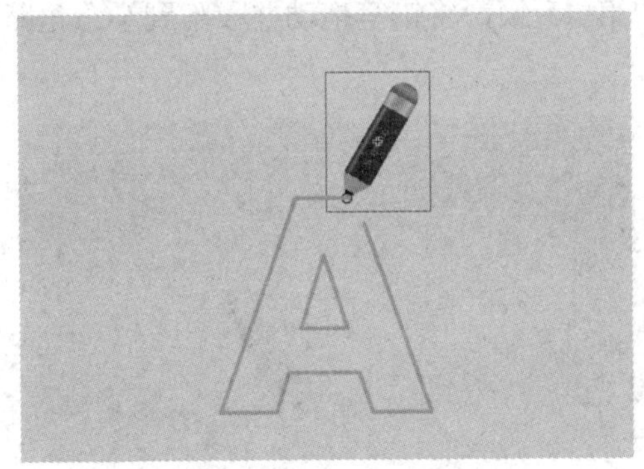

图 4-36　铅笔在起点位置

图 4-37　铅笔在终点位置

(12) 选中“引导层”图层，使用“选择工具” ，选择“A”内的小三角，按“Ctrl + X”快捷键剪切路径，选择“引导层”中的第 31 帧，按“F7 键”插入空白关键帧，按“Ctrl + Shift + V”快捷键。在原位粘贴小三角路径，效果如图 4-38 所示

图 4-38　原位复制得到的小三角路径

(13) 解锁打开“路径”图层后，选中第 31 帧，按“F6”键插入关键帧，选择“引导

层”中的第 31 帧，按“Ctrl + C”快捷键复制小三角路径，然后再回到“路径”图层的第 31 帧，按“Ctrl + Shift + V”快捷键在原位粘贴小三角路径，选择“铅笔”图层的第 31 帧，按“F6”键插入关键帧，时间轴面板如图 4-39 所示。

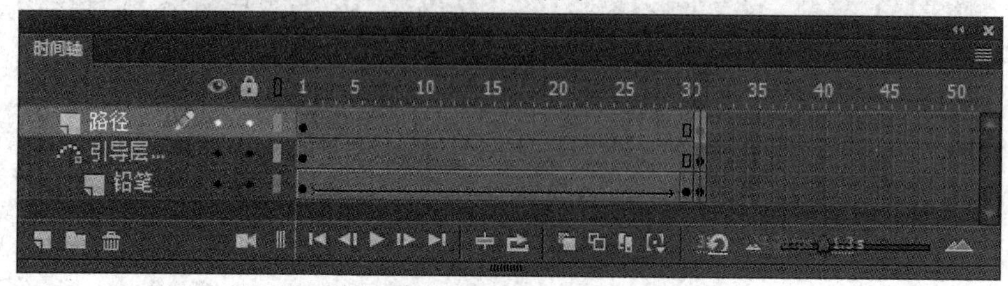

图 4-39　时间轴面板

(14) 锁定“路径”图层后，选择“引导层”中的第 31 帧，使用“选择工具”框选小三角路径的一小段后，按“Delete”键删除路径。选择“铅笔”图层的第 31 帧，将铅笔(即元件 1)拖动并吸附到小三角路径起点处，效果如图 4-40 所示。选择“铅笔”图层的第 45 帧，按“F6”键插入关键帧，然后分别选择“引导层”和“路径”图层的第 45 帧，按“F5”键插入关键帧。再回到“铅笔”图层的第 45 帧，将铅笔拖动并吸附到小三角路径终点处，效果如图 4-41 所示。

图 4-40　将铅笔放置在小三角路径起点处

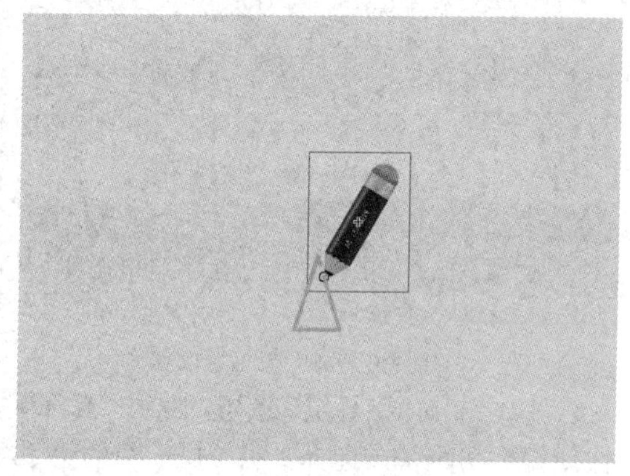

图 4-41　将铅笔放置在小三角路径终点处

(15) 选择“铅笔”图层的第 31 帧到第 45 帧之间的任意帧，点击鼠标右键，选择“创建传统补间”，此时时间轴面板如图 4-42 所示。

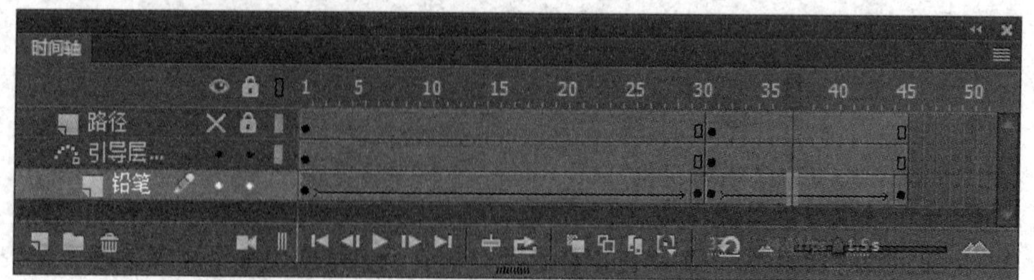

图 4-42　时间轴面板

(16) 执行“视图”→“标尺”命令，打开标尺视图，在标尺处使用“选择工具”拖出一条参考线，效果如图 4-43 所示。

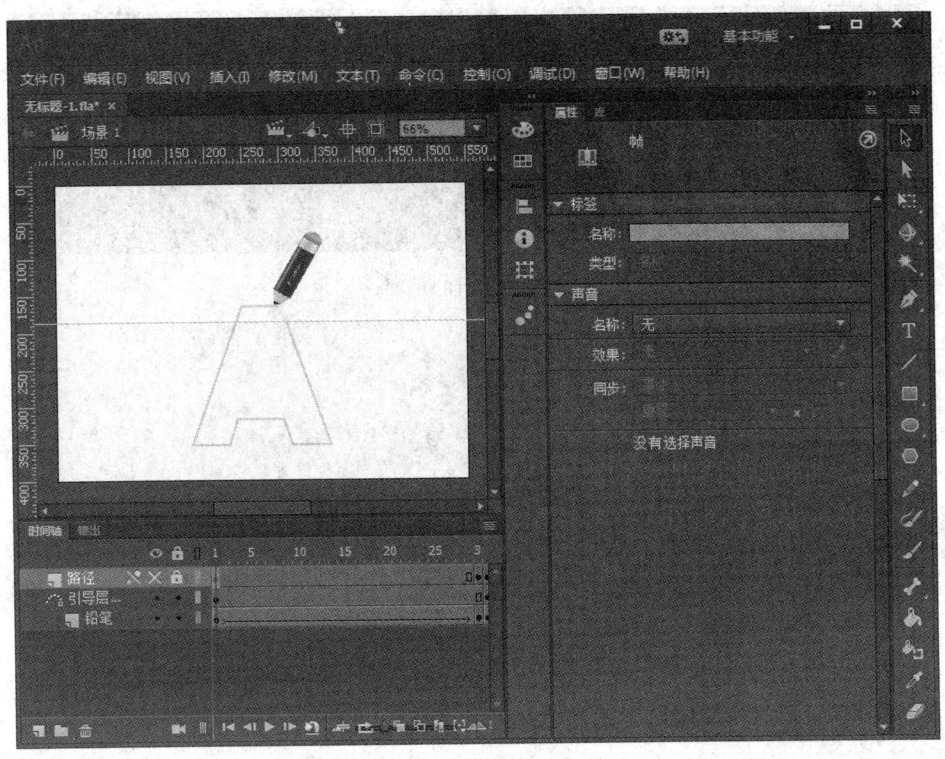

图 4-43　参考线视图

(17) 锁定和隐藏“引导层”，选择“路径”图层中的第 2 帧，按住“Shift”键不放，选中第 29 帧，按“F6”键插入关键帧。选择第 1 帧，点击“橡皮擦工具”按钮，在英文输入状态下，按键盘上的“[”和“]”键可以缩放橡皮擦，按鼠标左键可以擦除对象，将舞台中的从参考线到铅笔笔尖之外的路径擦除干净，效果如图 4-44 所示。用同样的办法，擦除第 2 帧到第 30 帧的路径。

(18) 用同样的方法，将“路径”图层中的第 31 帧到第 45 帧的小三角路径进行擦除处理，效果如图 4-45 所示。

图 4-44　擦除后保留的路径　　　图 4-45　擦除小三角路径

(19) 最后将“路径”图层拉到最底层，此时时间轴面板如图 4-46 所示。路径在最底层时的效果如图 4-47 所示。

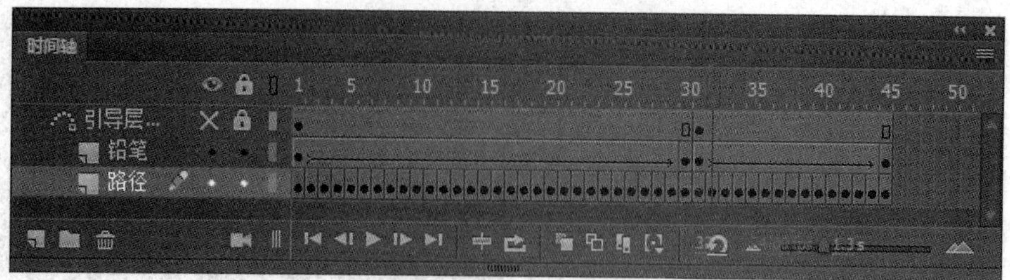

图 4-46　时间轴面板

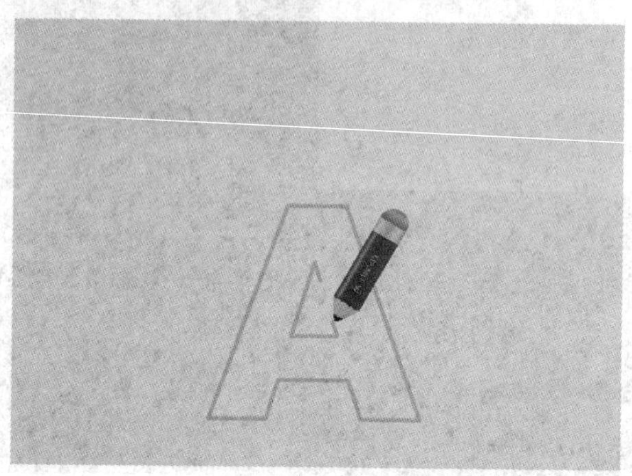

图 4-47　路径在最底层时的效果

(20) 按“Ctrl + Enter”快捷键预览并测试动画效果，最后保存退出。

4.3.3　制作地球旋转动画

1. 案例目的

运用 Animate 制作地球旋转动画效果，效果如图 4-48 所示。通过对本案例的学习，掌握椭圆工具和矩形工具的应用，了解遮罩动画的概念并能熟练制作遮罩动画。

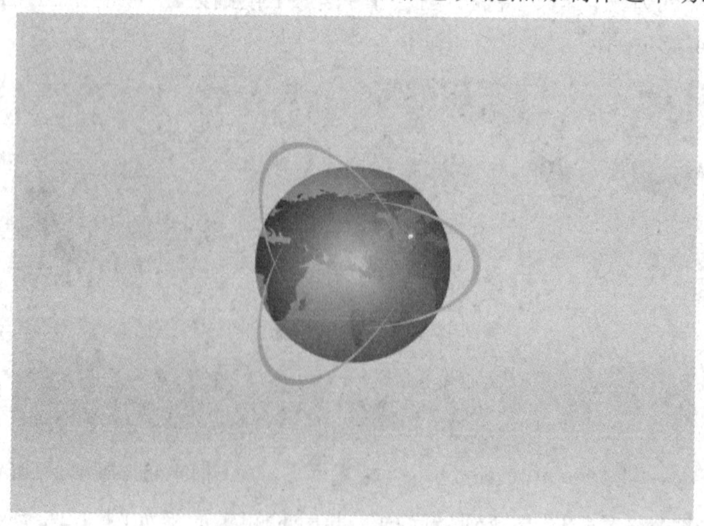

图 4-48　地球旋转效果图

2. 操作步骤

(1) 启动 Animate CC 2017 应用程序，执行“新建”→“ActionScript 3.0”命令，进入到 Animate 编辑界面。

(2) 执行“文件”→“导入”→“导入到库”命令，将素材文件图片导入到库面板中。

(3) 在属性面板中点击“舞台颜色”按钮 舞台：，在弹出的色板中将颜色色值设置为“#FFFFCC”，将图层 1 命名为“地球”。选择“椭圆工具”，在属性面板中单击“笔触颜色”右边的色块，在弹出的色板中选择“无颜色填充”。单击“填充颜色”右边的色块，在弹出的色板中选择“红黑径向渐变”，具体参数设置如图 4-49 所示。按住“Shift”键，使用鼠标左键在舞台中拖出一个球体，然后使用“选择工具”选中该球体，在“属性面板”中，将图形的宽和高设为“153”。

(4) 打开“对齐面板”，选中球体，在对齐面板中勾选“与舞台对齐” 与舞台对齐，点击“水平中齐”按钮和“垂直中齐”按钮，效果如图 4-50 所示。

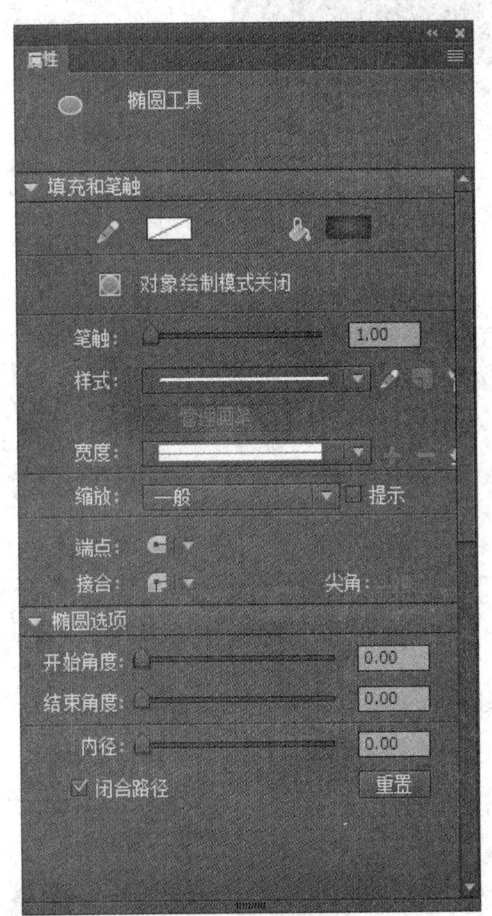

图 4-49　椭圆参数设置

图 4-50　对齐后的球体

(5) 在选中球体的状态下，选择“颜色”，在色板中，将径向渐变的红色改为白色，黑色色值改为“#0033FF”，如图 4-51 所示。

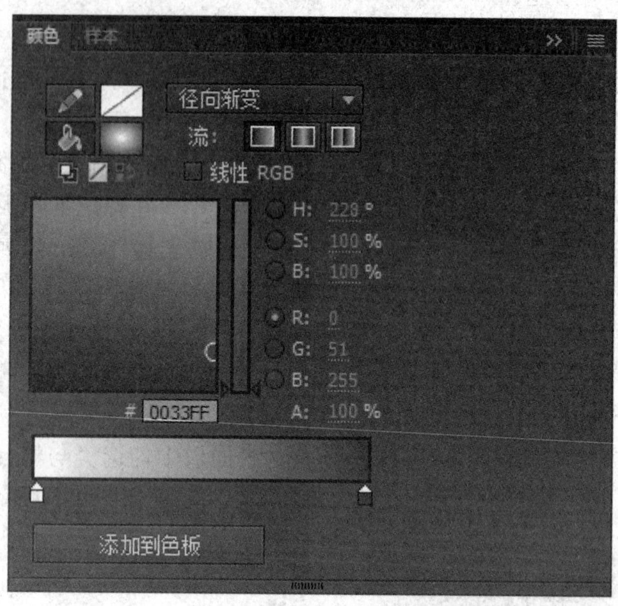

图 4-51　颜色调节面板

(6) 在选中球体的状态下，按“F8”键将其转换为元件，设置元件名称为“地球 1”，类型为“图形”。按“Ctrl + B”快捷键分离图形，选择“颜料桶工具”，点击“地球”的左上方，改变球体的高光位置，效果如图 4-52 所示。按“F8”键将其转换为元件，设置元件名称为“地球 2”，元件类型为“图形”。

(7) 在舞台上的“地球 2”中点击右键，选择“交换元件”，在弹出的“交换元件”面板中单击“地球 1”，点击“确定”按钮。新建图层 2，命名为“板块”，将素材“板块.png”从库拖到舞台上，选择“任意变形工具”，按住“Shift”键，调整图片到合适大小，效果如图 4-53 所示。

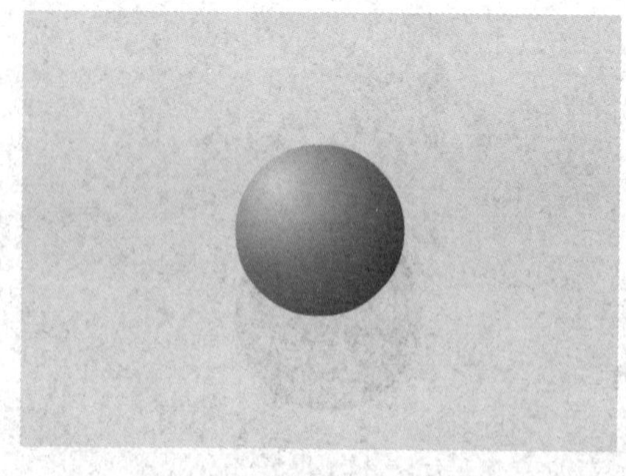

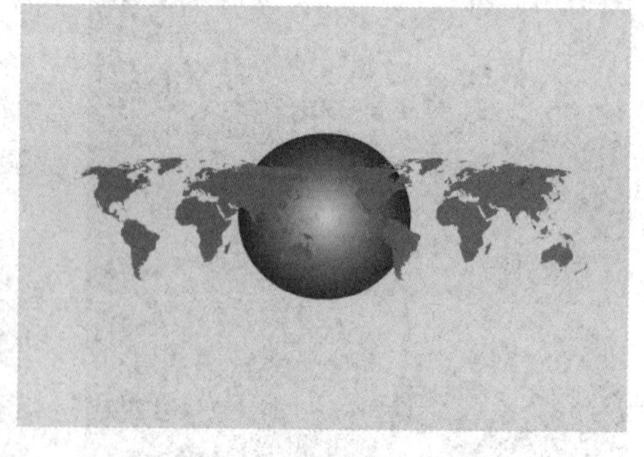

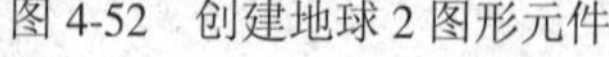

图 4-52　创建地球 2 图形元件　　　　图 4-53　调整好大小的图片

(8) 在选中板块图片的状态下，按“Ctrl + B”快捷键分离图片，在工具面板中选择“魔术棒”，单击选中图片背景，如图 4-54 所示，按“Delete”键删去背景。为了更干净地清洁图片边缘，可以先锁定“地球”图层，然后用“选择工具”框选“板块.png”图片的边缘，按“Delete”键删除。单击选中“板块”图层可以查看是否删除干净，删除干净的效果如图 4-55 所示。

图 4-54　选中图片背景

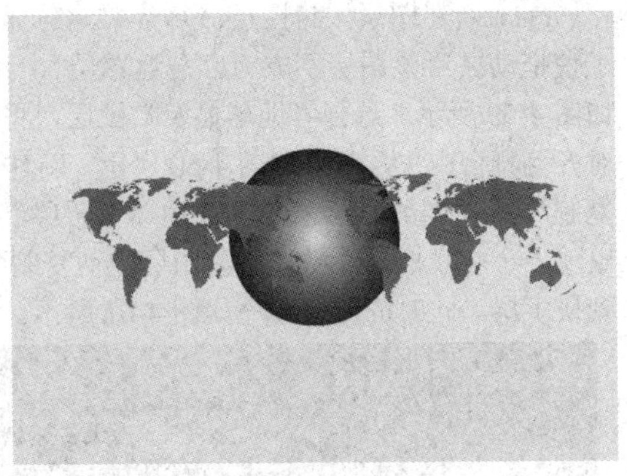

图 4-55　删除干净的效果图

(9) 单击“板块”图层中的第 1 帧，按“F8”键将其转换为“图形”元件，命名为“板块”。按住“Shift”键，将“板块”元件平移到地球右边，效果如图 4-56 所示。选择“板块”图层的第 50 帧，按“F6”键插入关键帧，选择“地球”图层中的第 50 帧，按“F5”键插入帧。回到“板块”图层的第 50 帧，按住“Shift”键，将“板块”元件平移到地球左边，效果如图 4-57 所示。在图层“板块”的第 1 帧和第 50 帧之间创建传统补间动画。

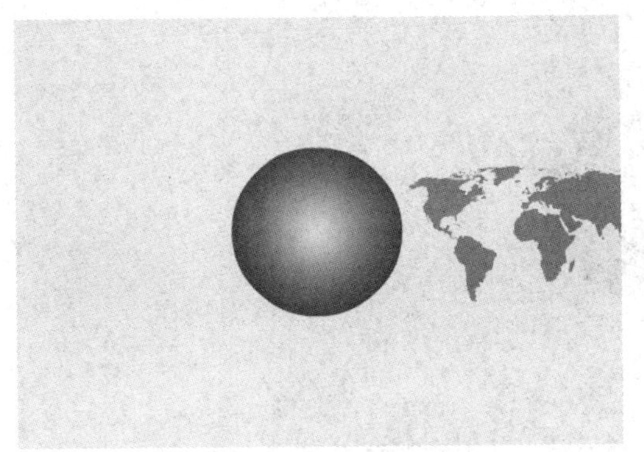

图 4-56　图片在地球的右边

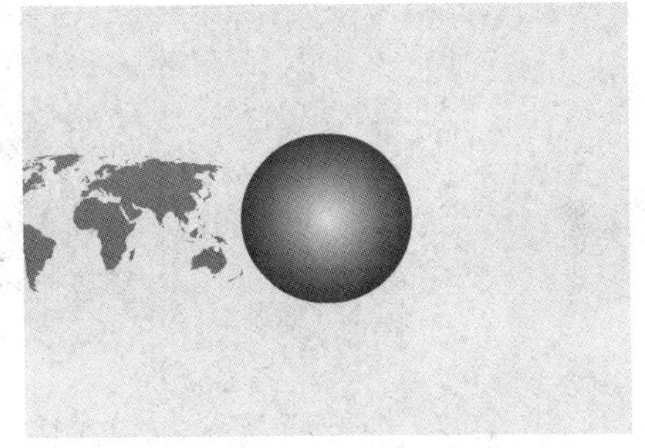

图 4-57　图片在地球的左边

(10) 选择“板块”图层，点击鼠标右键，选择“遮罩层”命令，得到的效果如图 4-58 所示。

图 4-58　遮罩后的地球

(11) 新建图层，将图层命名为“地球显示”，并将其拖到“地球”图层下方。注意为了使拖动之后该图层不成为“被遮罩层”，我们拖动的方向要偏左一些，拖动后图层关系如图 4-59 所示。选择“地球显示”图层，将“地球 2”图形元件从库拖到舞台中，并将其对齐到舞台中央，效果如图 4-60 所示。新建两个图层，分别命名为“地球复制”和“板块复制”，同时选中“板块”和“地球”图层，按住“Alt”键不放，将光标放在时间轴上面，出现一个虚线框后，将选中的图层拖动复制到新建的两个图层上。将“地球显示”图层拖到最下层，此时的图层顺序如图 4-61 所示。

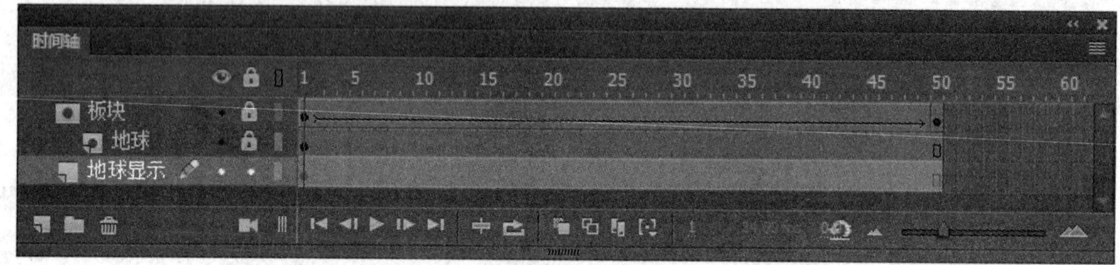

图 4-59　图层拖动后效果

图 4-60　显示地球

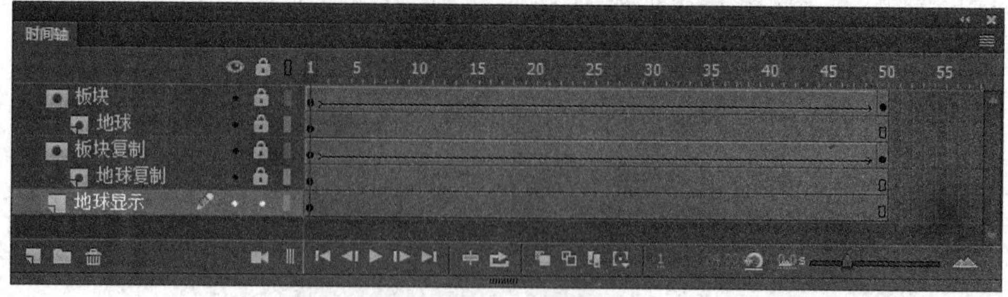

图 4-61　时间轴面板

(12) 解锁“板块复制”图层，选择“板块复制”图层中的第 1 帧，单击舞台的板块图片，按住“Shift”键，将图片平移到地球的左边；选择第 50 帧，单击舞台的板块图片，按住“Shift”键，将图片平移到地球的右边；点击时间轴下方的“播放”按钮 ▶，可以预览到地球转动的三维效果，效果如图 4-62 所示。

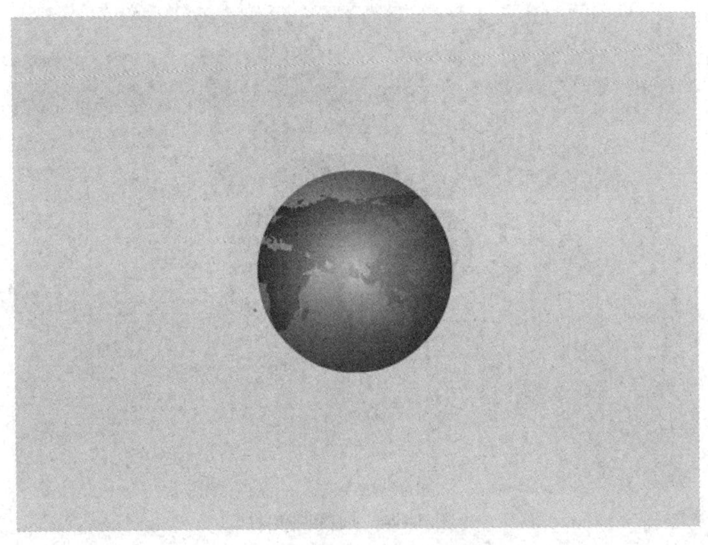

图 4-62　板块在地球后边

(13) 预览后我们不难发现，板块在后边的运动不太明显，需要调整地球的透明度。单击选择“地球显示”图层，单击舞台中的地球，展开属性面板中的“色彩效果”，选择样式为“Alpha”，调整透明度为“80%”，如图 4-63 所示。

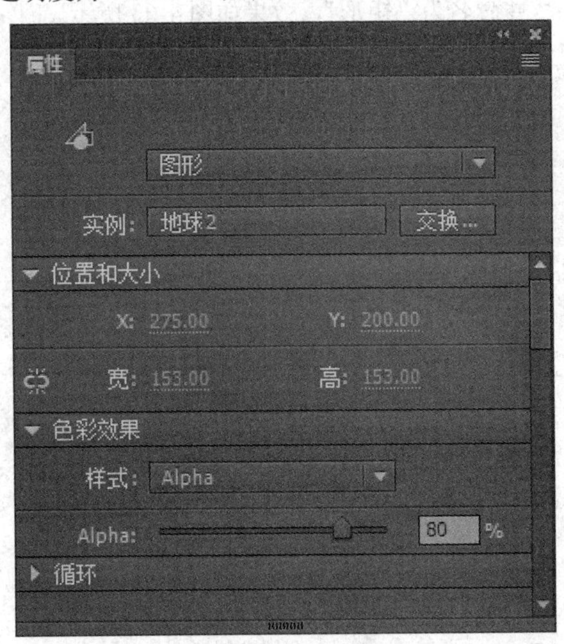

图 4-63　属性面板

(14) 新建图层，命名为“弧形流动”，选择“椭圆工具”，在属性面板中将“填充颜色”设置为红色。在舞台中拖出一个椭圆，选中椭圆，并在属性面板中将其宽改为“200”，高改为“100”。打开“对齐面板”，选择“与舞台对齐”，点击“水平对齐”按钮和“垂直对齐”按钮。按“F8”键将其转换为元件，元件名称设为“椭圆”，类型为“图形”，效果如图 4-64 所示。

图 4-64　画椭圆元件

(15) 按“Delete”键删除“椭圆”，选择“矩形工具”，并在属性面板中将填充颜色改为“#66FFFF”，在舞台中拖出一个矩形，选择矩形，在属性面板中，将其宽设为“250”，高设为“120”，并将其对齐到舞台中央。将“椭圆”元件从库中拖到舞台中，同样也将元件对齐到舞台中央。按“Ctrl + B”快捷键打散，按“Delete”键删去椭圆。将剩下的矩形转换为“图形”元件，并命名为“矩形”，效果如图 4-65 所示。

图 4-65　制作矩形元件

(16) 单击选中“弧形流动”图层，按“Delete”键删去舞台中的矩形，按“Ctrl + F8”快捷键新建元件，设置元件名称为“动画 1”，类型为“影片剪辑”，点击确定进入“动画 1”元件编辑界面。将“矩形”图形元件从库拖到舞台中，并将其对齐到舞台中央。选择图层 1，右击选择“添加传统运动引导层”，选择“椭圆工具”，将笔触颜色改为红色，填充颜色为无，属性面板设置如图 4-66 所示，在引导层上画一个宽为 12、高为 8 的椭圆路径，并将其对齐到舞台中央，效果如图 4-67 所示。

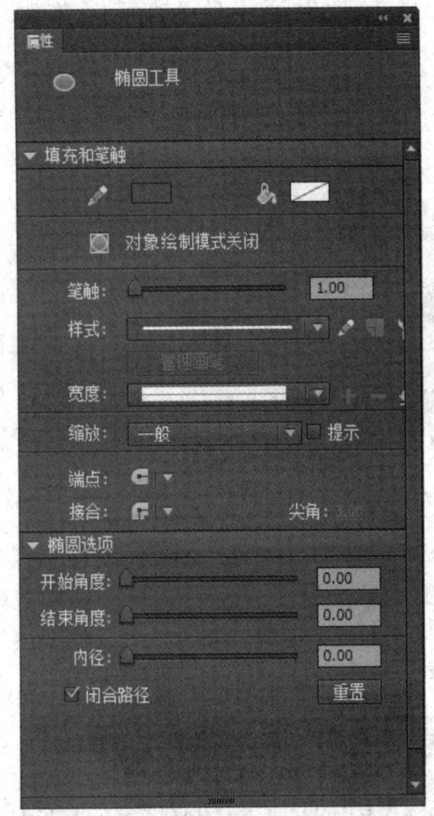

图 4-66　属性面板

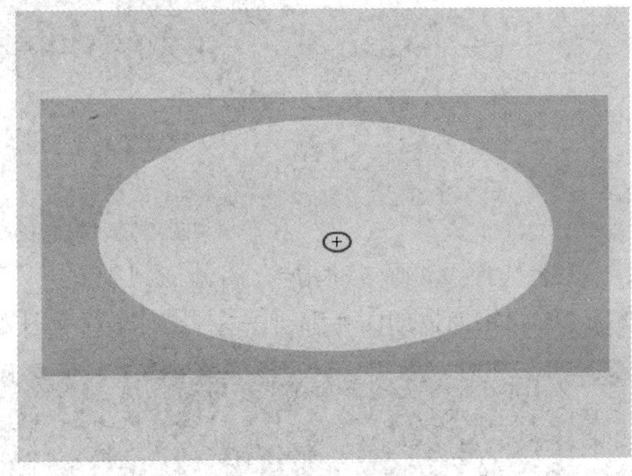

图 4-67　椭圆路径

(17) 选择“缩放工具”中的“放大工具”，点击舞台后，将小椭圆放大以方便下一步操作。框选小椭圆路径的一小段并按“Delete”键将其删除，选择“图层 1”图层中的第 25 帧，按“F6”键插入关键帧，在“引导层”的第 25 帧，按 F5 键插入帧。选择“图层 1”的第 1 帧，使用“任意变形工具”，将“矩形”图形元件中心对齐到椭圆路径起点，如图 4-68 所示。选择第 25 帧，将“矩形”图形元件中心对齐到椭圆路径终点，如图 4-69 所示，并在“图层 1”的第 1 帧和第 25 帧之间创建传统补间。

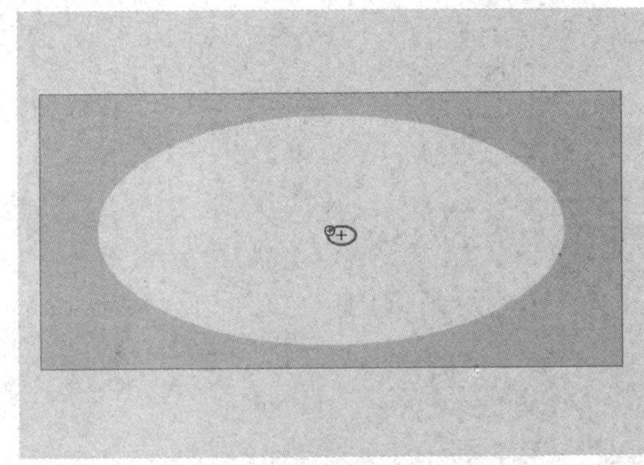

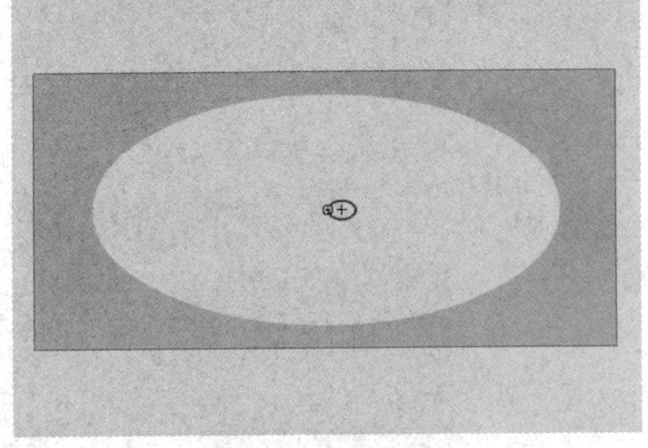

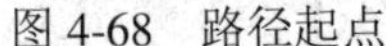

图 4-68　路径起点

图 4-69　路径终点

(18) 按“Ctrl + F8”快捷键新建元件，设置元件名称为“动画 2”，类型为“影片剪辑”，点击确定进入“动画 2”元件编辑界面。将“椭圆”元件拖到舞台中，并将其对齐到舞台中央，将图层 1 命名为“椭圆”。新建图层 2，命名为“动画 1”，将元件“动画 1”拖到舞台中，并对齐到舞台中央。将元件“动画 1”向左移动一小段距离，效果如图 4-70 所示。

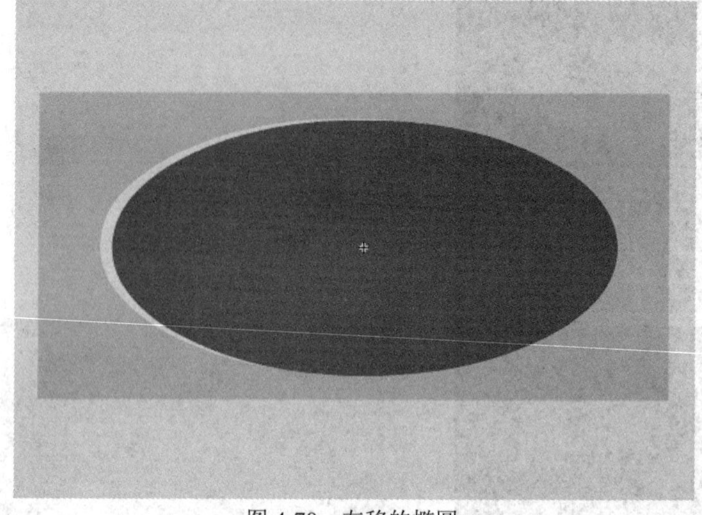

图 4-70　左移的椭圆

(19) 选择“动画 1”图层，将其拖到最下层，选择“椭圆”图层，右击选择“遮罩层”命令，时间轴面板如图 4-71 所示，得到的效果图如图 4-72 所示。

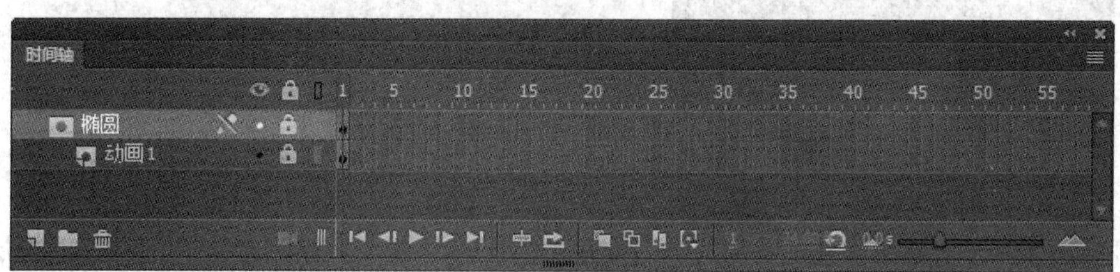

图 4-71　时间轴面板

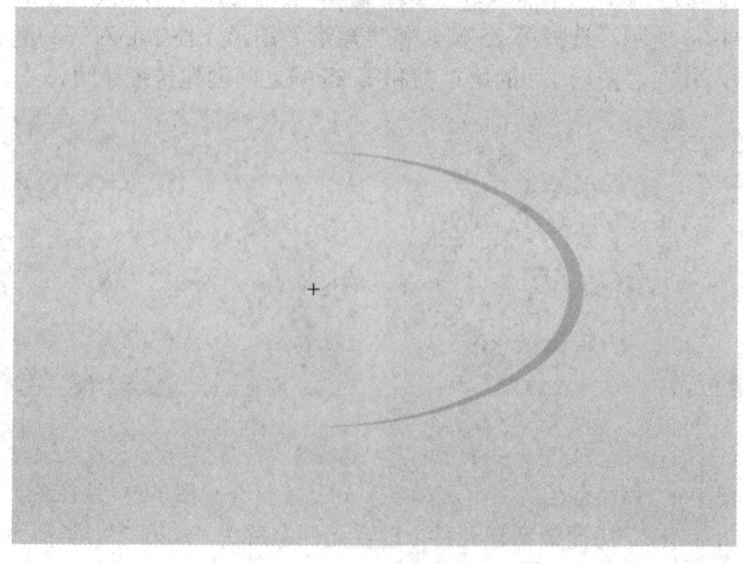

图 4-72　效果图

(20) 点击舞台左上角的“场景 1”回到原场景，将元件“动画 2”从库拖到舞台中，并对齐到舞台中央。选中元件，按“Ctrl + T”快捷键打开变形面板，旋转 120 度，点击“重复选区和变形”按钮 ，变换两次后效果如图 4-73 所示。

图 4-73　旋转后的效果图

4.3.4　制作网页广告动画

1. 案例目的

运用 Animate 制作一幅网页广告动画，效果如图 4-74 所示。通过对本案例的学习，强化对补间动画、引导动画和遮罩动画的综合运用。

图 4-74　汽车广告效果图

2. 操作步骤

(1) 启动 Animate cc，打开素材文件夹下的“汽车广告开始素材.fla”文件，进入 Animate 工作界面，如图 4-75 所示。

图 4-75　案例开始界面

(2) 执行“文件”→“导入”→“导入到库”命令，导入素材“汽车.png”和“LOGO.png”，如图 4-76 所示。

图 4-76　导入库文件

(3) 选择时间轴面板上的“logo”图层的第 1 帧，使用“选择工具” 单击一下舞台左上角的元件，按“Ctrl + C”键复制元件。点击“新建图层”按钮 ，新建图层并将其命名为“遮罩层”，图层列表如图 4-77 所示。然后选择“遮罩层”图层的第 1 帧，按住“Ctrl + Shift + V”快捷键，在原位复制出 logo 元件。

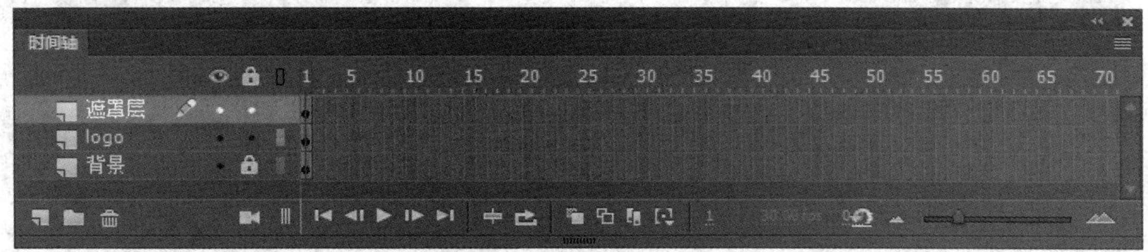

图 4-77　图层列表

(4) 新建图层，并命名为“被遮罩”，同时将其拖到“遮罩层”图层的下方，如图 4-78 所示。

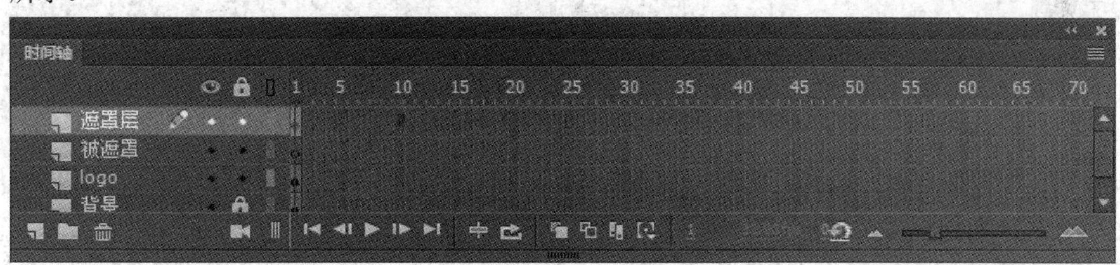

图 4-78　时间轴面板

(5) 选择“被遮罩”图层后，选择“矩形工具” ，在属性面板设置笔触颜色为无，点一下填充颜色后，选择“颜色”按钮 ，然后在弹出的颜色面板设置颜色类型为“线性渐变”。将鼠标放在色条下方，当出现小“+”号时，点击一下色条，可以增加色标，然后将三个色标都改为白色，同时将第一个和最后一个色标的透明度 Alpha 改为 0%。面板参数设置如图 4-79 所示。设置好颜色后，在舞台左侧拖拽出一个比 logo 高的矩形，如图 4-80 所示。

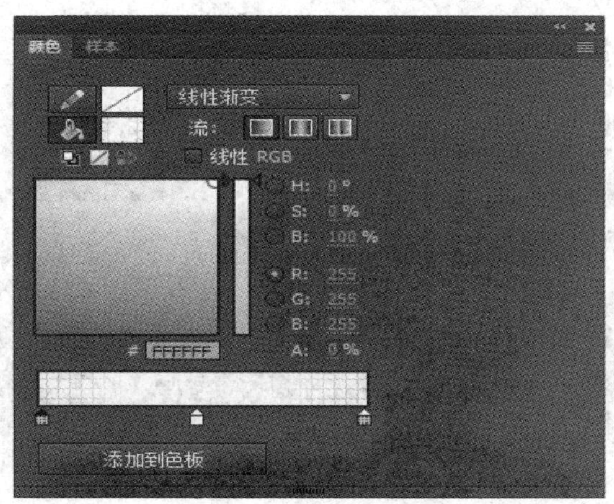

图 4-79　颜色设置面板

图 4-80　拖拽出的矩形

(6) 选择绘制的矩形，按 F8 转换为元件，类型为“图形”，并将其命名为“光束”，如图 4-81 所示。

图 4-81　“光束”图形元件

(7) 选择矩形，点击“任意变形工具”按钮，将鼠标放在矩形的四角任一角，待光标出现旋转符号后，按住鼠标不放，拖动矩形成一定角度，如图 4-82 所示。选择“被遮罩”图层的第 65 帧，按“F6”键插入关键帧，分别选择“遮罩层”、“logo”“背景”各图层的第 65 帧，按“F5”键插入帧，以延长各个图层的显示时间，然后再选择“被遮罩”图层的第 65 帧，将矩形移动到 logo 的最右边，如图 4-83 所示。在“被遮罩”的第 1 帧和第 65 帧之间，点击鼠标右键选择“创建传统补间”命令。

图 4-82　矩形旋转一定角度

图 4-83　矩形第 65 帧的位置

(8) 选择“遮罩层”图层，以鼠标右键选择“遮罩层”命令，图层面板如图 4-84 所示。

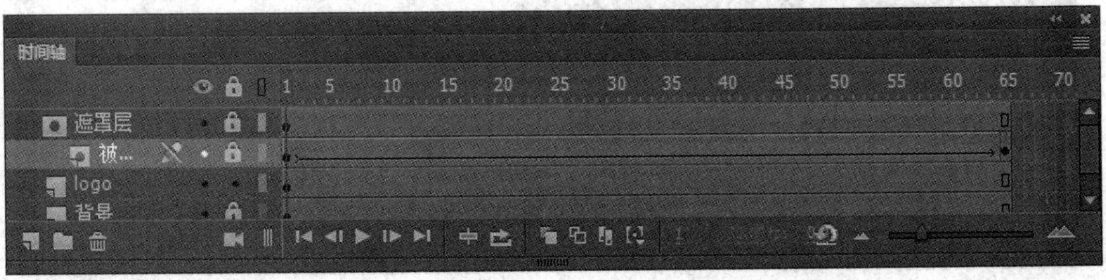

图 4-84　图层面板

(9) 新建图层并命名为“标题 1”，选择“文本工具” T ，点击舞台左边出现文本输入框后，输入标题“提速，事业游刃有余”；输入完后按“Ctrl + A”快捷键选中所有文字，在右边属性面板将文字字体“系列”改为“微软雅黑”，“大小”改为“35 磅”，文字(填充)颜色色值设置为“#666666”。设置面板如图 4-85 所示。

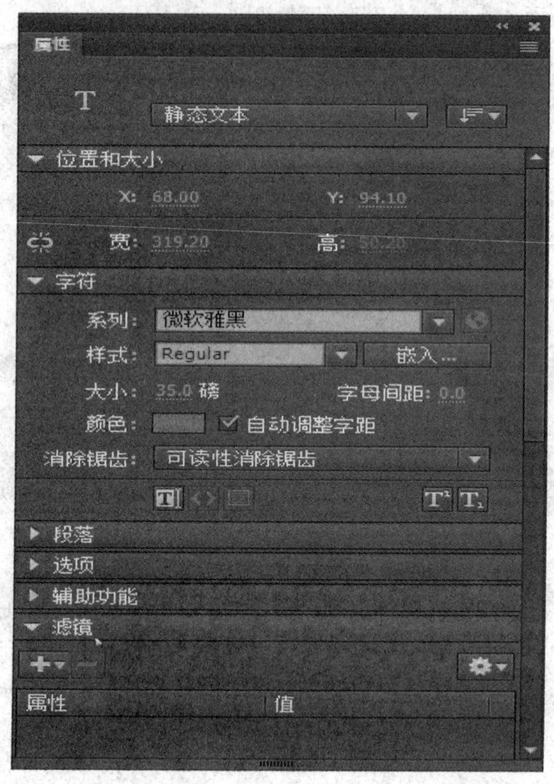

图 4-85　文本属性设置面板

(10) 使用“选择工具”按钮 点击文本，将文本移动到合适点的位置后，按两次“Ctrl + B”快捷键分离文字，如图 4-86 所示。

图 4-86　被打散的文字

(11) 分别选择文字“事”、“业”，在右边的属性面板中将两者的填充颜色改为红色，得到的文字效果如图 4-87 所示。

图 4-87　改为红色的文字

(12) 点击文字“事”，选择“任意变形工具”，按住 Shift 键不放，拖动鼠标将“事”拉大一点后，按键盘上下方向键，将文字向下移动一小段距离。同样的，也可以将舞台放大后，调整一下后面的文字位置。最后效果如图 4-88 所示。

图 4-88　拉大并移动后的文字

(13) 点击时间轴面板中“标题 1”图层的第 1 帧，选择全部文字，按“F8”键将其转换为元件，类型选择“影片剪辑”，如图 4-89 所示。

(14) 新建图层，将其命名为“标题 2”，按照以上第(9)到第(13)的步骤，创建标题 2 内容为“悠游，生活自得从容”的影片剪辑，如图 4-90 所示。

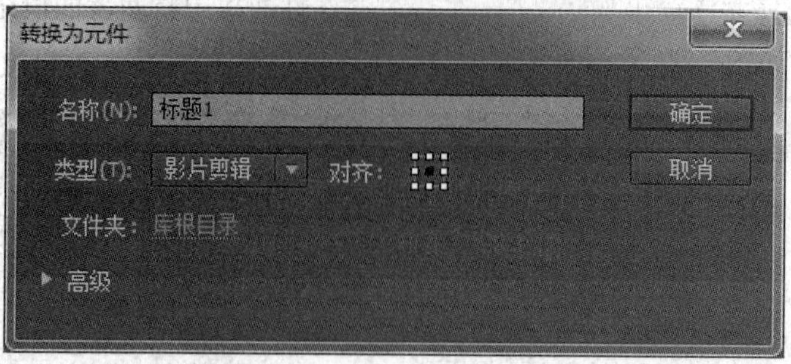

图 4-89　转换为影片剪辑元件

图 4-90　完成标题 2 后的界面

(15) 分别选择“标题 1”和“标题 2”图层的第 65 帧，按“F6”键插入关键帧，然后选中“标题 1”图层的第 1 帧，选择元件，按住“Shift”键不放，将元件平移到舞台的最左边，如图 4-91 所示。在属性面板下方有一组滤镜的组件，点击其中的“添加滤镜”按钮  ，在弹出的列表中选择“模糊”，断开“链接 X 和 Y 属性值”按钮后，将模糊 X 的值改为 36 像素，如图 4-92 所示。

图 4-91　第 1 帧元件位置

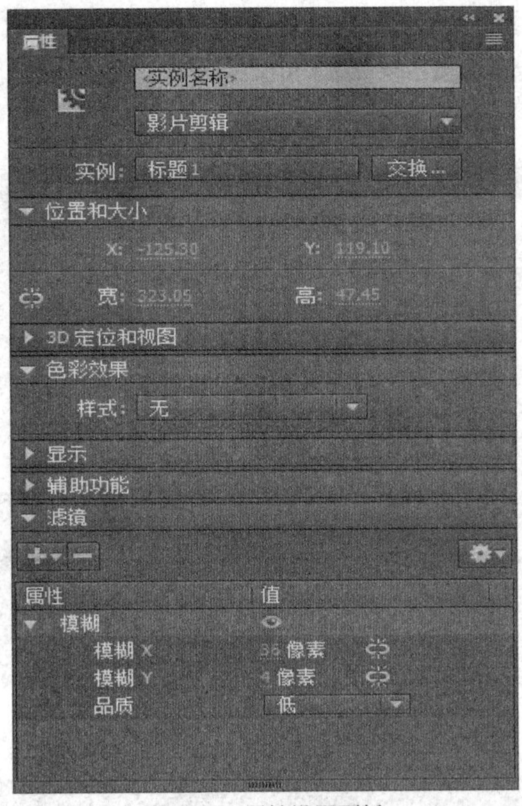

图 4-92　属性设置面板

(16) 在“标题 1”图层的第 1 帧和第 65 帧之间，点击右键选择“创建传统补间”命令。采用与上面相同的方法，将“标题 2”元件移动到舞台右侧，为其添加模糊 X 值为 36 像素点的滤镜后，再为其创建传统补间动画，得到的效果如图 4-93 所示。

图 4-93　“标题 2”滤镜效果

(17) 新建图层并将其命名为“汽车”，将素材“汽车.png”从库拖到舞台上图 4-94 所示的位置，并按下“F8”键将汽车转换为元件，类型选择为“影片剪辑”，命名为“汽车”。

选择“汽车”图层的第 65 帧，按“F6”键插入关键帧，选择“汽车”图层的第 1 帧，选择“任意变形工具”按钮，按住“Shift”键不放，拖动鼠标将汽车缩小到一定范围，如图 4-95 所示。然后在第 1 帧和第 65 帧之间创建传统补间动画。

图 4-94　汽车的位置

图 4-95　第 1 帧的汽车

(18) 新建图层并将其命名为“文字”；选择“文本工具”按钮，输入文字“汽车广告”，按两次“Ctrl + B”快捷键打散文字；选择“颜料桶工具”按钮，在属性面板中将填充颜色选择为彩条，如图 4-96 所示，然后在文字上从左至右拖动为其赋予彩色，如图 4-97 所示。按“F8”键，将文字转换为元件，类型为“影片剪辑”，名字为“彩色文字 1”。

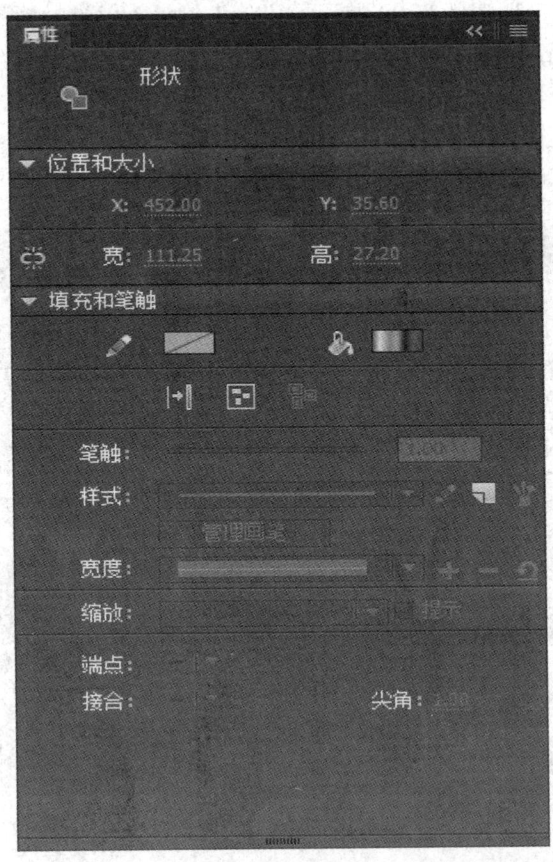

图 4-96　属性面板

图 4-97　为文字赋予彩色

(19) 选择“文字”图层的第 20 帧，按“F6”键插入关键帧，然后选择第 1 帧，点击“任意变形工具”按钮，按住“Shift”键不放，拖动鼠标将文字放大到一定范围，如图 4-98 所示。选择第 25 帧，按“F6”键插入关键帧，再选择第 20 帧，按住“Shift”键不放，拖动鼠标将文字缩小到一定范围，如图 4-99 所示。最后分别在第 1 帧和第 20 帧、第 20 帧和第 25 帧之间创建传统补间动画。

图 4-98　第 1 帧文字大小

图 4-99　第 20 帧文字大小

(20) 新建图层并将其命名为“文字 2”，在第 26 帧，按“F7”键插入空白关键帧，选择“文本工具”按钮，输入文字“案例”，按照步骤(17)和(18)的方法，制作彩色文字 2“案例”的动画。加入文字 2 后，第 65 帧画面如图 4-100 所示。

图 4-100　第 65 帧界面

(21) 新建图层并将其命名为“LOGO”，将素材“LOGO.png”从库拖到舞台，如图 4-101 所示。按“F8”键将其转换为“影视编辑”元件。选择“LOGO”图层，右键选择“添加传统运动引导层”命令。选择“钢笔工具”按钮，在引导层上绘制一条曲线(路径)，如图 4-102 所示。

图 4-101　LOGO 位置

图 4-102　绘制的路径

(22) 选择“LOGO”图层的第 65 帧，按“F6”键插入关键帧。将第 65 帧的 LOGO 的中心对齐并吸附到路径终点处，如图 4-103 所示。将第 1 帧 LOGO 的中心对齐并吸附到路径起点处，并把右边属性面板中的色彩效果组件下的样式选择为“Alpha”，把其透明度改为“0%”，如图 4-104 所示。最后在第 1 帧和第 65 帧之间创建传统补间动画。

图 4-103　路径终点

图 4-104　属性面板

(23) 新建图层并将其命名为“代码”，在第 65 帧处按“F7”键插入空白关键帧，以鼠标右键选择“动作”命令，在弹出的动作面板中输入代码语句“stop();”，如图 4-105 所示。这样在播放此动画时会在第 65 帧的地方停止，不再循环播放，即该动画只播放一次。

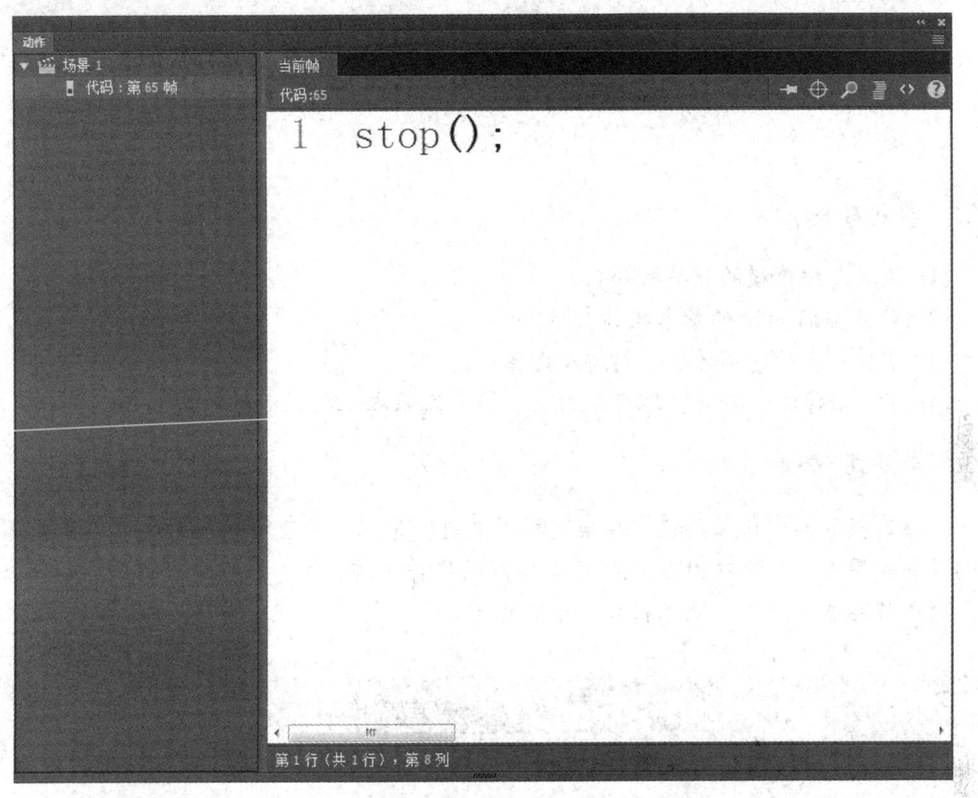

图 4-105　动作面板

第 5 章　计算机三维建模技术

学习目标：

(1) 理解三维建模的相关概念。

(2) 掌握 3DS Max 的基本操作。

(3) 掌握基本的建模方法、材质及贴图。

(4) 了解摄像机、灯光、环境与效果、渲染及基本三维动画等的基本知识点。

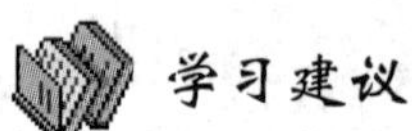

学习建议：

三维建模的绘制比较严谨，在绘制模型之前，先要全面理解建模的过程，掌握基本参数的设置和用途。通过对 3DS Max 基本案例的操作训练，熟悉三维建模的基本知识，如建模、材质与贴图、灯光、摄像机和渲染等操作。

5.1　三维建模基础知识

5.1.1　三维建模的基本概念

1. 三维

三维是指在平面二维坐标系中加入一个方向向量构成的空间系。三维即是坐标轴的三个轴，即 x 轴、y 轴、z 轴，其中 x 表示左右空间，y 表示上下空间，z 表示前后空间，这样就形成了人的视觉立体感。物理上的三维一般指长、宽、高。三维是由一维和二维组成的，二维只存在两个方向的交错，将一个二维和一个一维叠合在一起就得到了三维。三维具有立体性，但我们俗语常说的前后、左右、上下都只是相对于观察的视点来说，没有绝对的前后、左右、上下。

2. 三维建模技术

每个人在日常生活中所见到的事物都占据着一定的空间、具有一定的体积和形状，任何事物都是立体的、三维的。如果不参与物体的构造工作，通常不会去考虑物体之间应该怎样组织，以及制造它们都需要一些什么样的技术。一旦需要在计算机中制作一个三维的物体，就必须在很多默认规定的基础上完成一系列的诸如测量、构图和定序等工作。然后在此基础上，利用软件创建三维物体的形体，这就是通常所说的三维建模过程。通过三维建模技术可以实现逼真的现场体验，会有一种身临其境的感觉，这些都是二维空间所不能带来的感觉。

5.1.2　三维建模的基本流程

在不同的行业中，三维建模的流程稍有不同，但是它们的基本流程是差不多的。我们来分析一下整体制作的流程，首先是模型的建造，无论是制作一栋大楼还是一部动画都需要先有模型才行，这个创建模型的步骤就叫做建模；其次，有了模型之后还需要为模型加上材质及贴图；再然后，设置灯光和阴影，这样整个模型才能像真实存在着一样；最后，整个模型需要计算机计算一下才能得到最终图像，这个计算的过程就叫做渲染。

5.1.3　三维建模基本方法

三维建模的方法可以分为三类：第一类利用三维软件建模；第二类通过仪器设备测量建模(如 3D 扫描仪等)；第三类利用图像或者视频来建模。利用三维软件建模是比较常见的建模方式，其中知名度较高的三维软件有 3DS MAX、SoftImage、Maya、UG 以及 AutoCAD 等。

常见的几种利用三维软件建模的方式有以下几种：

1. 拉伸建模

拉伸建模是指将一轮廓面沿该平面的法线方向拉伸而形成特征的建模方式。这种方式适合于创建柱类立体。拉伸建模的基本步骤为：定义轮廓面；确定拉伸方向；确定拉伸高度。按如图 5-1 所示完成建模。

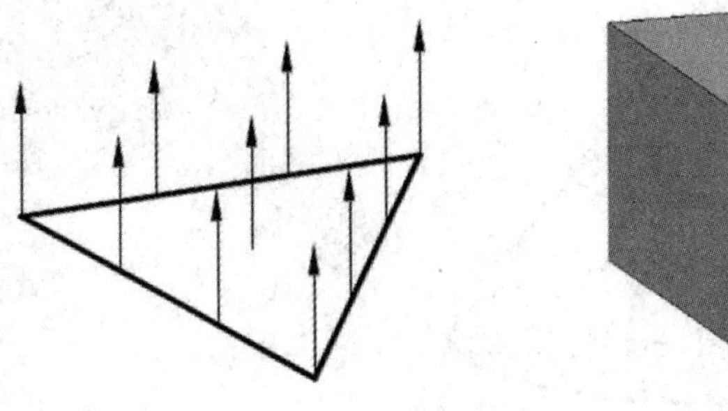

图 5-1　拉伸建模示意图

2. 旋转建模

旋转建模是指将一轮廓面绕轴线旋转而形成特征的建模方式。这种方式适用于回旋体的创建。旋转建模的基本步骤为：定义轮廓截面及一条旋转轴线；确定旋转方向和角度。按如图 5-2 所示完成建模。

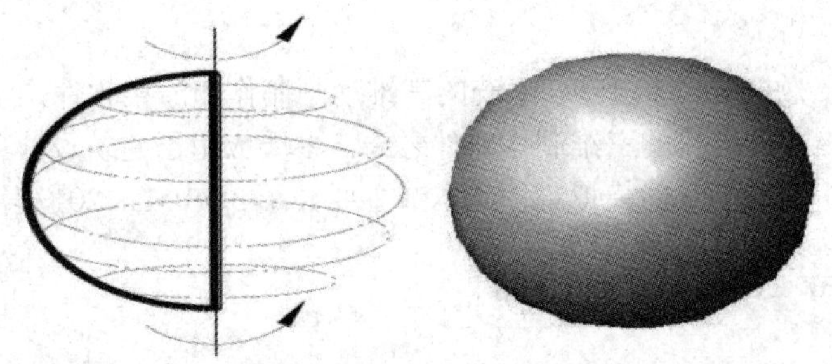

图 5-2　旋转建模示意图

3. 扫掠建模

扫掠建模是将一轮廓面沿着一条路径移动而形成三维立体的建模方式。这种方式适用于弯管类及较复杂的几何体。扫掠建模的基本步骤为：定义扫掠的轮廓截面和一条线段(轮廓截面移动的路径)。按如图 5-3 所示完成建模。

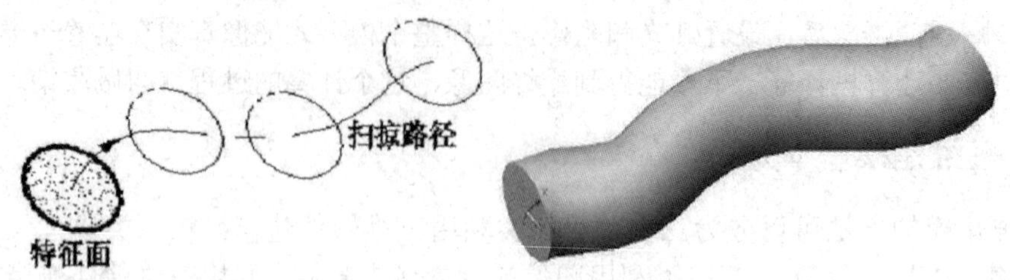

图 5-3 扫掠建模示意图

4. 放样建模

放样建模是将两个或两个以上的轮廓截面按照一定的顺序，在截面之间进行过渡而形成三维立体的建模方式，常用于截面尺寸变化的实体的建模。放样建模的基本步骤为：定义若干个平行的轮廓截面；定义一条空间曲线，确定各轮廓截面上的起始点，以形成放样路径。按如图 5-4 所示完成建模。

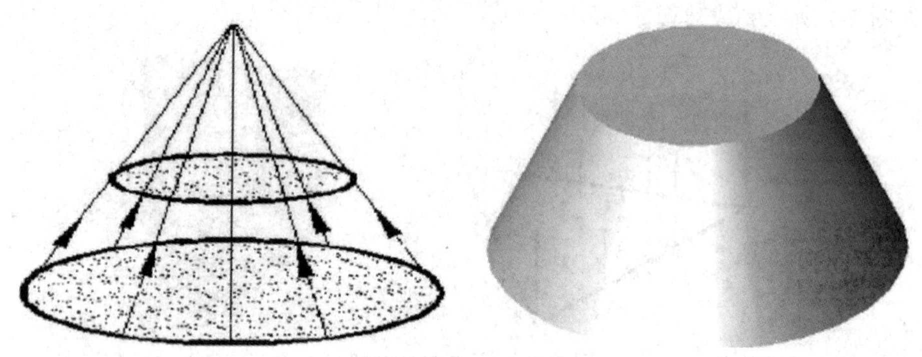

图 5-4 放样建模示意图

5.2 计算机三维建模软件 3DS Max 基本操作

3DS Max 是一款知名的基于 PC 系统的三维动画制作和渲染软件，由美国 Autodesk 公司出品，是目前国内最主流的三维制作软件之一，主要应用于建筑设计、三维动画、影视制作等各种静态、动态场景的模拟制作。本节主要介绍 3DS Max 2017 软件的基本操作。

5.2.1 3DS Max 2017 的操作界面

启动 3DS Max 2017 软件，其工作窗口如图 5-5 所示。

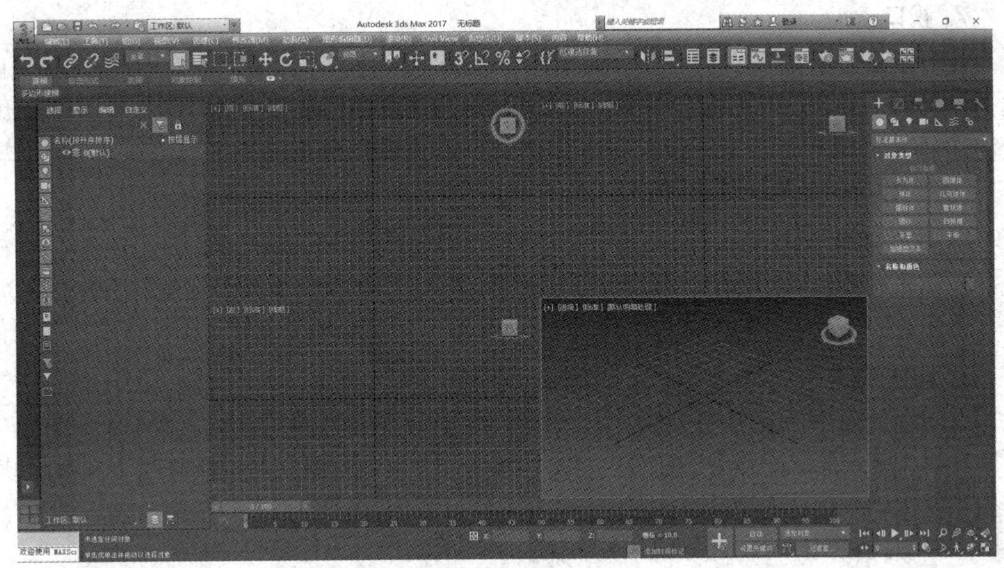

图 5-5　3DS Max 2017 工作界面

3DS Max 2017 的工作界面主要由以下几部分组成：

1. 标题栏

标题栏位于主窗口顶端，以标题为中间界，最左边是 3DS Max 2017 标记，往右依次是新建场景、打开文件、保存文件、撤销命令、重做命令、设置项目文件夹、工作区。右边分别是搜索、通讯中心、收藏夹、登录 Autodesk A360、启动 Autodesk Exchange 应用程序、帮助、最小化、最大化/还原和关闭按钮。

2. 菜单栏

菜单栏为整个环境中的所有窗口提供菜单控制，包括编辑、工具、组、视图、创建、修改器、动画、图形编辑器、渲染、Civil View、自定义、脚本、内容和帮助十四项。

3. 工具栏

菜单栏下方为工具栏，选中某个工具后，鼠标光标就会被赋予相应的功能，可以进行相应的操作。

4. 功能区

功能区位于工具栏下方，提供高级功能，可通过功能区最右方的按钮设置最小化或显示完整功能区。

5. 视口布局选项区

视口布局选项区是视口布局选项卡的容器，可以通过选项区内部的“小三角按钮”新建不同样式的视口布局选项卡。

6. 工作区

工作区内显示所有视口中存在的物体，点击工作区内的物体名称可以选中对应物体并进行相关操作，下方的文本框是工作模式的提示，点击文本框右边的“小三角按钮”可以切换到其他工作模式。

7. 视口

视口用来显示物体，是操作物体的舞台，也是主要的工作区域，在“视口布局选项区”选择不同的布局选项卡可以切换视口布局，默认为对称的四视口布局，每个视口左上角均有一个符号按钮和三个文字按钮，单击按钮可以将视口设置成各种观察模式(如切换成“顶”、“摄像机”、“透视”等模式)。

8. 操作面板

操作面板提供操作方法，可通过面板顶部的按钮把面板切换成“创建”、“修改”、“层次”、“运动”、“显示”和“实用程序”六种不同模式，实现模型创建、添加修改器等操作。

9. 时间轴

时间轴是制作三维动画的必需工具，时间轴上最重要的组件是帧，时间轴上的“当前时间滑块”所在的时间点为当前帧，每一帧就是一个画面，视口中的物体在不同时间帧处发生了变化，连播这些帧就形成了动画，时间轴下方提供了“播放”、“上一帧”、“转至开头”、“自动关键帧”等功能按钮，辅助实现动画的制作。

5.2.2　新建、保存和关闭文件

(1) 启动 3DS Max 2017 软件，点击标题栏中的“新建场景”按钮，在弹出的如图 5-6 所示的“新建场景”对话框中，选择“新建全部”，点击“确定”按钮。

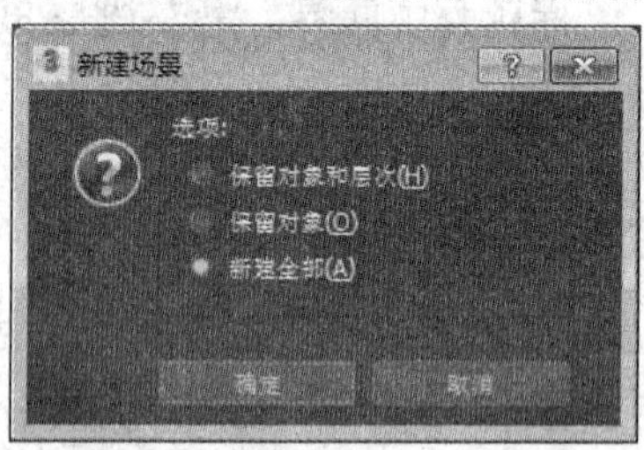

图 5-6　新建场景

(2) 在打开的新建场景中，在右边的操作面板上点击“创建”按钮，执行“几何体”→“标准基本体” 标准基本体 →“球体” 球体 命令，在视口的透视图窗口中拖动鼠标创建出一个球体，效果如图 5-7 所示。

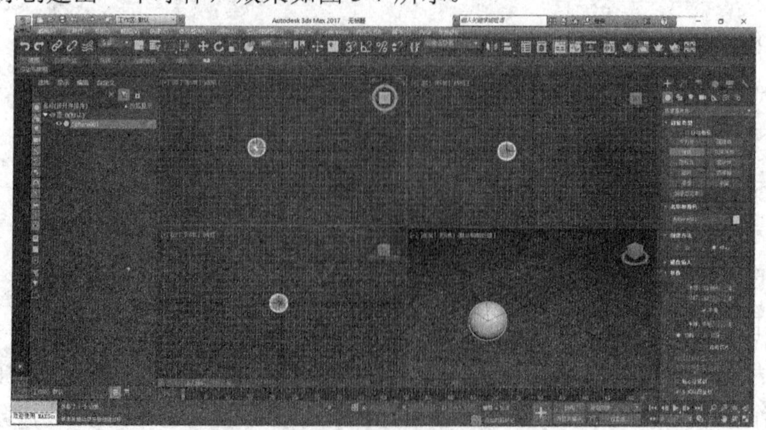

图 5-7　创建球体

(3) 单击界面左上角标题栏上的“保存文件”按钮 ，在弹出的“文件另存为”窗口中，指定一个路径，输入文件名“小球”，保存类型选择为“3ds Max(*.max)”，点击右下方的“保存”按钮，保存文件，如图 5-8 所示。

图 5-8　保存文件

(4) 点击界面左上角的 3DS Max 2017 标记，在下拉选项中点击最下方的“退出 3ds Max”按钮，即可关闭软件；或直接点击标题栏右上角的小叉标记，也可以关闭软件。

5.3　计算机三维建模及动画制作实例

5.3.1　制作有质感的飞镖模型

1. 案例目的

运用 3DS Max 2017 工具制作一个富有质感的飞镖模型，如图 5-9 所示。通过对本案例的学习，熟练掌握放样建模方法并初步了解如何添加材质。

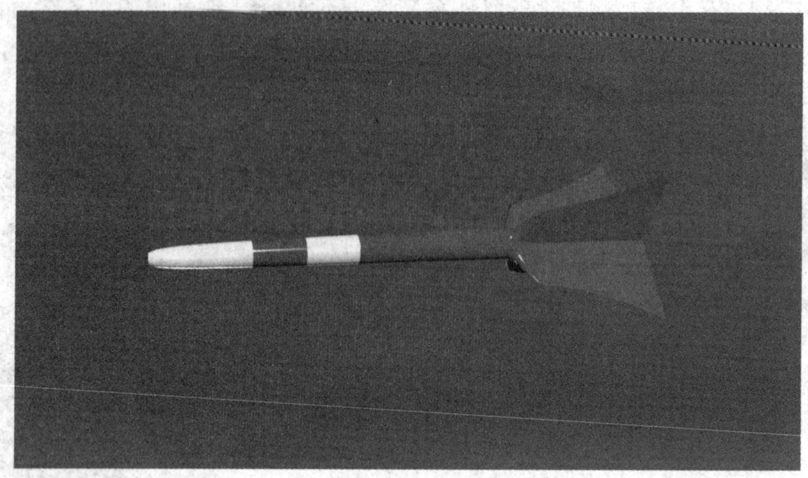

图 5-9　飞镖效果图

2. 操作步骤

(1) 启动 3DS Max 2017 软件，新建一个场景。选中顶视图，单击界面右下角的“最大化视口切换”按钮，效果如图 5-10 所示。

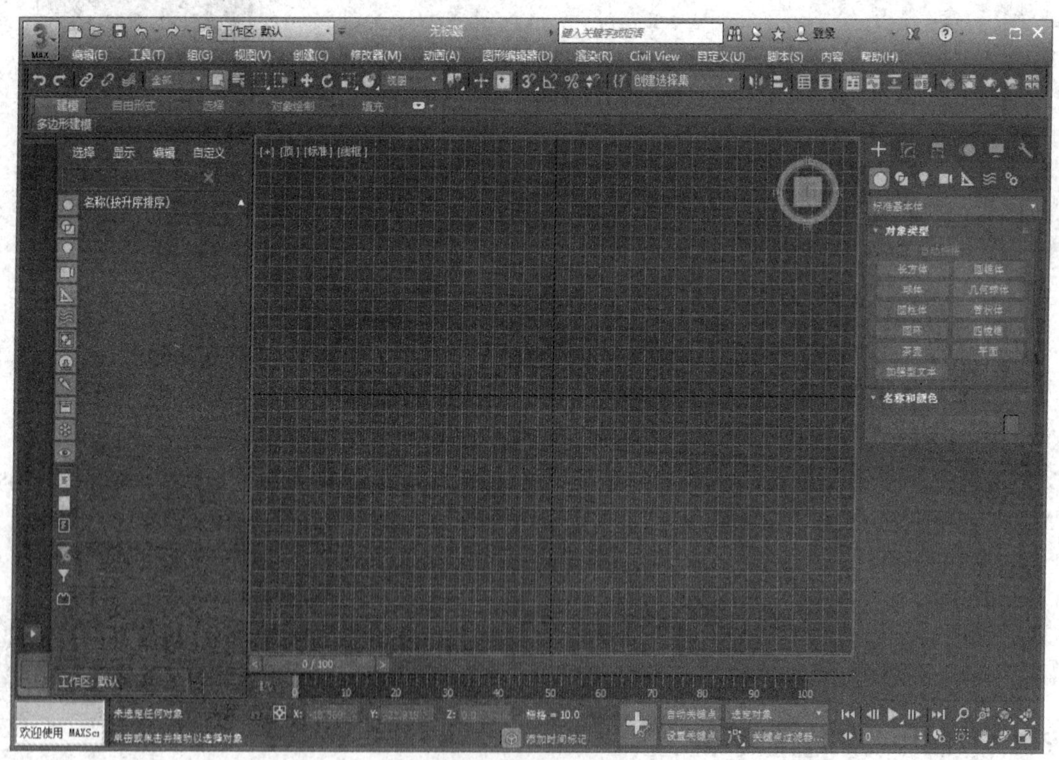

图 5-10　最大化顶视图

(2) 单击位于视口右方的“创建”按钮，执行“图形”→“样条线”→“圆”命令，拖动鼠标在视口中创建一个圆形作为飞镖截面，选中创建好的圆形，将右边该圆形的属性面板中的“参数”下的“半径”改为 6，效果如图 5-11 所示。

图 5-11　创建圆形

(3) 回到创建面板，单击“样条线”创建分类下的“星形”按钮，创建一个任意星形，单击工具栏中的“选择并移动工具”按钮，将创建的星形移动到之前创建的圆形中心。此时，在选中星形的状态下，单击视口右边的“修改”按钮，开启修改面板，在该面板下方就能看见星形的属性。将“参数”属性下的“点”设为 4，“半径 1”设为 15，“半径 2”设为 3.0，此时飞镖的截面就创建完成了，效果如图 5-12 所示。

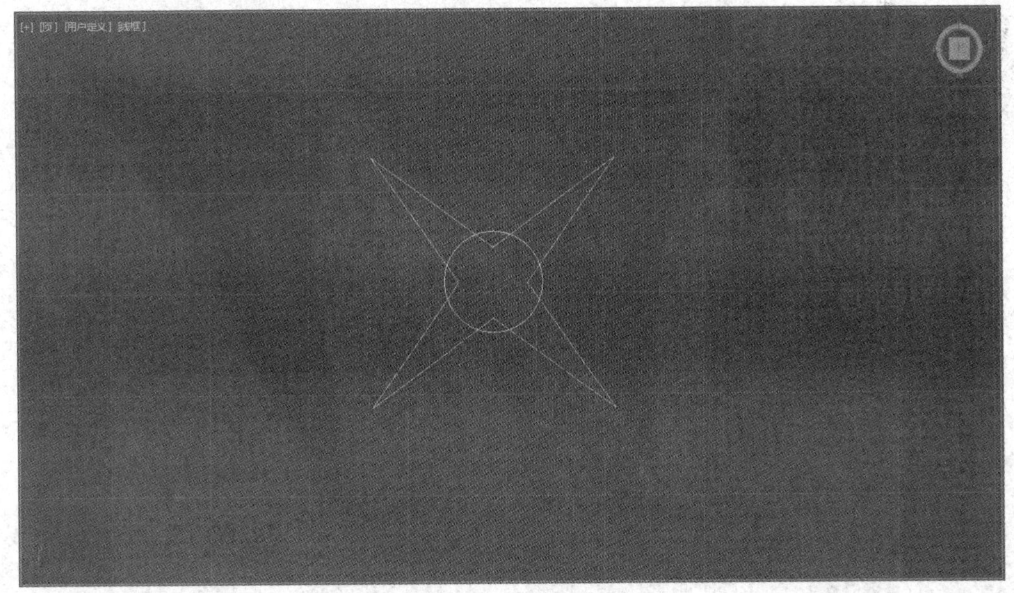

图 5-12　创建飞镖截面

(4) 在“创建”面板中，点击“样条线”创建分类下的“线”按钮，在视口中单击鼠标左键画出线的第一个端点，按住“Shift”键不放，拉出一条水平的直线，在任意位置再次点击鼠标左键，画出线的第二个端点，一条水平线就创建好了，效果如图 5-13 所示。这条线将作为飞镖的身长。

图 5-13　创建飞镖身长水平线

(5) 选中刚才创建的水平线，单击创建面板下的“几何体”按钮，开启几何体创建面板，单击“创建分类窗口”按钮 标准基本体 ，在弹出的下拉列表中选择“复合对象”，在下方的“对象类型”中选择“放样”，在新出现的“创建方法”中选择“获取图形”，将鼠标移动到视口内选中刚才创建好的“圆形”，即得到一个圆柱体。在视口左上角将“线框”切换成“面”显示，就能看见圆柱实体了，如图 5-14 所示。

图 5-14　使用放样创建圆柱体

(6) 选中圆柱体模型，在“修改面板”中单击“Loft”按钮，将“路径参数”中的“路径”设为 70，随后在“创建方法”中单击“获取图形”，在视口中选取“圆形”，再将“路径”设为 75，如图 5-15 所示。保证“获取图形”处于选择状态后，在视口中选取“星形”，形成飞镖的尾部，效果如图 5-16 所示。

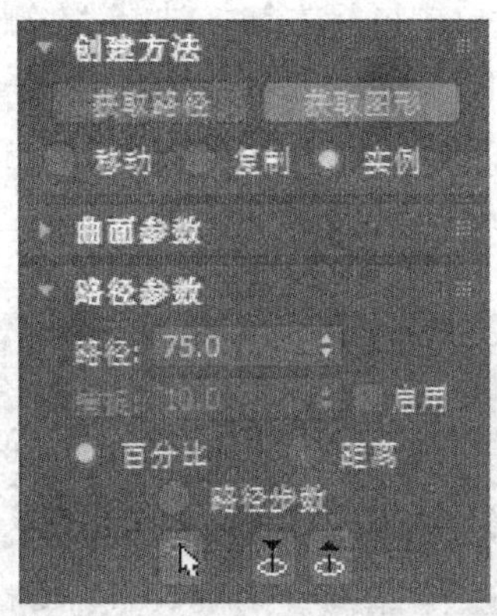

图 5-15　Loft 参数设置

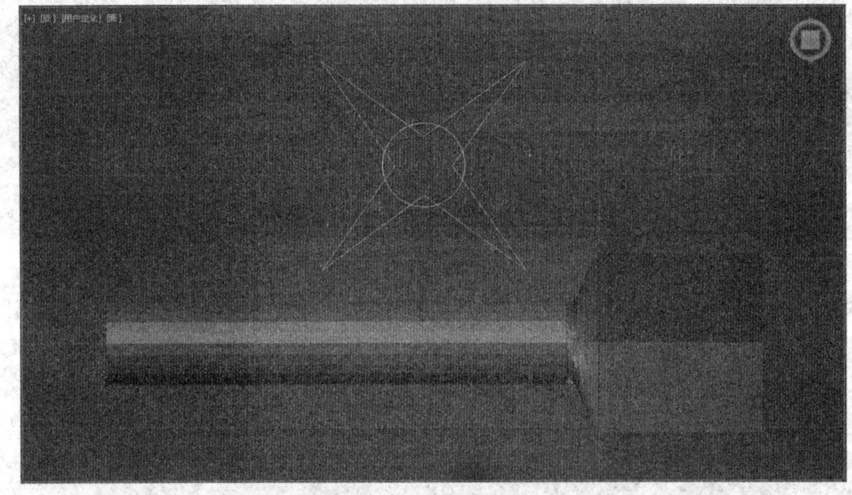

图 5-16　飞镖尾部制作

(7) 选中放样模型，在“修改面板”中选中“Loft”，在下方的“变形”中打开“缩放”，弹出“缩放变形”窗口，执行“插入角点”→“移动控制点”→“Bezier-平滑”(在角点处点击鼠标右键则弹出该选项)命令，对模型进行如图 5-17 所示的调整。

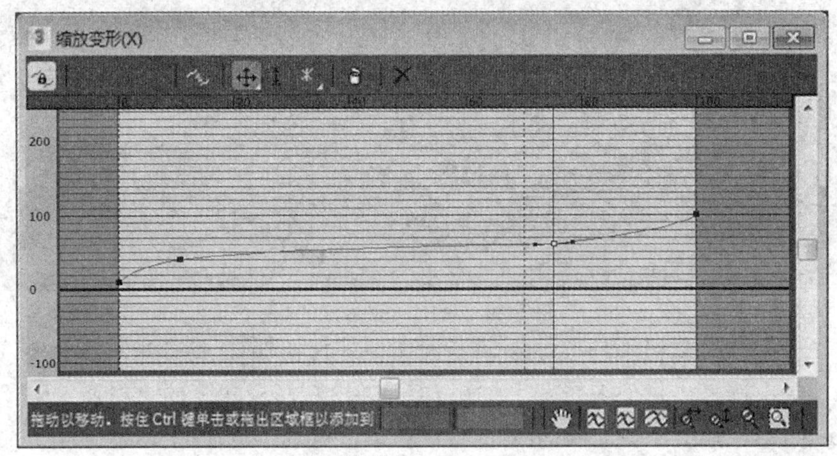

图 5-17　模型变形操作

(8) 在变形好的放样模型处单击鼠标右键，选择“隐藏选定对象”，将模型暂时隐藏，选择工具栏中的“选择对象”工具，在视口内按住鼠标左键不放，拖出选择区域，框选所有之前创建的样条线，按“Delete”键删除，在视口中点击右键，选择“全部取消隐藏”，显示做好的模型。选中模型，点击鼠标右键，执行“转换为”→“可编辑多边形”命令，效果如图 5-18 所示。

图 5-18 飞镖

(9) 选中模型，在修改面板中执行“编辑多边形” →“多边形”命令，使用工具栏中的“选择对象”工具，在视口内按住鼠标左键不放，拖出选择区域，按住“Ctrl”键框选出飞镖的两个部分区域，如图 5-19 所示，在右边修改面板下的属性中点击“多边形：材质 ID”，将此部分的 ID 设为 1，使用快捷键“Ctrl+I”反选，将反选部分的 ID 设为 2。

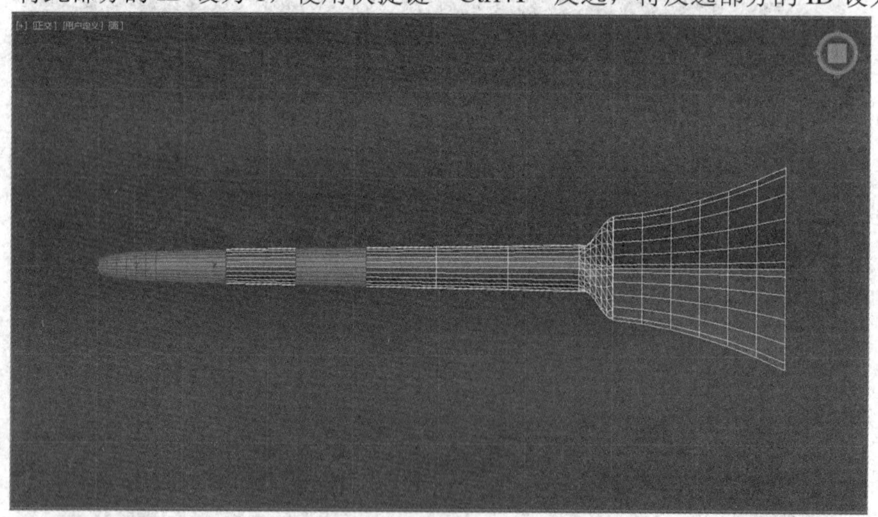

图 5-19 选中飞镖部分区域

(10) 单击选中工具栏中的“Slate 材质编辑器”按钮，按住鼠标左键不放约 1 秒，打开更多工具，选择“材质编辑器”按钮，弹出精简模式下的“材质编辑器”窗口，点击“Standard”，弹出“材质/贴图浏览器”窗口，执行“材质” →“通用”命令，展开更多材质，选择“多维/子对象”，如图 5-20 所示(若默认材质球为纯黑，请在“渲染设置”

中把“指定渲染器”卷栏下的“材质编辑器”中的渲染器改成“ART 渲染器”)。点击“确定”按钮后弹出“替换材质”对话框，赋予材质球为“多维子对象”材质，点击“设置数量”，将材质数量设为 2，参数设置如图 5-21 所示。

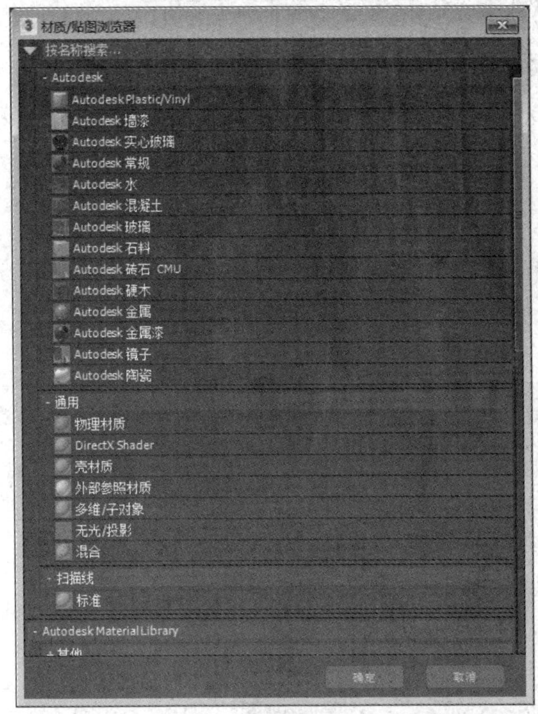

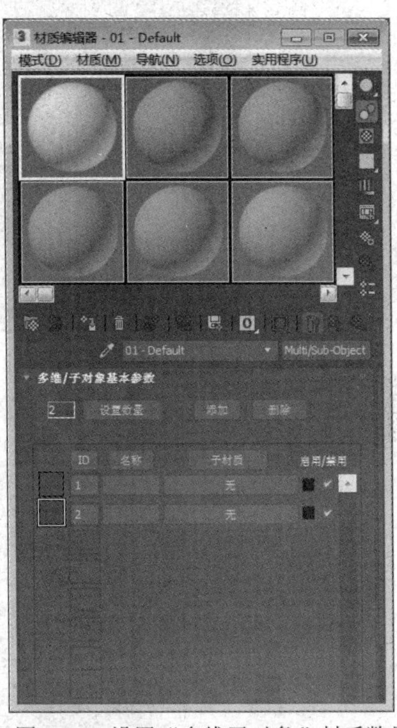

图 5-20　赋予“多维子对象”材质　　　　图 5-21　设置“多维子对象”材质数量

(11) 单击 ID 为 1 所在行的“名称”下的文本框，输入“金属装饰”。单击右边的“子材质”下的文本按钮，此时“材质编辑器”窗口变成子材质编辑模式。单击“Standard”，执行“材质”→“通用”命令，展开更多材质，选择“物理材质”，此时注意要将“显示最终结果” 点亮(默认为点亮状态)，在预设状态下选择“Brushed Metal”(刷过的金属)，单击“基本参数”下的“基础颜色”的色块，弹出颜色数值窗口，按如图 5-22 所示设置数值参数。

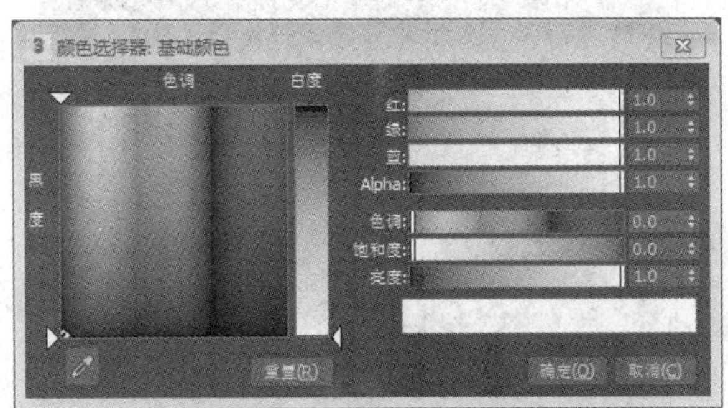

图 5-22　“金属装饰”的颜色数值

(12) 单击“转到父对象”按钮 ，回到“多维子对象”编辑面板，用同样的方法调制 ID 为 2 的子材质。输入“名称”为“飞镖身”，在“物理材质”的预设状态下选择“Glossy Plastic”(光滑的塑料)，单击“基本参数”下的“基础颜色”的色块，弹出颜色数值窗口，按如图 5-23 所示设置数值参数，设置好参数后的材质编辑面板如图 5-24 所示。

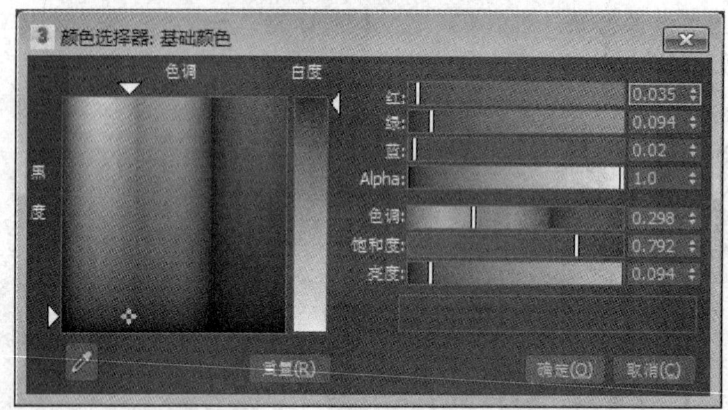

图 5-23　“飞镖身”的颜色数值

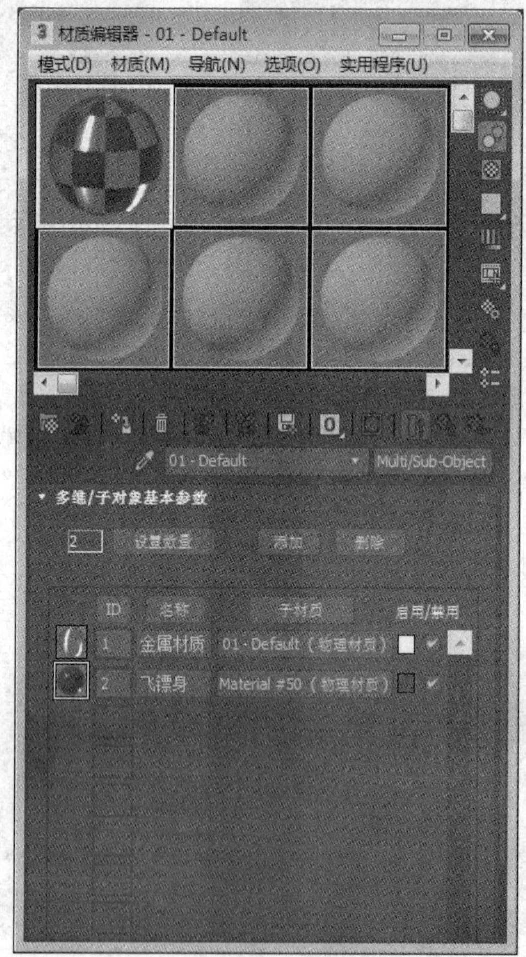

图 5-24　设置参数后的材质编辑面板

(13) 再次单击“转到父对象”按钮，回到“多维子对象”编辑面板，选择窗口中设置好的“多维子对象”材质球，按住鼠标左键不放，将光标拖动到飞镖模型处，当飞镖模型出现高亮描边时，松开鼠标，此时飞镖就被赋予上材质了。将视口中的“面”模式更改为“默认明暗处理”模式，最终效果如图 5-9 所示。

5.3.2　制作逼真花瓶效果

1. 案例目的

运用材质编辑器，赋予花瓶不同材质和贴图效果，如图 5-25 所示。熟悉材质编辑器面板，掌握各种材质的设置和参数调节。通过学习对本案例中两个不同花瓶添加不同材质和贴图，了解漫反射贴图和透明贴图的使用原理。

图 5-25　花瓶材质效果图

2. 操作步骤

(1) 启动 3DS Max 2017 软件，点击“创建”按钮 ，在创建面板中点击“图形”按钮 ，点击“对象类型”卷展栏下的“线”工具，在前视图中画出花瓶的纵向半剖面。效果如图 5-26 所示。

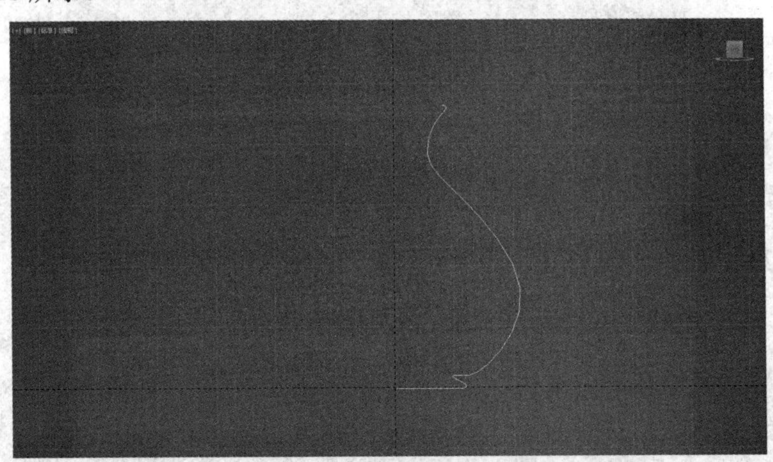

图 5-26　新建样条线

(2) 选中样条线，点击“修改”按钮 ，展开修改面板，在切换出现的修改面板中打开“修改器列表”下拉框，选择“车削”，为刚才创建好的样条线添加车削修改器，效果如图 5-27 所示。

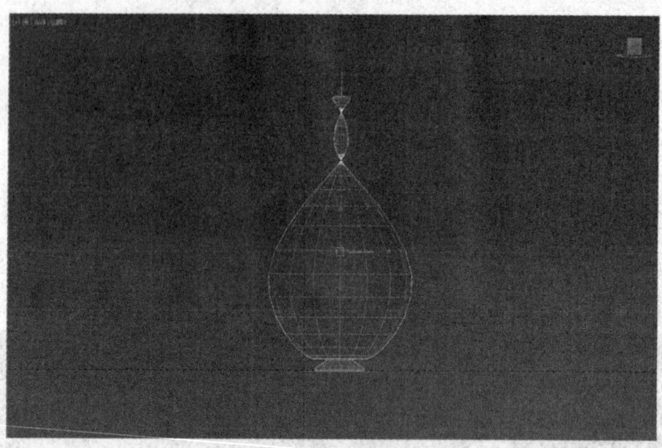

图 5-27　添加车削修改器

(3) 在“修改”面板下展开“车削”卷展栏，单击“轴”，运用移动工具将 X 轴往左边移动到合适的位置，直至得到如图 5-28 所示的花瓶模型。此时，四个视图中的效果如图 5-29 所示。

图 5-28　调整车削轴

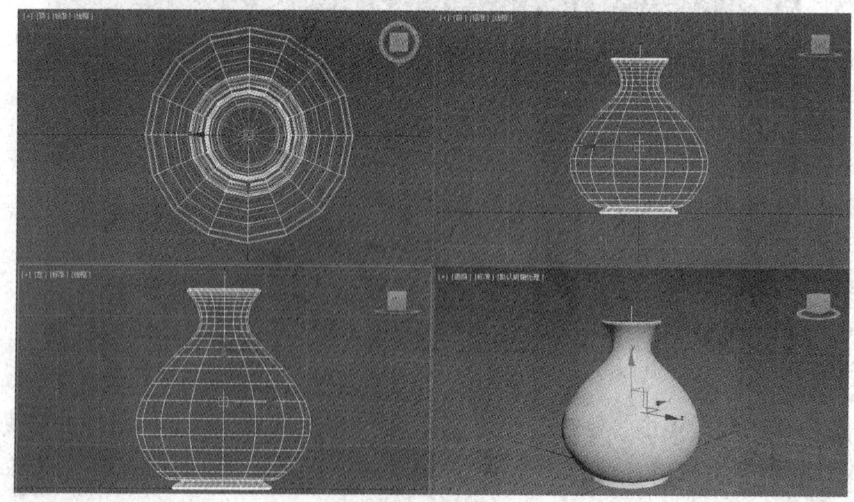

图 5-29　四个视图中的效果

(4) 在“修改”面板中点击“修改器列表”，在下拉框中选择“平滑”修改器，在修改器属性栏中的“参数”卷展栏下，勾选“自动平滑”，如图 5-30 所示。

(5) 最终得到的花瓶模型如图 5-31 所示。

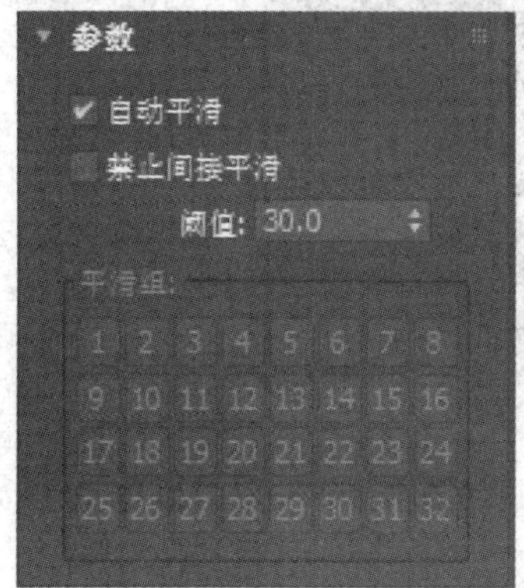

图 5-30　勾选自动平滑

图 5-31　花瓶模型

(6) 点击 3DS Max 2017 标记，然后执行“导入”→“合并”操作，在弹出的“合并文件”窗口中选择案例素材文件“5.3.2 素材.max”，之后在弹出的“合并”窗口中选择“全部”，单击“确定”按钮，如图 5-32 所示。

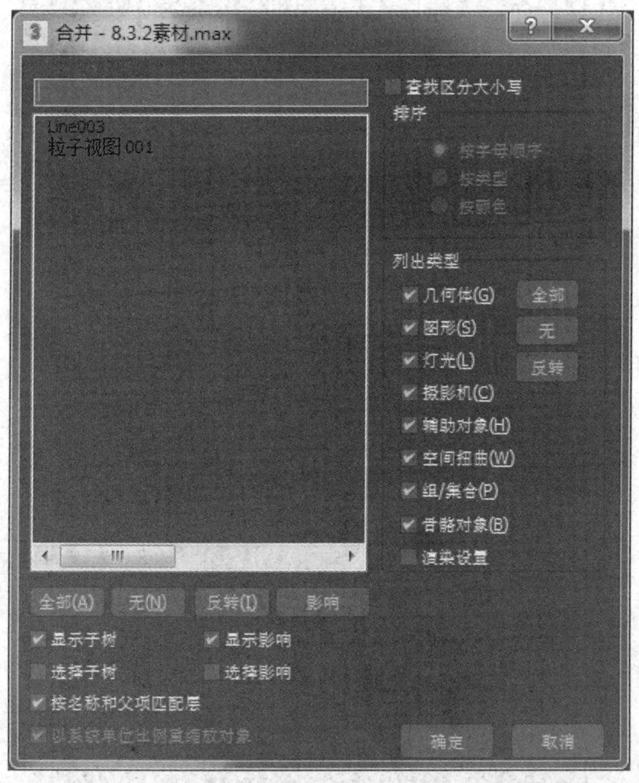

图 5-32　合并文件窗口

(7) 这样我们就可以将另一个花瓶的模型导入到场景中了，再在创建面板中单击“几何体”按钮，在“标准基本体”的创建分类下点击“平面”，在顶视图中创建一个平面，最终效果如图 5-33 所示。

图 5-33　总体花瓶模型

(8) 单击工具栏上的“材质编辑器”按钮，打开材质编辑器，在弹出框中的“模式”下拉列表中选择“精简模式”，如图 5-34 所示。

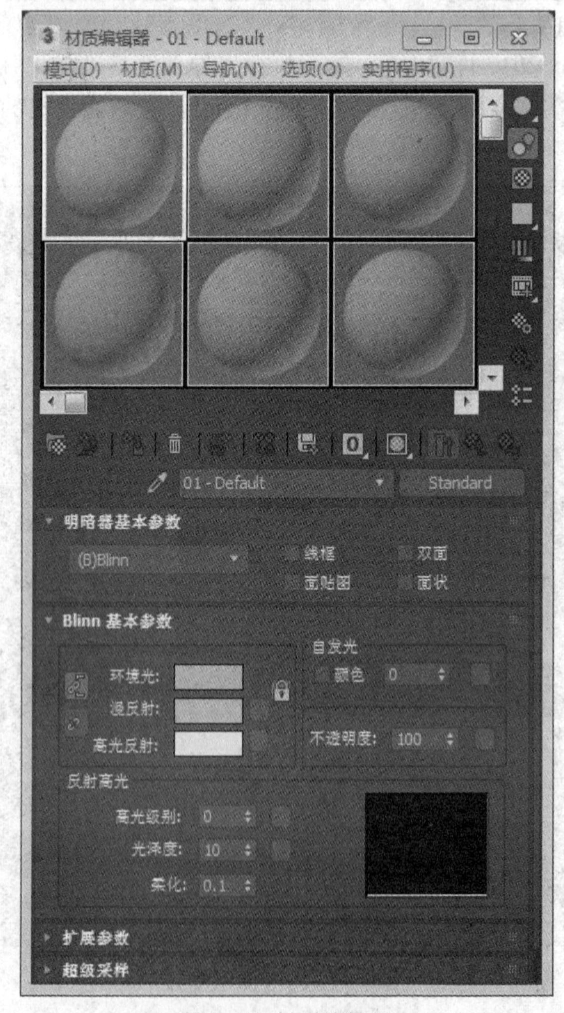

图 5-34　材质编辑器

(9) 选择第一个材质球，单击“Standard”，在弹出的“材质/贴图浏览器”窗口中选择“扫描线”卷展栏下的“建筑”材质，如图 5-35 所示。

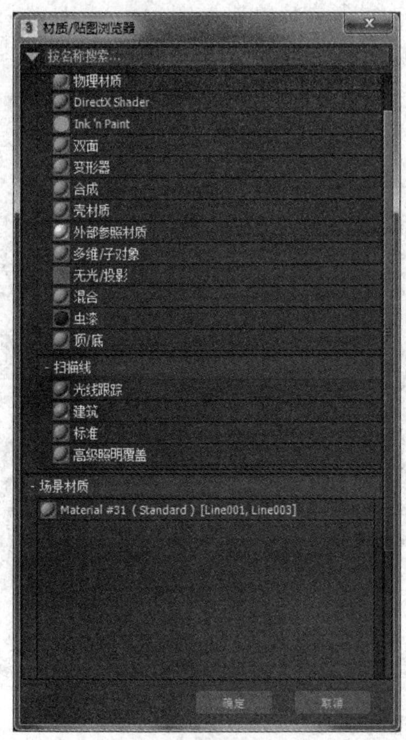

图 5-35　材质/贴图浏览器

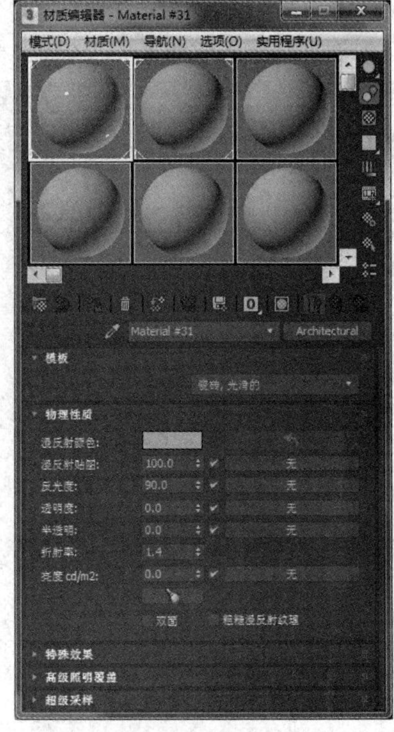

图 5-36　设置瓷器材质

(10) 回到材质编辑器，在模板中选择“用户定义”下拉框，选择“瓷砖，光滑的”，这样就给材质球添加上了瓷器的效果，如图 5-36 所示。

(11) 回到材质编辑器，在“物理性质”中点击漫反射贴图后面的“无”按钮，在弹出的“材质/贴图浏览器”窗口中选择“位图”，单击“确定”按钮，在弹出的“选择位图图像文件”窗口中选择图片“1.jpg”，单击“打开”按钮，如图 5-37 所示。

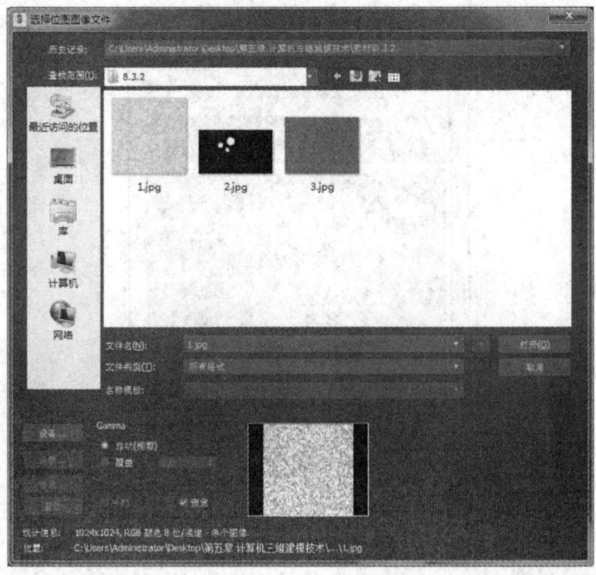

图 5-37　选择贴图界面

(12) 选择场景中的模型，点击“将材质指定给选定对象”按钮，之后选择“视口中显示明暗处理材质”按钮，这样材质就被赋予到模型中了，效果如图 5-38 所示。

图 5-38　给模型赋予贴图

(13) 打开材质编辑器，选中第二个材质球，单击“Standard”，在弹出的“材质/贴图浏览器”窗口中选择“扫描线”卷展栏下的“建筑”材质。回到材质编辑器，在模板中选择“用户定义”下拉框，选择“瓷砖，光滑的”。在“物理性质”中选择“透明度”后面的“无”按钮，在弹出框中选择“位图”，单击“确定”按钮，在弹出窗口中选择图片“2.jpg”，将其添加到材质球上。点击“回到父对象”按钮，回到材质编辑器面板，将“物理性质”卷展栏下的“透明度”设置为 100。双击材质球，这时我们会看到材质球出现非常漂亮的镂空效果，如图 5-39 所示。

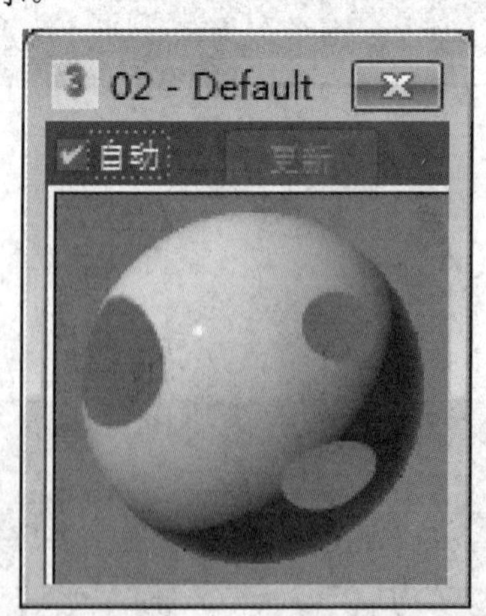

图 5-39　镂空材质球

(14) 回到材质面板，给“漫反射贴图”添加一张颜色贴图“3.jpg”。将材质球赋予给场景中的模型。我们会发现场景中的花瓶并没有出现镂空的效果，如图 5-40 所示。

图 5-40　赋予镂空材质

(15) 选中第二个花瓶，点击操作面板中的“修改”按钮，在修改面板中打开“修改器列表”选择“UVW 贴图”，将其添加到修改面板中，如图 5-41 所示。

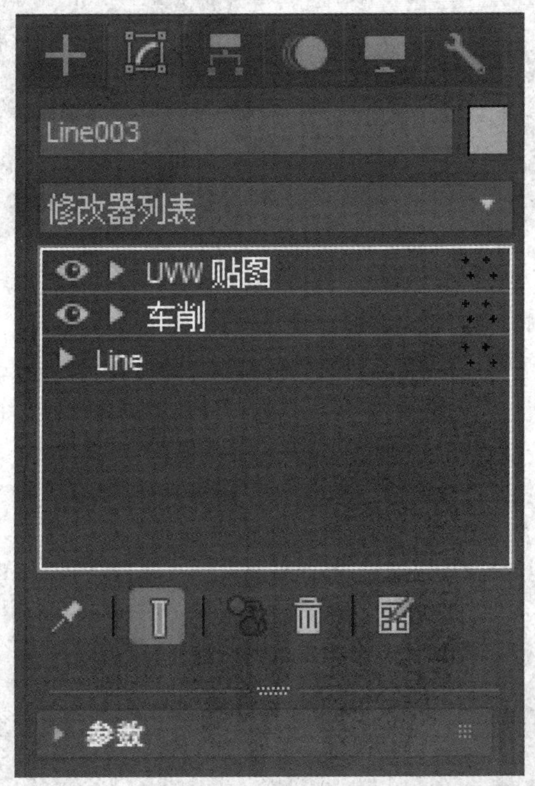

图 5-41　修改器面板

(16) 点击修改器面板中的“UVW 贴图”前的小三角按钮，选择“Gizmo”，使用修改器面板中的“移动工具”和“缩放工具”调整场景中的花瓶，直到其镂空纹理正确显示，效果如图 5-42 所示。

图 5-42　调整 UVW 贴图

(17) 打开工具栏中的“渲染设置”按钮 ，在弹出的面板中选择“渲染”。得到的效果如图 5-43 所示。

图 5-43　渲染后效果图

(18) 我们可以看到场景中渲染得到的图的效果不怎么明显。单击操作面板中的“创建”按钮 ，再点击“灯光”按钮 ，开启灯光创建面板。在“光度学”的创建分类下单击“目标灯光”按钮，此时鼠标会变成一个十字，之后在场景中点击鼠标右键再拖动目标点到合适的位置，为场景添加两盏目标聚光灯，如图 5-44 所示。

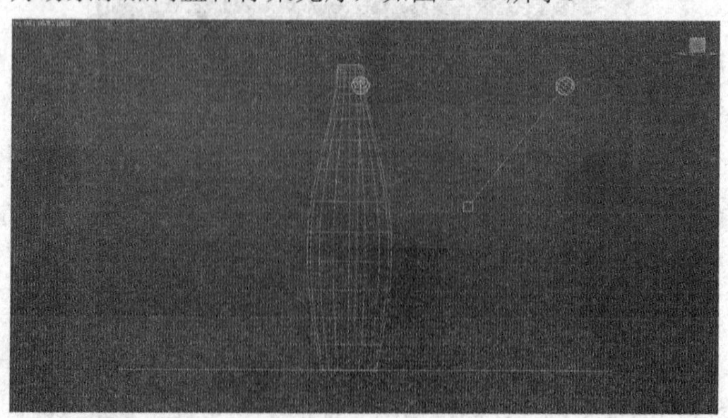

图 5-44　创建目标聚光灯

(19) 选中创建的两盏灯，在属性栏中“常规参数”卷展栏下的“阴影”栏中勾选“启用”，并勾选“使用全局设置”按钮，再次渲染得到的效果如图 5-25 所示。

5.3.3　电脑桌灯光的布置

1. 案例目的

运用 3DS Max 2017 中自带的灯光，为电脑桌添加灯光照明的效果。通过对本案例的学习，了解不同灯光的布置，学会调节各种灯光参数。如图 5-45 所示。

图 5-45　电脑桌灯光效果

2. 操作步骤

(1) 启动 3DS Max 2017 软件，单击标题栏中的“打开文件”按钮，打开案例素材文件“5.3.3 素材.max”。点击“创建”按钮，在切换出现的创建面板中点击“灯光”按钮，选择“目标灯光”，再在“左”视图中单击左键拖动出一盏目标灯光，选择灯光和其“目标”，使用“移动工具”将它们移动到台灯的下方，其前视图效果如图 5-46 所示。

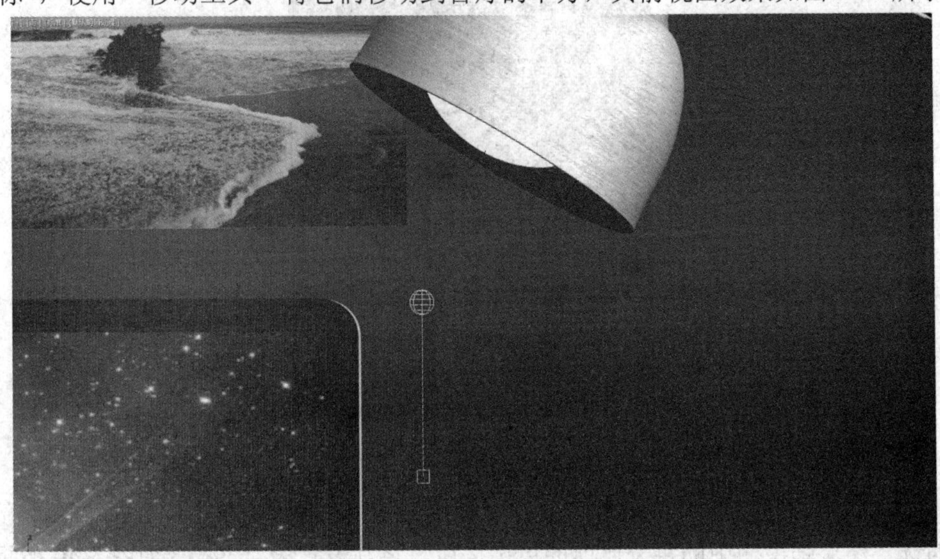

图 5-46　台灯前视图灯光位置

(2) 使用“选择并移动工具”在前视图中将“目标”向左下角移动一定距离，使得目标距离为 3.599，模拟台灯照明的效果。前视图位置效果如图 5-47 所示。

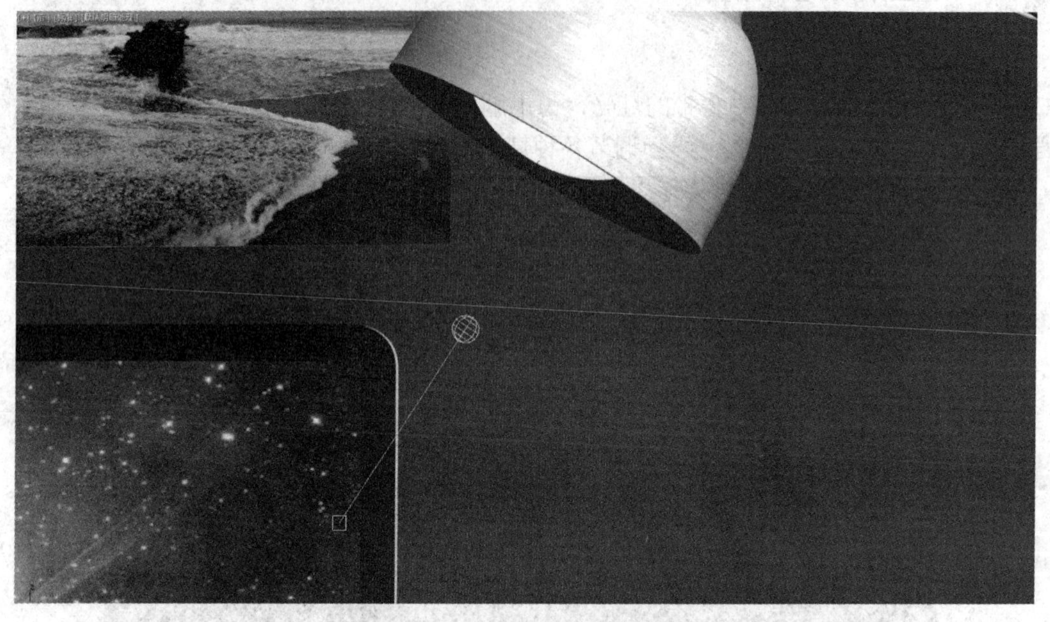

图 5-47 台灯灯光位置

(3) 选择刚才建好的灯光，并打开修改面板，点击“修改”按钮，切换出修改面板，在“目标灯光”的属性栏中展开“常规参数”卷展栏，在“阴影”栏中勾选“启用”，参数设置如图 5-48 所示。

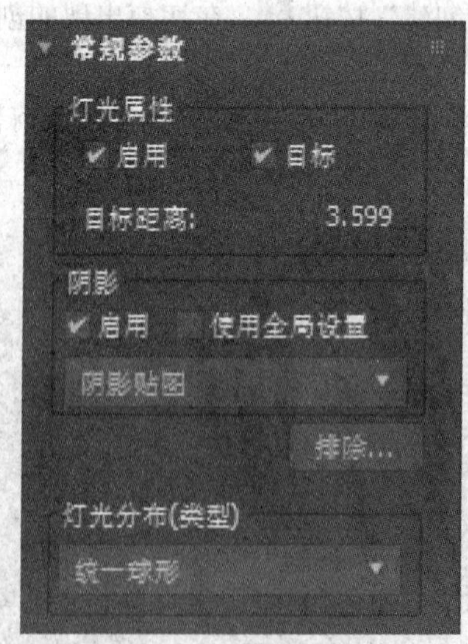

图 5-48 常规参数设置

(4) 在“强度/颜色/衰减”卷展栏中的“强度”栏将强度单位改为“lm”，在“暗淡”栏中勾选“结果强度”中的百分比前的单选按钮，将其设置为“2%”，如图 5-49 所示。

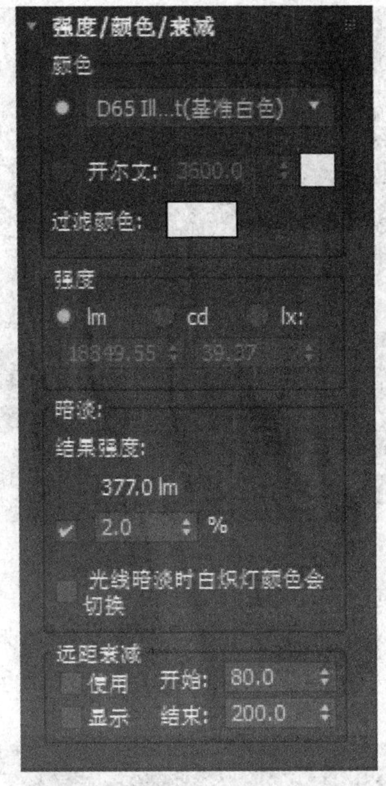

图 5-49　强度/颜色/衰减的参数设置

(5) 这样台灯的简单效果就做出来了。点击工具栏中的“渲染帧窗口”按钮，渲染当前帧，渲染效果图如图 5-50 所示。

图 5-50　台灯灯光渲染效果图

(6) 接下来我们做天花板照明的灯光。点击“创建”按钮，在切换出现的创建面板中点击“灯光”按钮，选择“目标灯光”，再在“左”视图中单击左键拖动出一盏目标灯光，选择灯光和其“目标”，使用“移动工具”将它们移动到天花板的下方，其前视图效果如图 5-51 所示。

图 5-51　户外灯光效果

(7) 继续在修改面板中点击“图形/区域阴影”卷展栏，在“从(图形)发射光线”栏中将“点光源”改为“矩形”，将其长度和宽度分别设置为 76 和 150(大小与天花板大小相一致)。使用“移动并选择工具” 将灯光和目标点一起移动到天花板顶视图的正中间，其顶视图效果如图 5-52 所示。

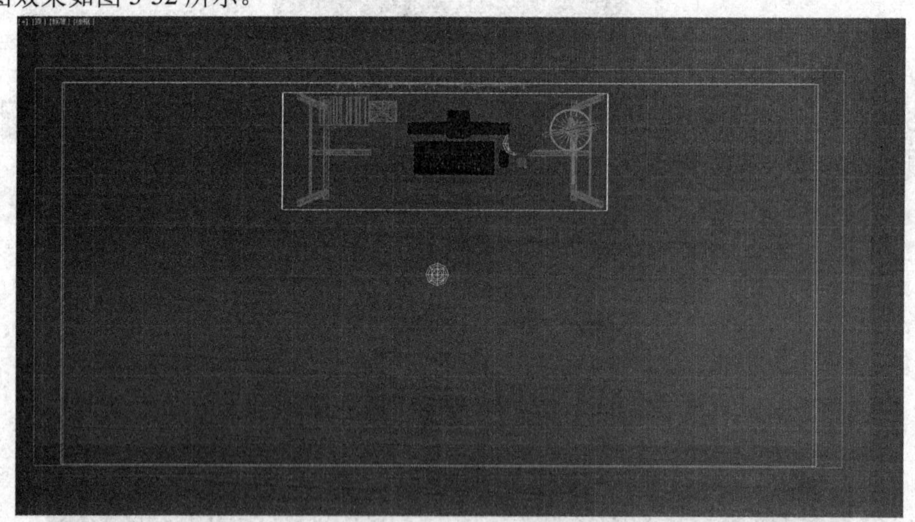

图 5-52　天花板灯光顶视图

(8) 选择刚才建好的天花板灯光，使用“选择并移动工具” 移动灯光的目标，使其目标距离变为 4.723。打开修改面板，点击“修改”按钮 ，切换出修改面板，在“目标灯光”的属性栏中展开“常规参数”卷展栏，在“阴影”栏中勾选“启用”，打开灯光分布类型卷展栏，将“灯光分布(类型)”改为“统一漫反射”，如图 5-53 所示。

(9) 继续在修改面板中点击“强度/颜色/衰弱”卷展栏，在颜色栏中打开“D65 Illuminant(基准白色)”卷展栏，将其改为“荧光(日光)”，点击“过滤颜色”后的颜色框，在弹出的“颜色选择器”中将 RGB 数值设置为(210,243,229)。在“强度”卷展栏中将强度单位改为“lm”，如图 5-54 所示。

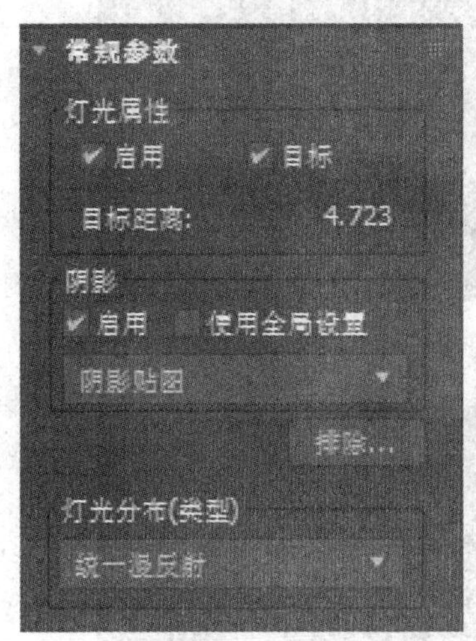

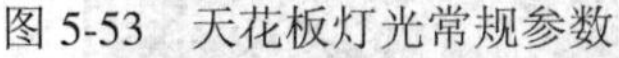

图 5-53　天花板灯光常规参数

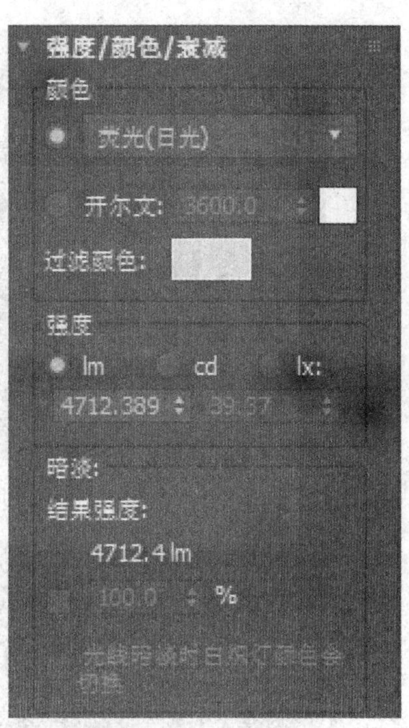

图 5-54　参数设置

(10) 这样天花板整体照明灯光的简单效果就做出来了。点击工具栏中的“渲染帧窗口”按钮，渲染当前帧，渲染效果如图 5-55 所示。

图 5-55　天花板灯光渲染图

(11) 我们可发现场景中的灯光效果还是比较暗的。接下来我们创建场景辅助照明的灯光。点击“创建”按钮，在切换出现的创建面板中点击“灯光”按钮，选择“自由灯光”，再在“顶”视图中房间的前方，单击左键创建出一盏自由灯光。使用“选择并移动工具”将其调节到房子的前方，其顶视图以及左视图效果如图 5-56 和图 5-57 所示。

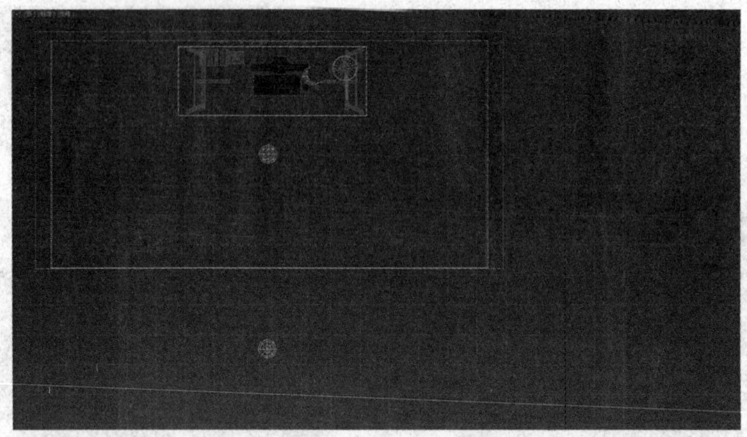

图 5-56　辅助灯光顶视图位置

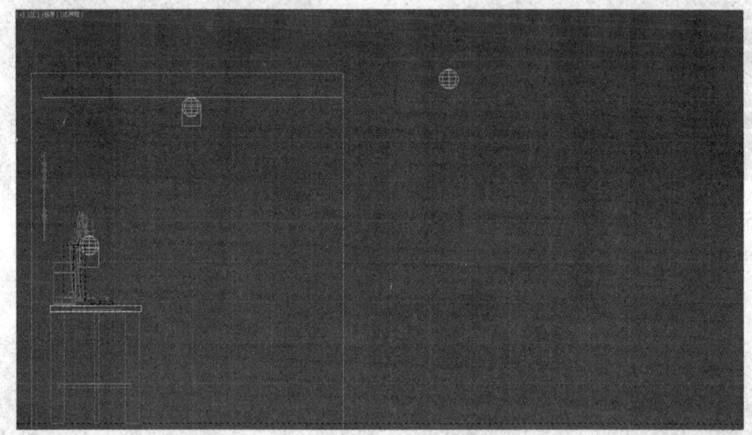

图 5-57　辅助灯光左视图位置

(12) 单击“修改”按钮，打开修改面板，在“常规参数”卷展栏中勾选“阴影”栏下的“启用”，并勾选“使用全局设置”。将“灯光分布(类型)”设置为“统一漫反射”。将“强度/颜色/衰减”卷展栏中的“过滤颜色”的 RGB 数值设置为(255,228,199)。参数设置如图 5-58 所示。

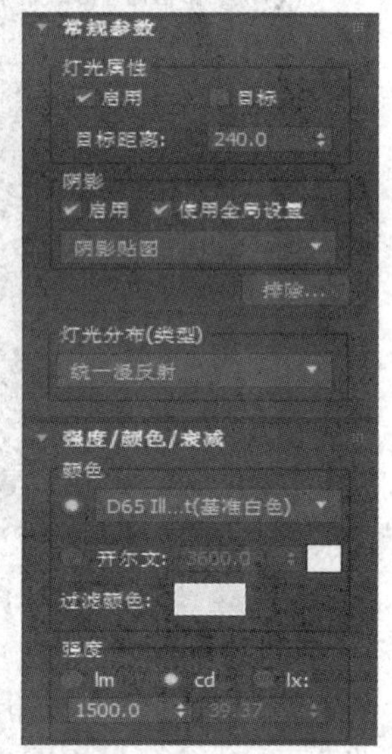

图 5-58　整体照明灯光

(13) 这样天花板整体照明灯光的简单效果就做出来了。点击工具栏中的“渲染帧窗口”按钮，渲染当前帧，渲染效果如图 5-45 所示。

5.3.4　制作简易自行车动画

1. 案例目的

运用 3DS Max 2017 制作简单的自行车动画，如图 5-59 所示。通过对本案例的学习，熟练掌握虚拟体链接、动画控制器、自动关键帧和摄像机的应用。

图 5-59 自行车动画效果

2. 操作步骤

(1) 启动 3DS Max 2017 软件，点击“打开文件”按钮，在弹出的窗口中单击选择素材文件“5.3.4.max”，单击“打开”按钮，完成打开新场景的操作，如图 5-60 所示。

图 5-60 打开素材

(2) 点击视口左方的“工作区”内的“小三角”按钮，选择“层资源管理器”，此时工作区变成层管理模式。在“层管理器”中，单击“自行车”层左边的“小三角”按钮，并单击选中“车踏”，此时视口中自行车的车踏处出现高亮边，将光标移至视口中的高亮处，单击右键弹出菜单，执行“连接参数”→“变换”→“旋转”→“X 轴旋转”命令，使用鼠标左键单击“主齿轮”，执行“变换”→“旋转”→“X 轴旋转”命令，弹出“参数关联”窗口。单击点亮“单向链接：左参数控制右参数”按钮，在右下方文本框内的“X_轴旋转”后输入“/-1”调整旋转方向，并单击“连接”按钮，如图 5-61 所示。

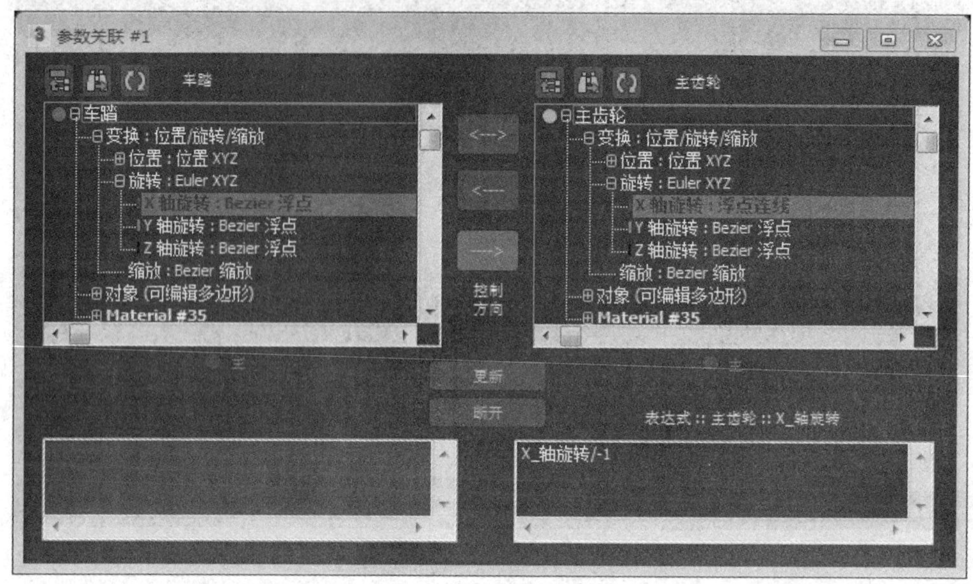

图 5-61　“车踏”与“主齿轮”参数关联设置

(3) 关闭“参数关联”窗口，单击鼠标左键选中“主齿轮”，单击右键，弹出菜单，执行“连接参数”→“变换”→“旋转”→“X 轴旋转”命令，单击鼠标左键选中“链条”，执行“空间扭曲”→“路径变形绑定”→“沿路径百分比”命令，弹出“参数关联”窗口。单击点亮“单向链接：左参数控制右参数”按钮▇，在右下方文本框内的“X_轴旋转”后输入“/20”，调整齿轮旋转带动链条路径变形的速度与方向，并单击“连接”按钮，如图 5-62 所示。此时使用快捷键“E”调出“旋转”工具，旋转“车踏”，即可看见“车踏”、“主齿轮”和“链条”进行协调的运动了。

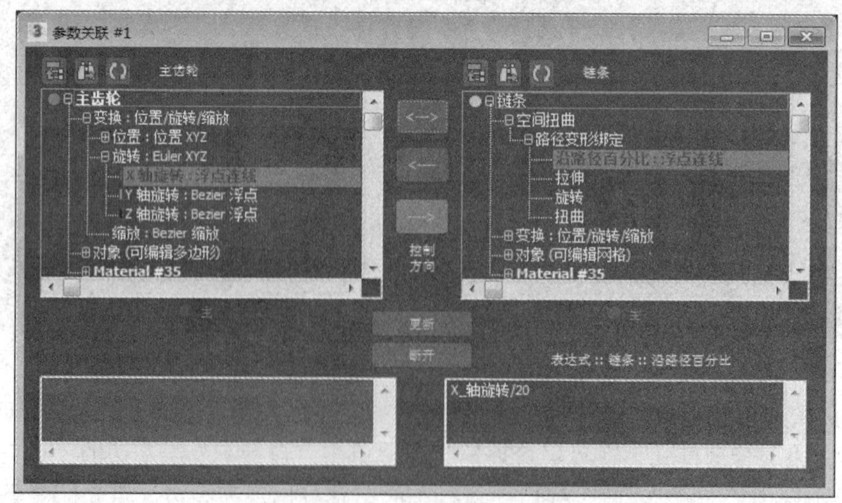

图 5-62　“主齿轮”与“链条”参数关联设置

(4) 关闭“参数关联”窗口，用同样的方法，将“链条”与“副齿轮”进行参数关联。选中“链条”，单击右键执行“连接参数”→“空间扭曲”→“路径变形绑定”→“沿路径百分比”命令，选中“副齿轮”，单击右键执行“变换”→“旋转”→“沿 X 轴旋转”

命令，单击点亮“单向链接：左参数控制右参数”按钮 ，在弹出的“参数关联”窗口内的“沿路径百分比”后输入“/0.03”调整链条路径变形带动副齿轮旋转的速度，并单击“连接”按钮，如图 5-63 所示。

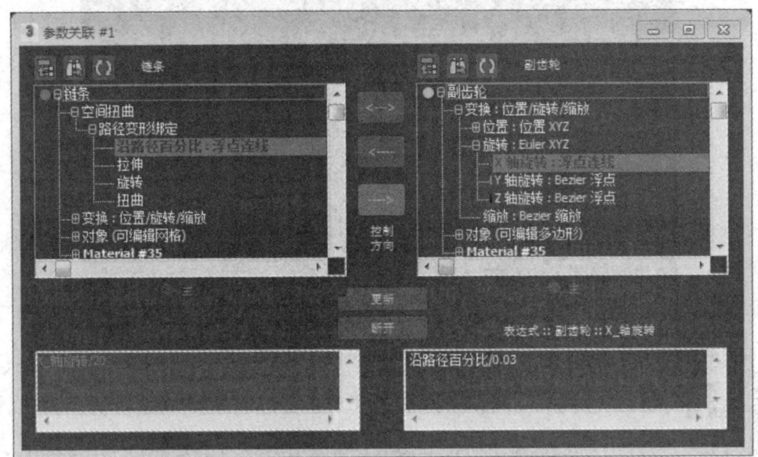

图 5-63　“链条”与“副齿轮”参数关联设置

(5) 同样，将“副齿轮”与“后轮”进行参数关联。关闭上一个“参数关联”窗口，选中“副齿轮”，点击右键，执行“连接参数”→“变换”→“旋转”→“沿 X 轴旋转”命令，选中“后轮”，执行“变换”→“旋转”→“沿 X 轴旋转”命令，如图 5-64 所示。

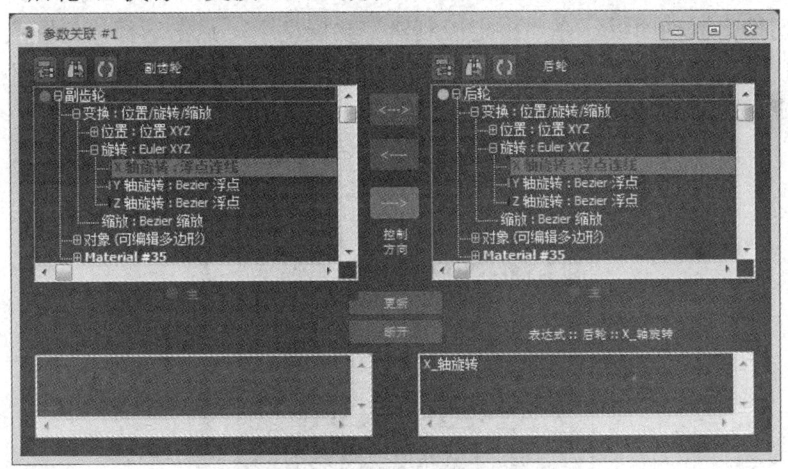

图 5-64　“副齿轮”与“后轮”参数关联设置

(6) 将“后轮”与“前轮”进行参数关联。关闭上一个“参数关联”窗口，选中“后轮”，点击鼠标右键，执行“连接参数”→“变换”→“旋转”→“沿 X 轴旋转”命令，选中“前轮”，点击鼠标右键，执行“变换”→“旋转”→“沿 X 轴旋转”命令，单击点亮“单向链接：左参数控制右参数”按钮，并单击“连接”按钮，关闭“参数关联”窗口。完成后，当我们使用旋转工具旋转“车踏”时，就能看见齿轮、链条和车轮也同步做出协调的动作了。

(7) 在视口右方的“几何体”创建面板中，点击“茶壶”，创建茶壶作为虚拟体(也可创建任意其他任意几何体)，在视口右方创建面板中的“名称与颜色”一栏中输入名称“虚拟体”，将视图交替切换为“顶”和“后”以便观察，使用快捷键“W”调出“移动”工具，调整虚拟体的位置，将其放置在自行车模型的正下方，效果如图 5-65 所示。

图 5-65　创建虚拟体

(8) 选中刚才创建的虚拟体，使用快捷键“Ctrl+I”进行反选，单击工具栏中的“选择并链接”工具，在已选物体的任意位置上按住鼠标左键不放拖动至虚拟体处，当虚拟体出现高亮边时松开鼠标，完成虚拟体与自行车的链接。在视口左侧的层管理器中，单击“其他”层左边的“小三角”按钮，展开层，单击“坡体”和“坡面”左边的“隐藏状态标记”按钮，使其变成“显示状态标记”，此时视口中会出现坡面和坡体。

(9) 单击工具栏中的“选择对象”工具，把光标切换回默认状态，在视口左侧的层管理器中，单击“自行车”层下的“虚拟体”，此时选中虚拟体，单击视口右侧的“运动”按钮，切换出运动面板，在“指定控制器”卷展栏下，点击选择“位置：位置 XYZ”，单击上方的“指定控制器”按钮，在弹出的“指定位置控制器”窗口中，选择“曲面”，单击“确定”按钮，如图 5-66 所示。

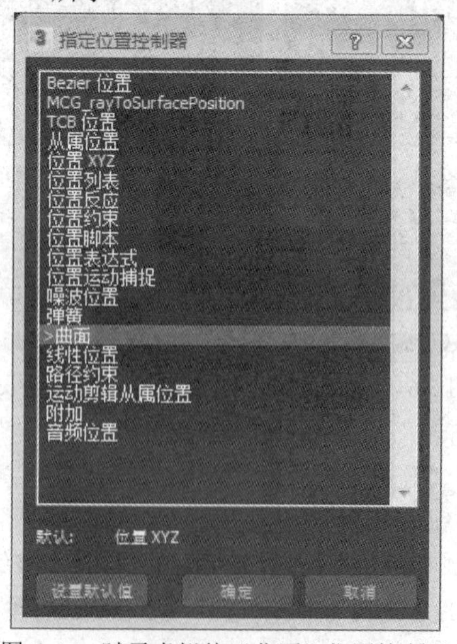

图 5-66　赋予虚拟体“曲面”位置控制器

(10) 成功给虚拟体赋予“曲面”位置控制器后，我们会在运动面板内看见“曲面控制器参数”，点击“拾取曲面”，在视口中单击“坡面”，点选“曲面选项”下的“对齐到 U”，并勾选“翻转”。选中“虚拟体”，点击鼠标右键，执行“连接参数”→“变换”

→“位置”→“U”命令。选中“车踏”，点击鼠标右键，执行“变换”→“旋转”→“X轴旋转”命令，在弹出的“参数关联”窗口中，单击点亮“单向链接：右参数控制左参数”按钮 <---，在“X_轴旋转”后输入“/-25”调整旋转车踏时带动虚拟体的速度以及方向，并单击“连接”按钮，如图 5-67 所示。

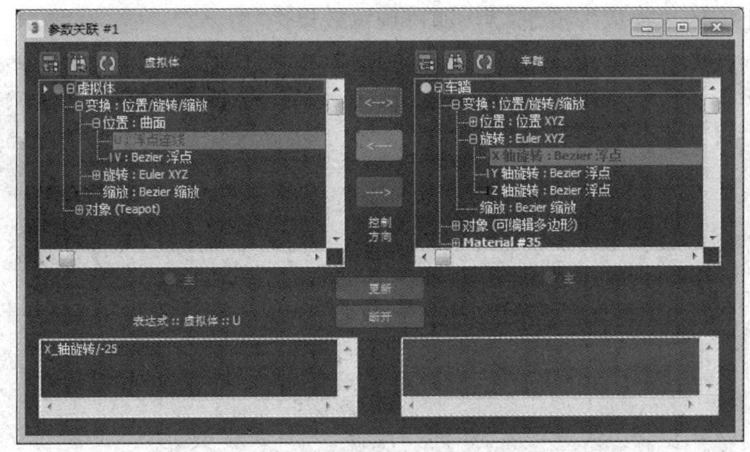

图 5-67　“虚拟体”与“车踏”参数关联设置

(11) 在层管理器中，将“其他”层下的“山兔”左边的“小眼睛”按钮 点亮，将“山兔”模型显示出来。鼠标左键选中“山兔”模型，通过灵活使用“旋转工具”(快捷键 E)和“移动工具”(快捷键“W”)进行调整，并配合视口内左上角“顶”和“右”的灵活切换查看结果，将“山兔”模型调整到车座上的合适位置。单击工具栏中的“选择并链接”工具 ，单击选中“山兔”并按住鼠标左键不放，拖动到车座处，当“车架”(车架与车座为一体)出现高亮边时松开左键，将“山兔”与“车架”链接在一起。单击“车踏”，使用快捷键“E”调出“旋转”工具，顺时针或逆时针转动 Z 轴，此时自行车将向前或向后移动，由于之前的步骤已经把虚拟体、自行车和山兔模型全部链接了，所以自行车移动时其他的物体也会同步移动。把自行车调整到坡面起点后，同样，单击选中虚拟体，使用快捷键“E”调整虚拟体的方向，使得自行车的车轮尽可能与坡面贴齐。最后在层管理器中点击“虚拟体”左边的“小眼睛”按钮 ，隐藏虚拟体，效果如图 5-68 所示。

图 5-68　链接“山兔”模型以及调整自行车起点

(12) 单击视口下方时间轴下边的“自动”按钮 自动，切换成自动关键帧模式，将时间轴上的“当前时间滑块” 0 / 100 移动到第 100 帧处，然后使用快捷键“E”调出“旋转”工具，在视口内顺时针旋转“车踏”的 Y 轴，使自行车和山兔模型移动到坡顶，效果如图 5-69 所示。到这一步，自行车的简单行驶动画就基本实现了，单击时间轴右下方的“播放”按钮▶，即可预览效果。

图 5-69　开启“自动关键帧”并调整自行车终点

(13) 接下来为场景添加摄像机，使动画更有镜头感。点击“自动”按钮 自动，退出自动关键帧模式，将“当前时间滑块”拨回到第 0 帧；单击“创建”按钮＋，打开创建面板，点击“摄像机”按钮，单击“目标”按钮，在视口中创建一个目标摄像机。将目标摄像机的“目标”调整至合适的起始位置(可参考图 5-70、图 5-71、图 5-72)，点击视口左上角的文字切换观察模式，执行“摄像机”→“Camera001”操作，将视图切换到摄像机视角。在层管理器中，将“其他”层下的“环境盒”左边的“小眼睛”按钮点亮，然后使用快捷键“Ctrl+L”显示灯光。

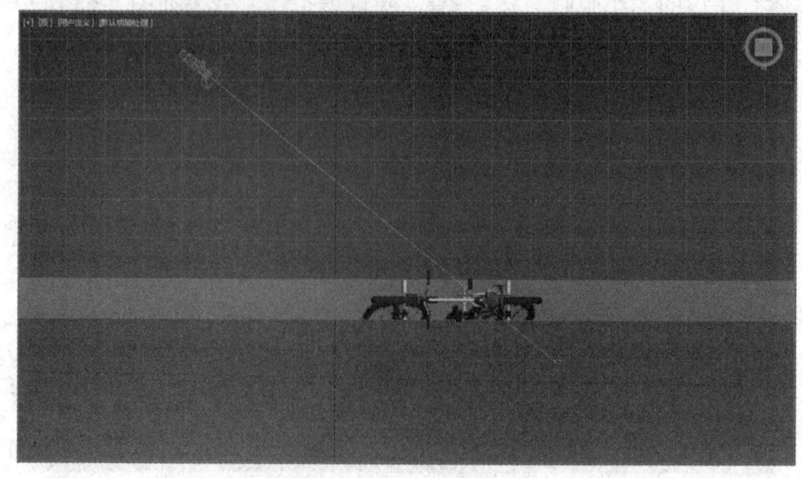

图 5-70　摄像机和“目标”的起始位置参考(顶视图)

图 5-71　摄像机和“目标”的起始位置参考(前视图)

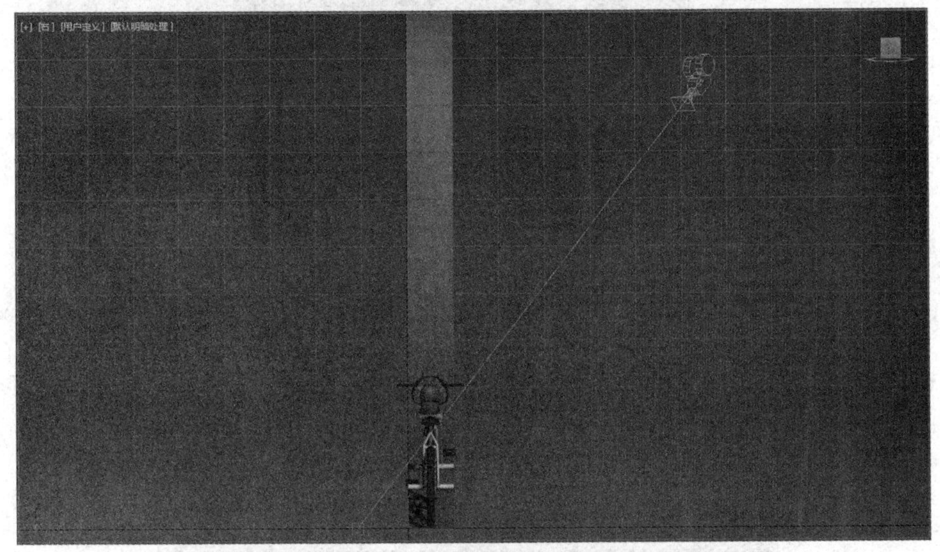

图 5-72　摄像机和“目标”的起始位置参考(右视图)

(14) 单击界面右下角的“最大化视口切换”按钮，把视口最小化，使整个界面变成四视图模式。点击时间轴下方的“自动”按钮 自动 ，切换成自动关键帧模式，在自动关键帧模式下，在不同帧处，只要物体的形状、位置等发生了变化，3DS Max 2017 就会自动记录并生成关键帧。接下来我们将“当前时间滑块”顺序拖动到不同的时间帧处，通过观察摄像机视角(右下角的视图)，同时在其他三个视图中灵活交替使用“旋转”(快捷键“E”)、“移动”(快捷键“W”)和“缩放”(快捷键“R”)工具，对“摄像机”和“目标”的位置进行观察和调节，在调整过程中可以随时单击“播放”按钮预览当前效果。

(15) 单击工具栏中的“渲染设置”按钮，弹出“渲染设置”窗口，在第一栏“目标”中选择“产品级渲染模式”，对“公用”面板下的“公用参数”进行设置，在“时间输出”中点选“范围”，输入“0”和“100”，其他参数设置如图 5-73 所示。

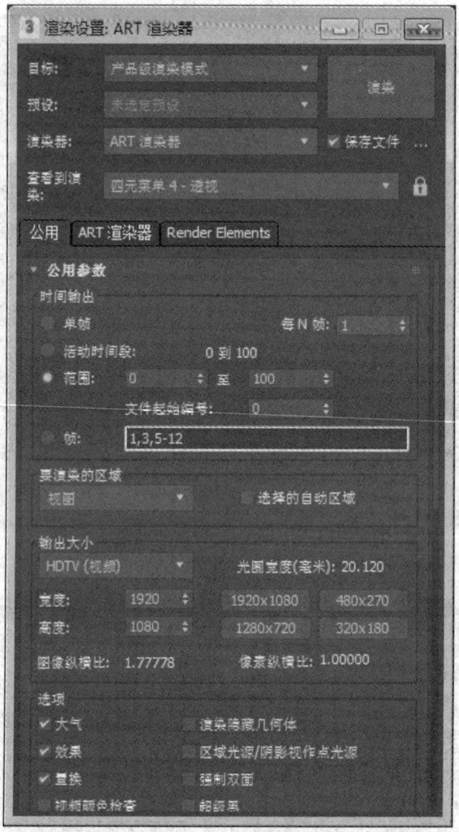

图 5-73　渲染设置

(16) 在“公用”面板下的“渲染输出”处点选“保存文件”，并单击旁边的“文件”按钮，弹出“渲染输出文件”窗口，在“保存类型”中选择“Targa 图像文件”(或直接选择 AVI 文件)，文件名输入“山兔自行车.tga”。单击左下方的“设置”，在弹出的“Targa 图像控制”窗口中，勾选“压缩”和“预乘 Alpha”，每像素位数选择“32”，单击“确定”按钮，如图 5-74 所示，选择一个合适的保存路径后，单击“保存”按钮。

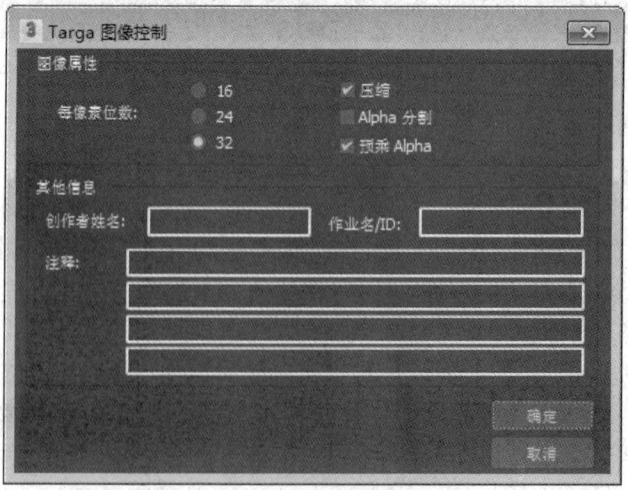

图 5-74　“Targa 图像控制”窗口设置

(17) 点击展开“公用”面板下的“指定渲染器”，单击“产品级”后的“更多”按钮…，全部选择“ART 渲染器”，如图 5-75 所示。单击“公用”旁新出现的“ART 渲染器”，展开设置面板，将“渲染质量”下的滑块拖动到“超高”(根据电脑配置也可以选择其他质量级别)。全部设置好后，单击“渲染设置”窗口内左上方的“渲染”按钮，开始渲染。最终效果如图 5-59 所示。待渲染全部完成后，将渲染出来的 101 张图片导入 Adobe Premiere 等视频制作软件中编辑，最后导出 MP4 格式文件即可。

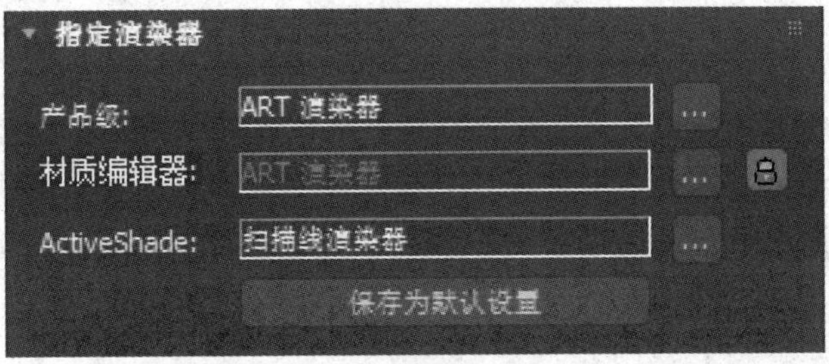

图 5-75　指定渲染器设置

第 6 章　视频处理技术

学习目标：

(1) 掌握视频的基础知识，如视频相关知识的基本概念、视频制式和常见视频格式等。

(2) 熟悉 Premiere 视频处理软件操作界面及各功能面板的基本应用。

(3) 了解并掌握 Premiere 常用操作：转场、特效、运动设置、抠像以及视频、音频和字幕的添加等。

学习建议：

熟悉本章中各案例的操作，提炼出各个案例所运用的知识点，并能举一反三地将所学到的知识应用到其他的案例操作中，在“做中学，学中做”的过程中提高自己的动手实践能力。

6.1　视频基础知识

6.1.1　视频相关概念

1. 视频

视频(Video)，又称影片、视讯、视像、录影、动态影像，泛指将一系列的静态图像以电信号的方式加以捕捉、记录、处理、存储、传送与重现的各种技术。视频技术最早是从阴极射线管的电视系统的创建而发展起来的，但是之后新的显示技术的发明，使视频技术所包括的范畴更大。基于电视的标准和基于计算机的标准的不同，因此要求企业从两个不同的方面来发展视频技术。现在得益于计算机性能的提升，并且伴随着数字电视的发展，这两个领域又有了新的交叉和集中。计算机现在能显示电视信号，能显示基于电影标准的视频文件和流媒体，和快到暮年的电视系统相比，计算机的运算器速度、存储容量都在不断地提高，宽带也正在逐渐普及，且通用的计算机都具备了采集、存储、编辑和发送电视、视频文件的能力。

Video(源自于拉丁语的“我看见”)通常指各种动态影像的储存格式，例如：数位视频格式，包括 DVD、QuickTime 与 MPEG-4；类似的录像带格式，包括 VHS 与 Betamax。视频可以被记录下来并经由不同的物理媒介传送，视频被拍摄或以无线电传送时为电气讯号，而记录在磁带上时则为磁性讯号；视频画质实际上随着拍摄与撷取的方式以及储存方式而变化。例如数位电视(DTV)是最近被发展出来的格式，具有比之前的标准更高的画质，正在成为各国的电视广播新标准。在英国、澳洲、新西兰，Video 一词通常指非正式的录影机与录像带，其意义可由文章的前后文来判断。

2. 线性编辑和非线性编辑

在传统的线性编辑中，对视频素材的编辑主要是在编辑器系统上进行的，编辑器系统一般是由一台或多台放像机、录像机、编辑控制器、特技发生器、时基校正器、调音台和字幕机等设备组成的。编辑人员在放像机上重放磁带上已经录好的影像素材，并选择一段合适的素材打点，把它记录到录像机中的磁带上，然后再在放像机上找到下一个镜头打点、记录，就这样反复播放和录制，直到把所有合适的素材按照需要全部以线性方式记录下来。由于磁带记录画面是顺序的，所以其不可避免的劣势是无法在已录好的画面之间插入素材，也无法在删除某段素材之后使画面连贯播放，而必须把插入或删除点之后的画面全部重新录制一遍，巨大的工作量是可想而知的，而且影像素材也会因为反复录制而造成画面质量的下降。

随着非线性编辑技术的发展，线性编辑的劣势得到了解决。相对遵循时间顺序的线性编辑而言，非线性编辑要灵活得多。它具有编辑方式非线性、信号处理数字化和素材随机存取三大特点。非线性编辑的优点是节省时间，编辑声音、特技、动画和字幕等可以一次完成，十分灵活、方便，且视频质量基本无损失，可以充分发挥编辑制作人员的想象力和创造力，可实现更为复杂的编辑功能和效果。非线性编辑的工作过程是数字化的，无论怎么对录入的素材进行编辑和修改，无论进行多少层画面合成，都不会造成图像质量的大幅下降、噪音增加和失真等情况，有效地提高了视频节目的质量。同时，非线性编辑可根据预先采集的视音频的内容从素材库中选择素材，并可选取任意的时间点加入各种特技效果，编辑操作方便、简单，大大提高了制作效率。

在非线性编辑中，所有的素材都以文件的形式用数字格式存储在记录媒体上，每个文件都被分成标准大小的数据块，通过快速定位编辑点实现访问和编辑。这些素材除了视频和音频文件之外，还可以是图像、图形和文字。图像文件不仅资源丰富，兼容性也较好，而且不同的图像格式都可以在非线性编辑中使用，大大丰富了非线性编辑素材的选用范围。此外，对于视频编辑来说，在计算机生成的矢量图形中，最常涉及的就是字幕文件，而在非线性编辑的工作状态下，字幕的大小、位置、色彩以及覆盖关系等都可以在任何时间进行调整和重设，大大丰富了后期制作的表现力和灵活度。

3. 帧速率和像素比

电影和电视等视频都是利用人眼的视觉暂留原理来产生运动影像的。视频是由一系列的单独图像(即帧)组成的，因此，要产生适合人眼观看的运动画面，对每秒钟扫描多少帧有一定的要求，这就是帧速率的由来。

帧速率 fps(frames per second)，是指每秒钟能够播放(或录制)多少帧画面，也可以理解为图形处理器每秒钟能够刷新几次，帧速率范围一般是 24～30 帧/秒，这样才会产生平滑、连续的效果。在正常情况下，通过提高帧速率可以得到更流畅、逼真的运动画面，也就是说，每秒钟帧数(fps)越多，所显示的动作就会越流畅。影片中的影像就是由一张张连续的画面组成的，每幅画面就是一帧，PAL 制式每秒钟 25 帧，NTSC 制式每秒钟 30 帧，而电影是每秒钟 24 帧。虽然这些帧速率足以提供适合人眼的平滑运动，但他们还没有高到足以使视频显示不会闪烁的程度。人的眼睛可察觉到以低于 1/50 秒速度刷新的图像的闪烁。

为了避免出现这样的情况，电视系统都采用隔行扫描的方法。

6.1.2 视频制式

区分不同视频制式的主要根据有分辨率、场频、信号带宽和彩色信息等。目前，国际通行的彩色电视广播制式有 3 种，下面将分别对它们进行介绍。

1. NTSC 制

正交平衡调幅制(National Television Systems Committee)是全国电视系统委员会制式，简称 NTSC 制，其帧频为每秒 29.97 帧，场频为每秒 60 场。这种制式解决了彩色电视和黑白电视兼容的问题，但是也存在容易失真、色彩不稳定等缺点。采用这种制式的主要国家有美国、加拿大和日本等。

2. PAL 制

正交平衡调幅逐行倒相制(Phase Alternating Line)，简称 PAL 制，是德意志联邦共和国在 1962 年制定的彩色电视广播标准，它克服了 NTSC 制式因相位敏感造成的色彩失真的缺点，帧频为每秒 25 帧，场频为每秒 50 场。采用这种制式的主要有中国、中国香港、德国、英国、意大利、荷兰、中东一带等国家和地区。由于不同国家的参数不同，PAL 制还分为 G、I、D 等制式。

3. SECAM 制

行轮换调频制(SEquential Coleur Avec Memoire)，简称 SECAM 制，意思为按照顺序传送与存储的彩色电视系统，是由法国研制的一种电视制式，特点是不怕干扰、色彩保真度高。采用这种制式的主要有法国、前苏联和东欧一些国家。

在 Premiere Pro 非线性编辑系列软件中，每当新建一个工作项目时都会要求选择编辑模式，是基于不同电视制式需要的考虑。我国常用的模式是 DV-PAL 制，每秒 25 帧。

6.1.3 常用视频文件格式

视频的格式有 AVI、MOV、MPEG/MPG/DAT、ASF、WMV、NAVI、3GP、REAL VIDEO、MKV、FLV、F4V、RMVB、WebM 十三种，下面对部分常用的视频格式进行简单介绍。

1. AVI 格式

AVI(Audio Video Interleaved，音频视频交错)，是由微软公司发表的视频格式，在视频领域可以说是历史最悠久的格式之一。AVI 格式调用方便、图像质量好，压缩标准可任意选择，是应用最广泛的格式。

2. MOV 格式

使用过 Mac 计算机的读者应该多少接触过 QuickTime。QuickTime 原本是 Apple 公司用于 Mac 计算机上的一种图像视频处理软件。QuickTime 提供了两种标准图像和数字视频格式，可以支持静态的 *.PIC 和 *.JPG 图像格式，和可以支持动态的基于 Indeo 压缩法的 *.MOV 和基于 MPEG 压缩法的 *.MPG 视频格式。

3. MPEG/MPG/DAT 格式

MPEG 是运动图像专家组(Motion Picture Experts Group)的英文缩写。这类格式包括了

MPEG-1、MPEG-2 和 MPEG-4 在内的多种视频格式。MPEG-1 相信是大家接触得最多的了，因为目前其正在被广泛地应用在 VCD 的制作和一些下载视频片段的网络应用上面，大部分的 VCD 都是用 MPEG-1 格式压缩的(刻录软件自动将 MPEG-1 转换为 DAT 格式)，使用 MPEG-1 的压缩算法，可以把一部 120 分钟长的电影压缩到 1.2 GB 左右大小。MPEG-2 则是应用在 DVD 的制作上，同时在一些 HDTV(高清晰电视广播)和一些高要求视频编辑、处理上面也有相当多的应用。使用 MPEG-2 的压缩算法可将一部 120 分钟长的电影可以压缩到 5～8 GB (MPEG-2 的图像质量是 MPEG-1 无法比拟的)。MPEG 系列标准已成为国际上影响最大的多媒体技术标准，其中 MPEG-1 和 MPEG-2 是采用以香农原理为基础的预测编码、变换编码、熵编码及运动补偿等第一代数据压缩编码技术；MPEG-4(ISO/IEC 14496)则是基于第二代压缩编码技术制定的国际标准，它以视听媒体对象为基本单元，采用基于内容的压缩编码，以实现数字视音频、图形合成应用及交互式多媒体的集成。MPEG 系列标准对 VCD、DVD 等视听消费电子及数字电视和高清晰度电视(DTV&HDTV)、多媒体通信等信息产业的发展产生了巨大而深远的影响。

4. ASF 格式

ASF(Advanced Streaming Format，高级流格式)是 Microsoft 公司为了和现在的 Real Player 竞争而发展出来的一种可以直接在网上观看视频节目的文件压缩格式。ASF 使用了 MPEG-4 的压缩算法，压缩率和图像的质量都很不错。因为 ASF 是以一个可以在网上即时观赏的视频“流”的格式存在的，所以它的图像质量比 VCD 差一点并不为奇，但比同是视频“流”格式的 RAM 格式要好。

5. WMV 格式

WMV 是一种独立于编码方式的，可在 Internet 上实时传播多媒体的技术标准，Microsoft 公司希望用其取代 QuickTime 之类的技术标准以及 WAV、AVI 之类的文件扩展名。WMV 的主要优点在于可扩充的媒体类型、可本地或网络回放、可伸缩的媒体类型、流的优先级化、多语言支持、高扩展性等。

6. FLV 格式

FLV 是 FLASH VIDEO 的简称，FLV 流媒体格式是一种新的视频格式。由于它形成的文件极小、加载速度极快，使得网络观看视频文件成为可能，它的出现有效地解决了视频文件在导入 Flash 后，导出的 SWF 文件体积过于庞大，不能在网络上很好地使用等缺点。

7. F4V 格式

作为一种更小、更清晰、更利于在网络传播的格式，F4V 已经逐渐取代了传统 FLV，也已经被大多数主流播放器兼容，而不需要通过转换等复杂的方式。F4V 是 Adobe 公司为了迎接高清时代而推出的继 FLV 格式后的支持 H.264 的 F4V 流媒体格式。它和 FLV 主要的区别在于，FLV 格式采用的是 H263 编码，而 F4V 则支持 H.264 编码的高清晰视频，码率最高可达 50 Mb/s。也就是说，F4V 和 FLV 在同等体积的前提下，前者能够实现更高的分辨率，并支持更高比特率，就是我们所说的更清晰、更流畅。另外，有许多人发现在很多主流媒体网站上下载的 F4V 文件后缀却为 FLV，这是 F4V 格式的另一个特点，属正常现象，观看时就可感觉到这种实为 F4V 的 FLV 有明显更高的清晰度和流畅度。

8. RMVB 格式

RMVB 的前身为 RM 格式，是由 Real Networks 公司所制定的音频视频压缩规范，可以根据不同的网络传输速率，制定出不同的压缩比率，从而实现在低速率的网络上进行影像数据实时传送和播放，具有体积小、画质也还不错的优点。

早期的 RM 格式是为了实现在有限带宽的情况下，进行视频在线播放而被研发出来，并一度红遍整个互联网。而为了实现更优化的体积与画面质量，Real Networks 公司不久又在 RM 的基础上，推出了可变比特率编码的 RMVB 格式。RMVB 的诞生，打破了原先 RM 格式那种平均压缩采样的方式，在保证平均压缩比的基础上，采用浮动比特率编码的方式，将较高的比特率用于复杂的动态画面(如歌舞、飞车、战争等)，而在静态画面中则灵活地转为较低的采样率，从而合理地利用了比特率资源，最大限度地压缩了影片的大小，最终拥有了近乎完美的接近于 DVD 品质的视听效果。我们可以做个简单对比，一般而言，一部 120 分钟的 DVD 体积为 4GB，而使用 RMVB 格式来压缩，仅需要 400MB 左右，而且清晰度和流畅度并不比 DVD 差太远。

为了缩短视频文件在网络中进行传播的下载时间，以及为了节约用户电脑硬盘宝贵的空间容量，越来越多的视频被压制成了 RMVB 格式，并广为流传。如今，可能每一位电脑使用者(或许就包括正在阅读本书的您)电脑中的视频文件，超过 80%都会是 RMVB 格式的。

RMVB 由于本身的优势，成为目前 PC 中存在最广泛的一种视频格式，但在 MP4 播放器中，RMVB 格式却长期得不到重视。MP4 发展的整整七个年头里，虽然早就可以做到完美支持 AVI 格式，但却久久未有能够完全兼容 RMVB 格式的机型诞生。藉着近期几款号称全面支持 RMVB 格式的 MP4 产品，爱国者 P881、歌美 X750 等的相继面市，强烈要求 MP4 支持 RMVB 的呼声再次响彻整个业界，那么对于 MP4，尤其是容量小、价格便宜的闪存 MP4 而言，怎样的视频格式才会是其未来的主流呢？

6.1.4 转场

转场特效的使用是非常重要的，它是将两段素材连接到一起的一项工作，只有使用恰当的转场特效才能使前后素材贯穿到一起，从而实现画面与画面的自然衔接。转场特效分为 3D Motion(三维空间运动效果)、Disslove(溶解效果)、lris(分割效果)、Map(映射效果)、Page Peel(翻页效果)、Silde(滑动效果)、Special Effect(特殊形态效果)、Stretch(伸展效果)、Wipe(擦除效果)、Zoom(缩放效果)十种。

每个转场应用在不同的素材间，会出现不同的视觉效果。但需要注意的是，在编辑一段较长的片子时，镜头间的转场也不能频繁使用，因为这样不但不会有好的效果，反而会让人感觉画面太花哨，所以合理地运用转场特效也是很有学问的。

6.1.5 特效

视频特效的使用，大大丰富了画面，使原本平淡的画面更有活力，更贴近生活。视频特效分为调整画面类特效、模糊和锐化类特效、扭曲及风格化类特效。

调整画面类特效包括 Brightness&Contrast(亮度与对比度)、Channel Mixer(通道合成器)、Color Balance(色彩平衡)、Auto Levels(自动色阶)、Extract(提取)、Levels(色阶)、Color

Pass(颜色通道)、Color Replace(色彩替换)、Gamma Correction(灰阶校正)等。这些特效主要是对素材颜色属性的调整，通过调整，使画面亮度提高，颜色鲜明，整体效果更佳。

模糊类特效包括 Camera Blur(镜头模糊)、Channel Blur(通道模糊)、Fast Blur(快速模糊)、Gaussian Blur(高斯模糊)等。模糊特效主要是通过混合颜色达到模糊画面的效果。锐化类特效包括 Sharpen(锐化)、Unsharp Mask(自由遮罩)两种。锐化特效主要是通过增强颜色之间的对比使画面更加清晰。

扭曲与风格化类特效包括 Bend(弯曲变形)、Lens Distortion(镜头扭曲变形)、Spherize(球面)、Twirl(漩涡)、Wave Warp(波纹)、Alpha Glow(Alpha 辉光)、Color Emboss(彩色浮雕)、Mosaic(马赛克)等。扭曲特效主要是在画面中产生扭曲变形的效果，而风格化特效可以在画面中产生光辉、马赛克、浮雕等特效。因此这两种特效在画面中会比较清晰明显地表现出与原画面的不同。

6.2　视频处理软件 Premiere 的基本操作

Premiere Pro 是视频编辑爱好者和专业人士必不可少的一种编辑工具。它提供了采集、剪辑、调色、美化音频、字幕添加、输出、DVD 刻录的一整套流程，并和其他 Adobe 软件高效集成，足以克服在编辑、制作、工作流上遇到的所有挑战，满足创建高质量作品的要求。

6.2.1　Premiere 操作界面

启动 Adobe Premiere Pro CC 2017 应用程序，出现欢迎窗口，如图 6-1 所示。单击欢迎窗口中的“新建项目”选项，在弹出的如图 6-2 所示的“新建项目”窗口中，点击“确定”按钮，即可按默认设置创建一个新项目；然后执行菜单栏中的“文件”→“新建”→“序列”命令，在弹出的如图 6-3 所示的“新建序列”窗口中，点击“确定”按钮，即可创建一个新序列，并进入 Adobe Premiere Pro CC 2017 的工作界面，如图 6-4 所示。

图 6-1　Adobe Premiere Pro CC 2017 欢迎窗口

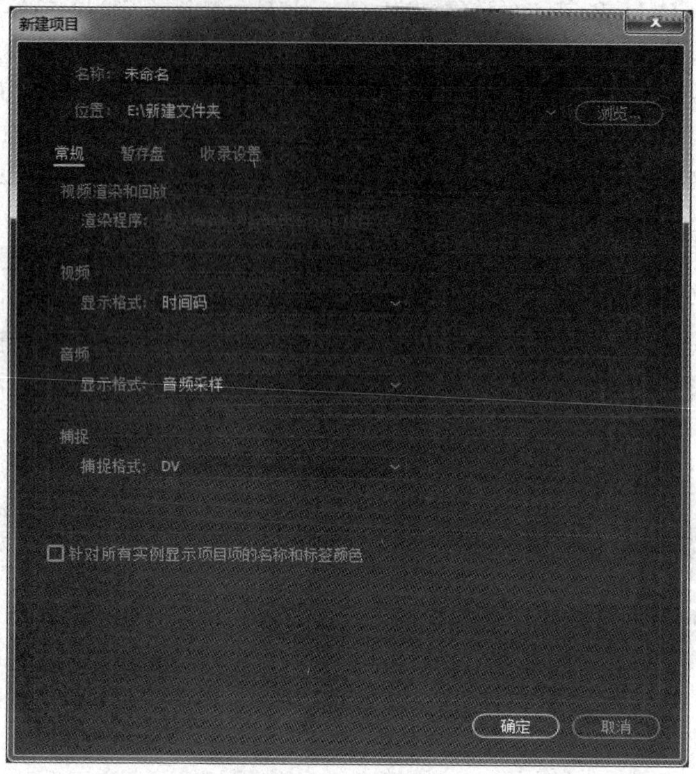

图 6-2　新建项目

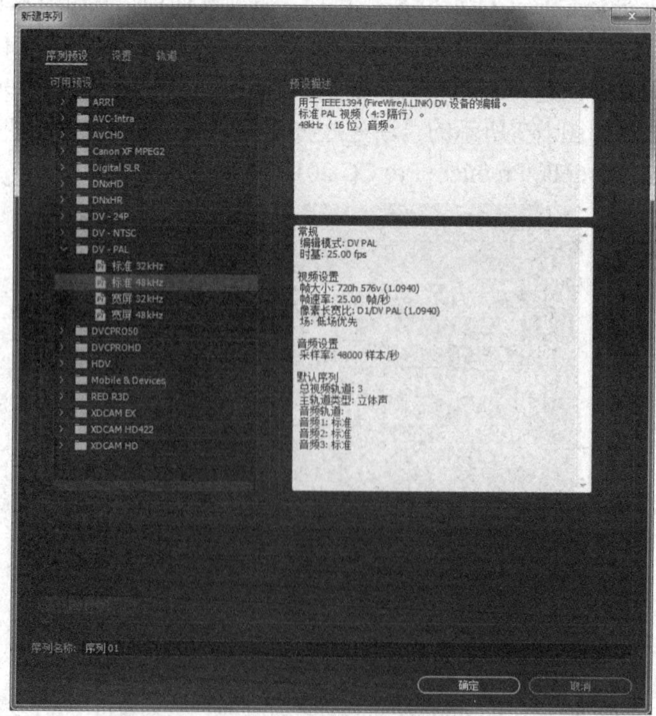

图 6-3　新建序列

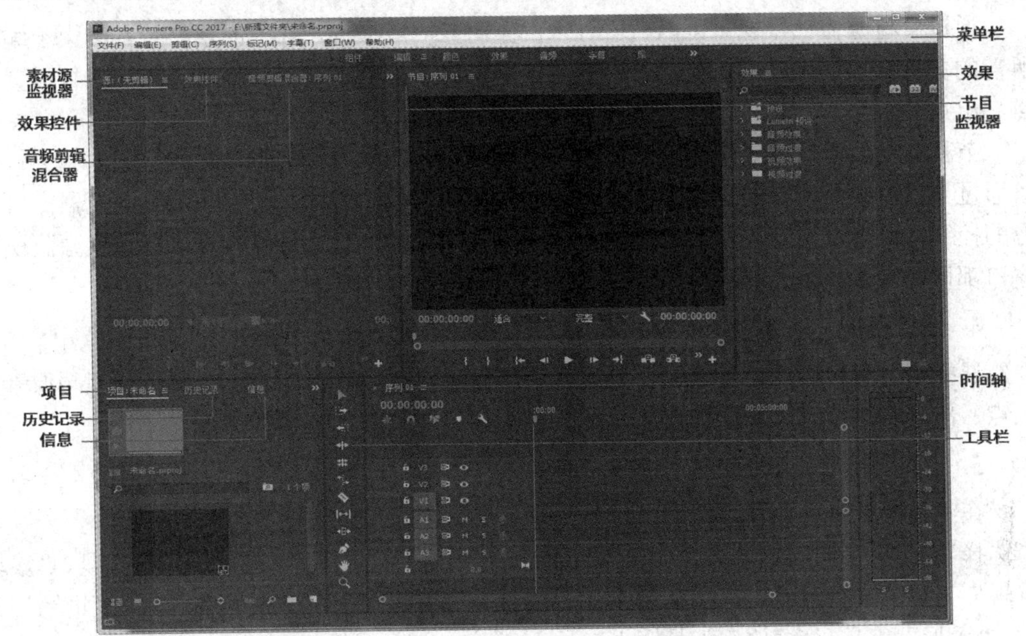

图 6-4　Adobe Premiere Pro CC 2017 工作界面

工作界面中包括常见的时间轴窗口、项目窗口、监视器窗口、信息面板、工具栏、效果面板、效果控件面板、音频剪辑器混合器面板、历史记录面板、菜单栏等。

1. 时间轴窗口

时间轴窗口主要是由视频轨道、音频轨道和一些工具按钮组成的。这一窗口是对素材进行编辑的主要窗口，可以按照时间顺序来排序和连接各种视频或音频素材，还可以进行剪辑片断、叠加图层、设置关键帧和叠加字幕等操作。

时间轴的音频和视频轨道默认为 Video1 和 Audio1 等，默认情况下，视频和音频各有 3 条轨道，如果有工作需要还可以增加。增加或删除视频、音频轨道的操作可以通过选择右键菜单中的命令来执行，如“增加轨道”、“删除轨道”命令。

2. 项目窗口

项目窗口主要用来导入、存放和管理素材，素材可以依据名称、标签、持续时间、素材出点和入点等具体信息来排列显示。如图 6-4 所示为缩略图显示方式。同时，在项目窗口还可以进行为素材重命名及重新设定素材的入点、出点等操作。

在 Adobe Premiere Pro CC 2017 应用程序中，“过滤素材箱内容”图标被放到了项目窗口的明显位置，方便了对素材的查找。

在项目窗口的最下边有一排工具按钮，依次为“列表视图”、“图标视图”、“排序图标”、“自动匹配序列”、“查找”、“新建素材箱”、“新建项”和“清除”。其中，“新建素材箱”用于把众多素材放入文件夹进行管理；“新建项”可按序列、脱机文件和黑场等方式分类对素材进行管理；“清除”可以将不要的素材删除。

3. 监视器窗口

监视器窗口主要有 2 种，分别为素材源监视器窗口和节目监视器窗口。这些窗口不仅可以在工作时给预览视频素材提供方便，还可以即时看到编辑后的视频效果。

通过素材源监视器窗口可以查看导入的素材，一般来说，导入的素材量都会大于编辑所需的素材量，这时，可以利用素材源监视器窗口下方的“素材源控制”按钮执行设置入点、出点等操作。

节目监视器窗口中显示的是时间轴中所有视频、音频节目编辑后最终呈现的效果，可以通过节目监视器窗口的预览来掌控编辑的效果和质量。同样，利用在节目监视器窗口下方的控制按钮可以快速地对节目进行定位和设置。此外，节目监视器窗口与素材源监视器窗口都可提供多种方式的素材显示。

4. 信息面板

选择某个素材后，信息面板会显示相应的信息，如该素材的名称、类型、视频像素、入点、出点和持续时间等详细信息，还会显示相应序列的一些详细信息。

5. 工具面板

在工具面板中有各种常用的操作工具，主要是用来在时间轴窗口中进行操作，分别有“选择”工具、“向前轨道选择”工具、“向后轨道选择”工具、“波纹编辑”工具、“滚动编辑”工具、“比率拉伸”工具、“剃刀”工具、“内滑”工具、“外滑”工具、“钢笔”工具、“手形”工具、“缩放”工具等十二种。

6. 效果面板

效果面板中包含的是 Adobe Premiere Pro CC 2017 自带的音频和视频特效，通过应用这些效果可以调节素材的音频和视频的特殊效果显示。其中包含的效果有预设效果、Lumetri 预设效果、音频效果、音频过渡效果、视频效果和视频过渡效果六种。

7. 效果控件面板

效果控件面板用于调整素材的运动特效、透明度和关键帧等，当为某一段素材添加了音频、视频或转场特效后，就会在这一面板中进行相应的参数设置和关键帧的添加等。效果控件面板的显示内容会随着素材和特效的不同做出相应改变。

8. 音频剪辑混合器面板

音频剪辑混合器面板主要用来处理音频素材。利用调音台可以提高或降低音轨的音量、混合音频轨道、调整各声道的音量平衡等。

9. 历史记录面板

历史记录面板用于记录在编辑过程中所做的操作，用户的每一步操作都会在历史记录面板中显示，在其中可以很方便地找到要撤销的步骤。单击该步骤即可返回该步骤前的状态，同时，之后的编辑步骤仍在历史记录中显示，直到新操作进行后将其替换。

10. 菜单栏

Adobe Premiere Pro CC 2017 的菜单栏中包含八个菜单，分别为文件、编辑、剪辑、序列、标记、字幕、窗口和帮助。

6.2.2　新建、保存、浏览和关闭视频文件

(1) 启动 Adobe Premiere Pro CC 2017 应用程序，出现欢迎窗口，单击欢迎窗口的“新

建项目”选项，在弹出的“新建项目”窗口中，为新建的文件指定路径，然后点击“确定”按钮。执行菜单栏中的“文件”→“新建”→“序列”命令，在弹出的“新建序列”窗口中，点击“确定”按钮，即可创建一个新的视频序列。

(2) 执行菜单栏中的“文件”→“导入”命令，在弹出的“导入”对话框中，选择“下雪.mp4”和“微风拂柳.avi”两个文件，如图 6-5 所示。点击“打开”按钮，将其导入 Premiere 中。

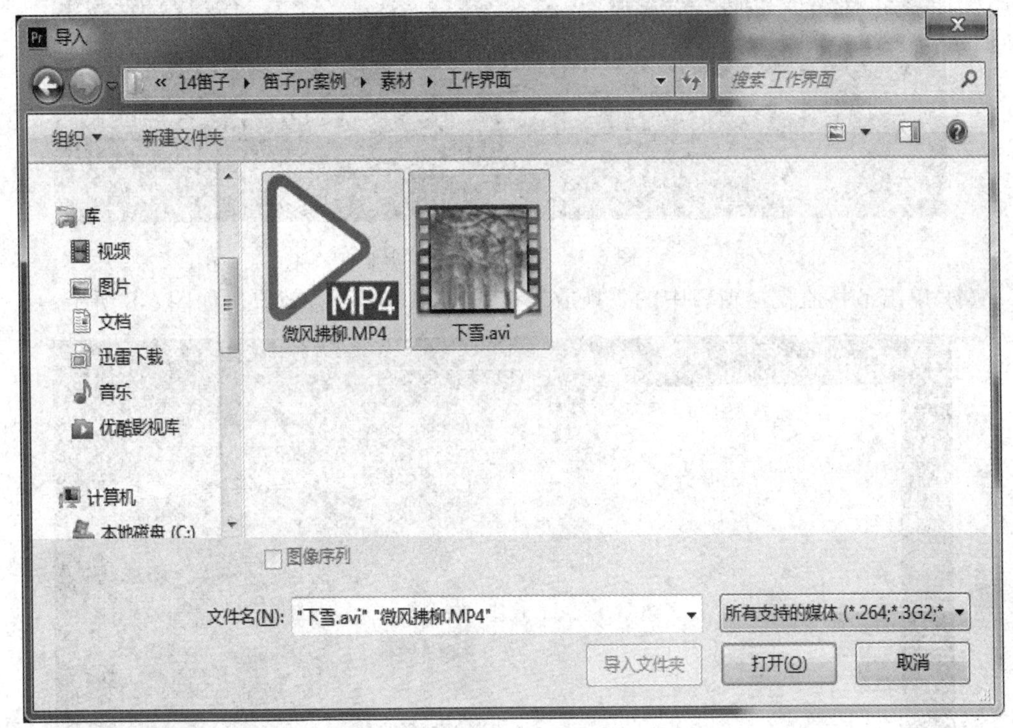

图 6-5　导入素材

(3) 在项目窗口中选中“微风拂柳.mp4”，拖动鼠标将其移至时间轴窗口中的视频 1 轨道中，并在时间轴窗口中调整素材，使视频素材的起点放置于第 0 秒处。在将视频拖至时间轴的过程中，会弹出“剪辑不匹配警告”窗口，此时可选择“更改序列设置”，如图 6-6 所示。素材添加到时间轴后的效果如图 6-7 所示。

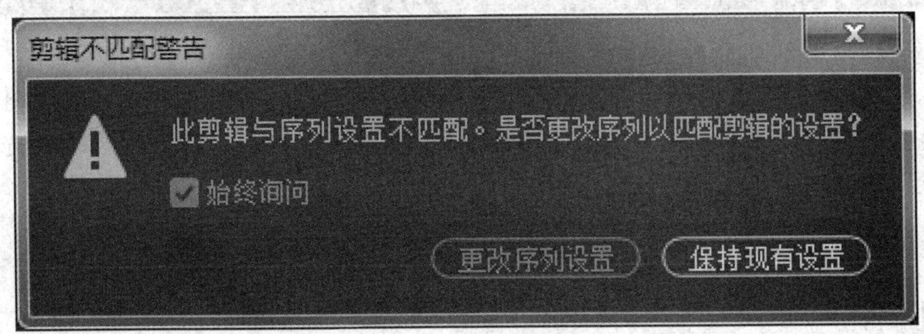

图 6-6　警告选项

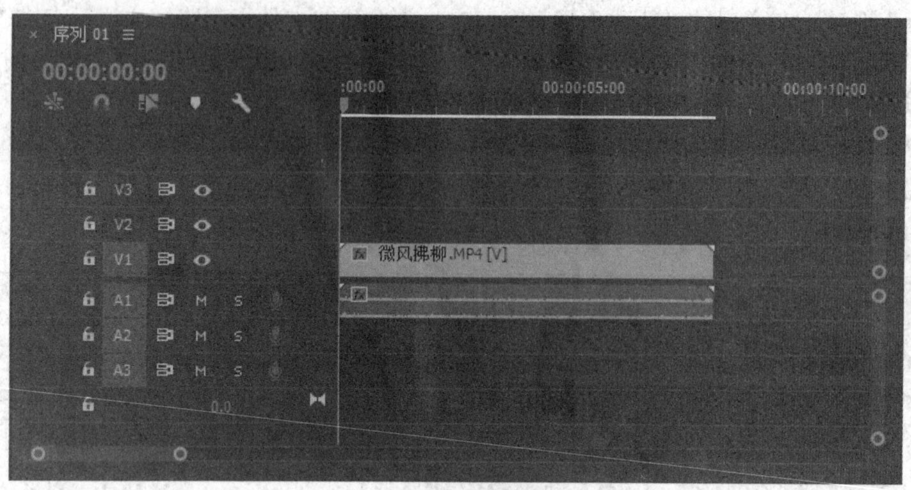

图 6-7　将素材拖至时间轴

(4) 单击节目监视器窗口中的“播放”按钮▶，即可查看效果，如图 6-8 所示。

图 6-8　播放效果

(5) 按键盘上的“Ctrl+S”快捷键存储文件，可以发现将文件保存后，其标题栏尾部的“*”就不见了，如图 6-9 和图 6-10 所示。如果视频文件较大，则要适时地将文件保存，不然一旦发生死机、断电等情况，文件将会丢失。

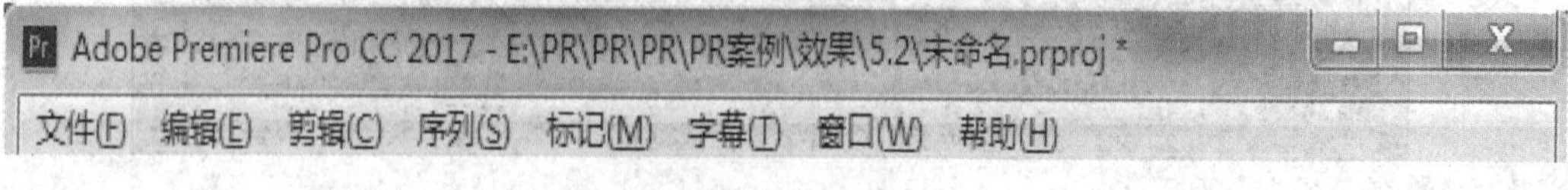

图 6-9　保存文件前

图 6-10　保存文件后

(6) 在项目窗口中将“下雪.avi”素材文件拖至时间轴窗口中的视频 2 轨道中，移到“微风拂柳”素材后面，如图 6-11 所示。

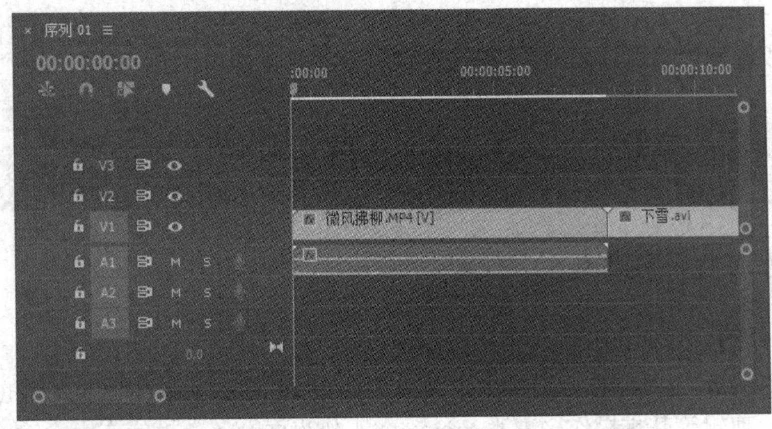

图 6-11　添加素材到时间轴

(7) 执行菜单栏中的“文件”→“导出”→“媒体”命令，在“导出设置”对话框中按如图 6-12 所示设置各项参数。

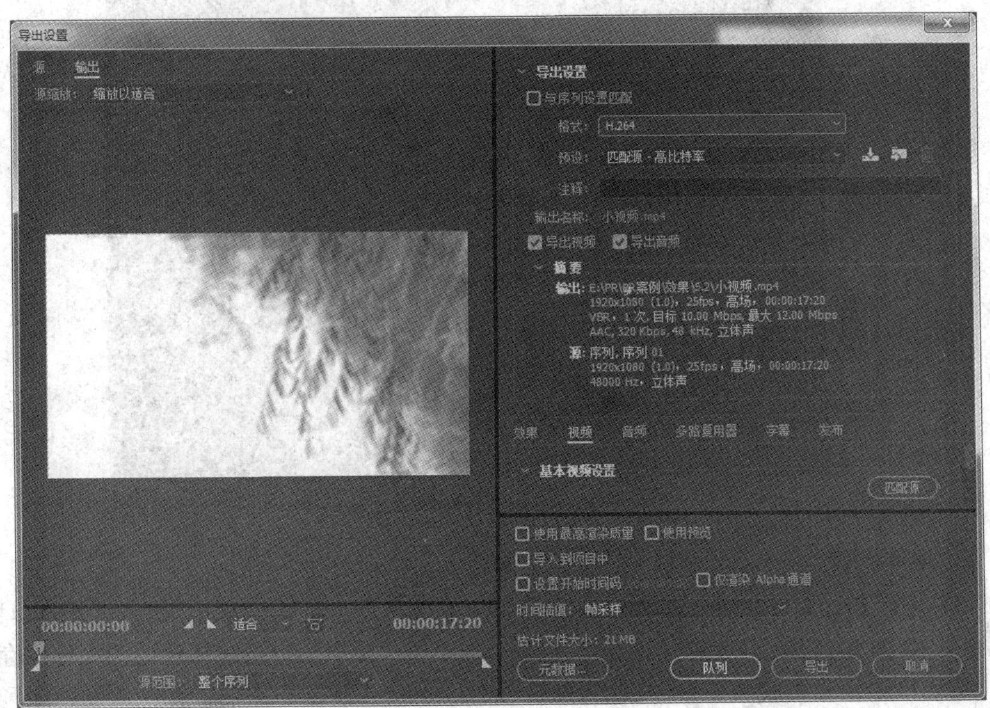

图 6-12　导出设置

(8) 单击“导出”按钮，文件即开始编码生成，如图 6-13 所示。

图 6-13　导出进程

(9) 生成影片“小视频.mp4”，通过视频播放器打开即可浏览视频效果。

6.3　视频处理实例

6.3.1　制作海底鲨鱼动画

1. 案例目的

运用 Premiere 工具制作合成动画，效果如图 6-14 所示。通过对本案例的学习，掌握视频的插入、剪辑等基本操作，熟悉 Premiere 工作界面及各面板的作用。

图 6-14　栏目片头效果图

2. 操作步骤

(1) 运行 Premiere 软件，在软件欢迎界面中单击“新建项目”按钮，进入“新建项目”对话框，如图 6-15 所示。选择“常规”选项卡，单击“浏览”按钮选择合适的文件保存位置，将名称改为“海底鲨鱼”，其他为默认设置。单击“确定”按钮，打开“新建序列”对话框，“序列预设”选择“标准 48kHz”，如图 6-16 所示。在“设置”选项卡中进行各项参数的设置，如图 6-17 所示。

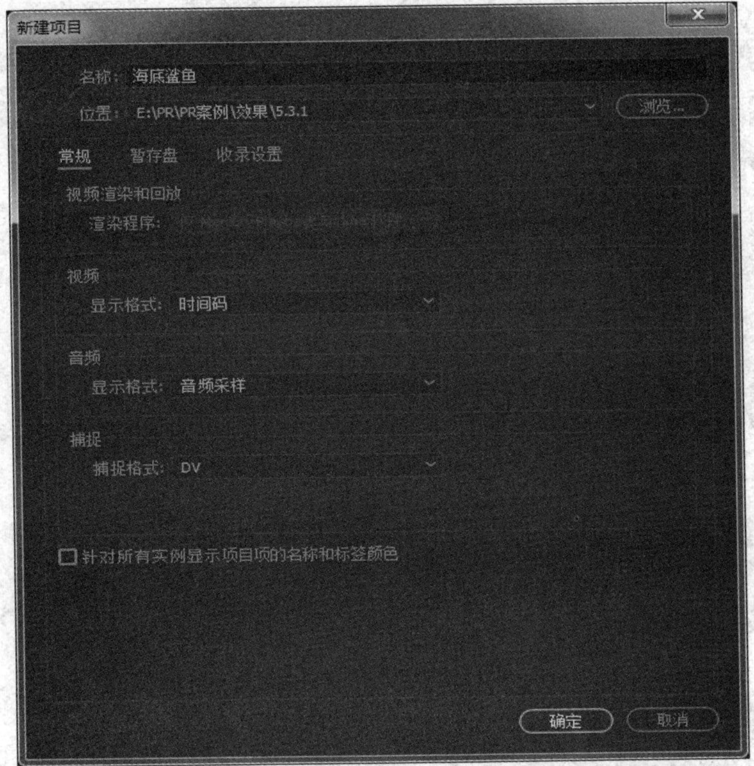

图 6-15　新建项目

图 6-16　新建序列

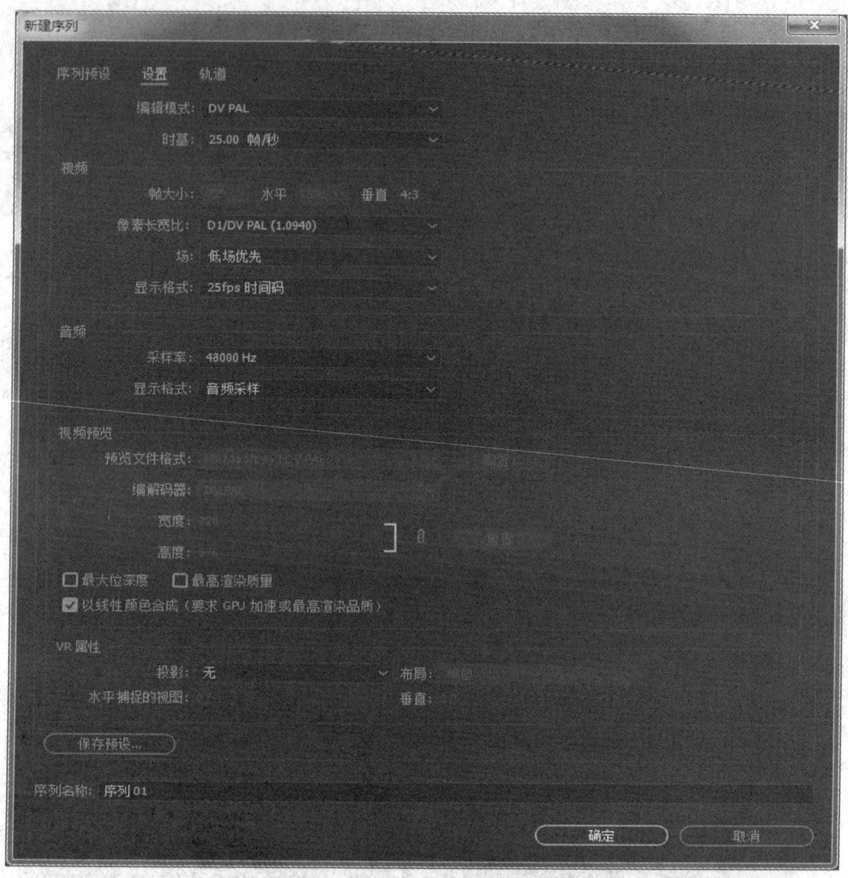

图 6-17　新建序列“设置”选项参数

(2) 执行“文件”→“导入”命令，将素材文件夹中的“海底.mov”、“气泡.png”以及“鲨鱼序列”导入到项目窗口中。导入“鲨鱼序列”时，要先打开“鲨鱼序列”文件夹，勾选左下角的“图像序列”选项，选中第一张图片“鲨鱼-001.png”，如图 6-18 所示，单击“打开”按钮即可导入鲨鱼的图像序列，完成后项目窗口如图 6-19 所示。

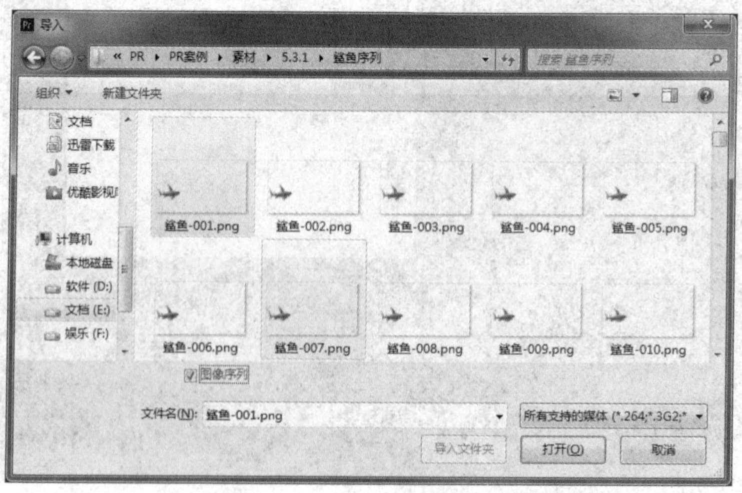

图 6-18　导入“鲨鱼序列”

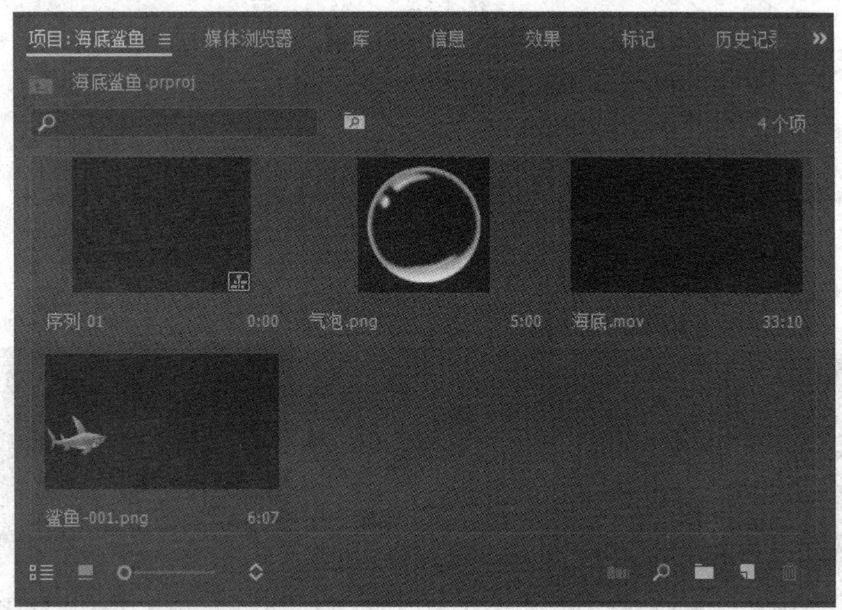

图 6-19　在项目面板显示导入素材

(3) 将项目窗口中的“海底.mov”素材拖放至左上方的“源监视器”中，将时间指针移动到“00:00:08:00”处，单击下方的“标记入点”按钮，标记视频的入点，再将时间指针移动到“00:00:17:00”处，单击下方的“标记出点”按钮，标记视频的出点，效果如图 6-20 所示。

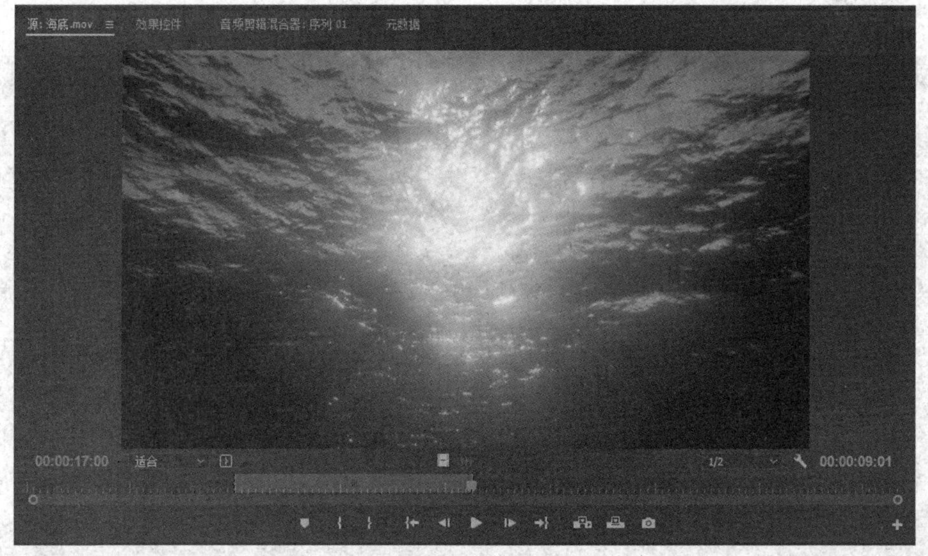

图 6-20　新建入点和出点

(4) 点击时间轴上方的“仅拖动视频”按钮，将选好入点和出点的视频文件拖到“V1”轨道上，在弹出的“剪辑不匹配警告”窗口中取消“始终询问”的勾选，选择“更改序列设置”，如图 6-21 所示，时间轴效果如图 6-22 所示。点击时间轴上的“缩放工具”按钮，重复单击轨道可将界面放大，效果如图 6-23 所示。

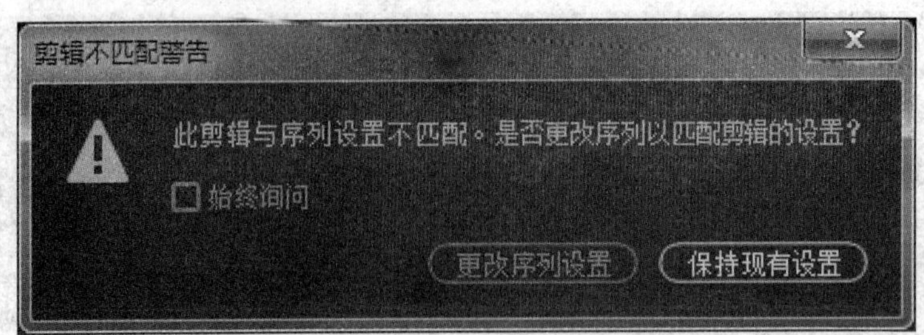

图 6-21　警告选项

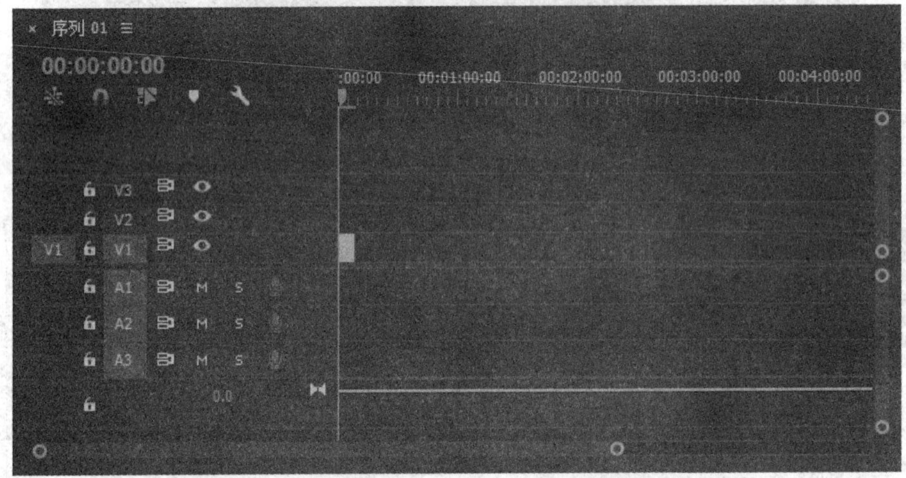

图 6-22　时间轴效果图

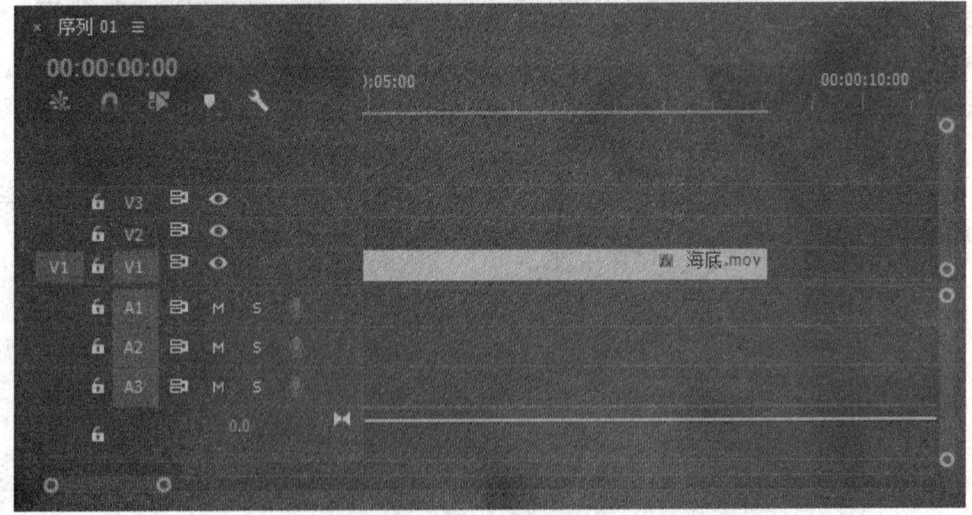

图 6-23　放大时间轴效果图

(5) 右击项目窗口中的“鲨鱼-001.png”图片序列，选择“重命名”，改为“鲨鱼”。拖到“V2”轨道上，起点为第 0 帧，点击鼠标右键，选择“速度/持续时间”选项，在弹出的“剪辑速度/持续时间”窗口中将“速度”设置为“60%”，单击“确定”按钮，如图 6-24 所示。

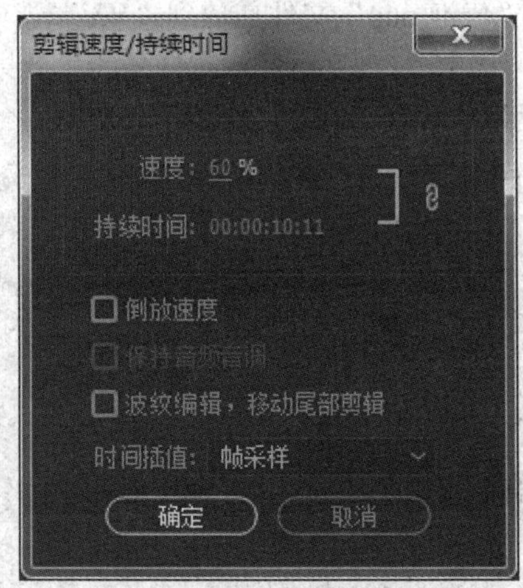

图 6-24　设置素材持续时间

(6) 将时间指针移动到“00:00:09:01”处，选择工具箱中的“剃刀工具”，沿着时间线单击“鲨鱼”视频素材，即可将视频文件切为两段，效果如图 6-25 所示。

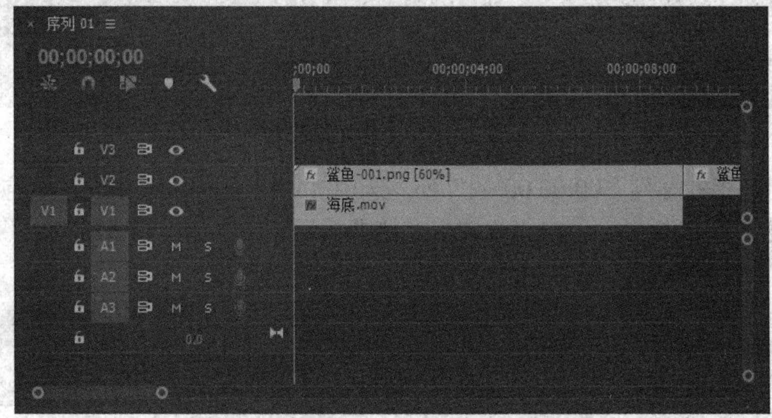

图 6-25　剪切素材

(7) 选择工具箱中的“选择工具”，选中鲨鱼视频切断的后半段文件，按“Delete”键，将后半段视频删除，得到的效果如图 6-26 所示。

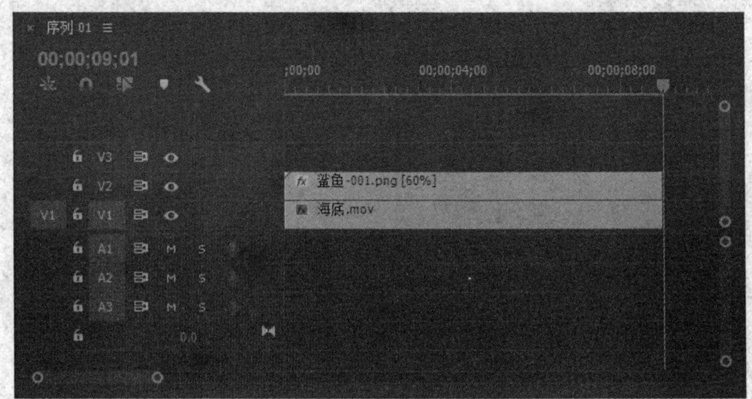

图 6-26　删除素材

(8) 将项目窗口中的“气泡.png”文件拖放到“V3”视频轨道上，设置“速度/持续时间”值为“00:00:09:01”。选中“气泡.png”，在打开的“效果控件”面板中，将“运动”选项下的“缩放”值设置为“10”，如图 6-27 所示。

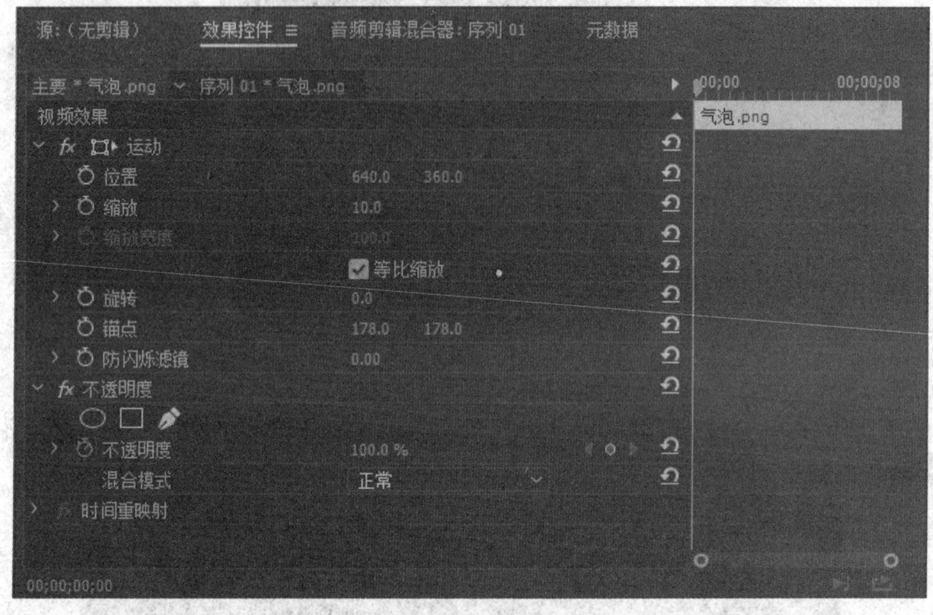

图 6-27　设置“缩放”参数

(9) 将时间指针移到“00:00:00:00”处，选中“V3”视频轨道中的“气泡.png”，在打开的“效果控件”面板中，单击“位置”左侧的按钮，添加一个关键帧，将“位置”值设置为“1070.0　690.0”，如图 6-28 所示。

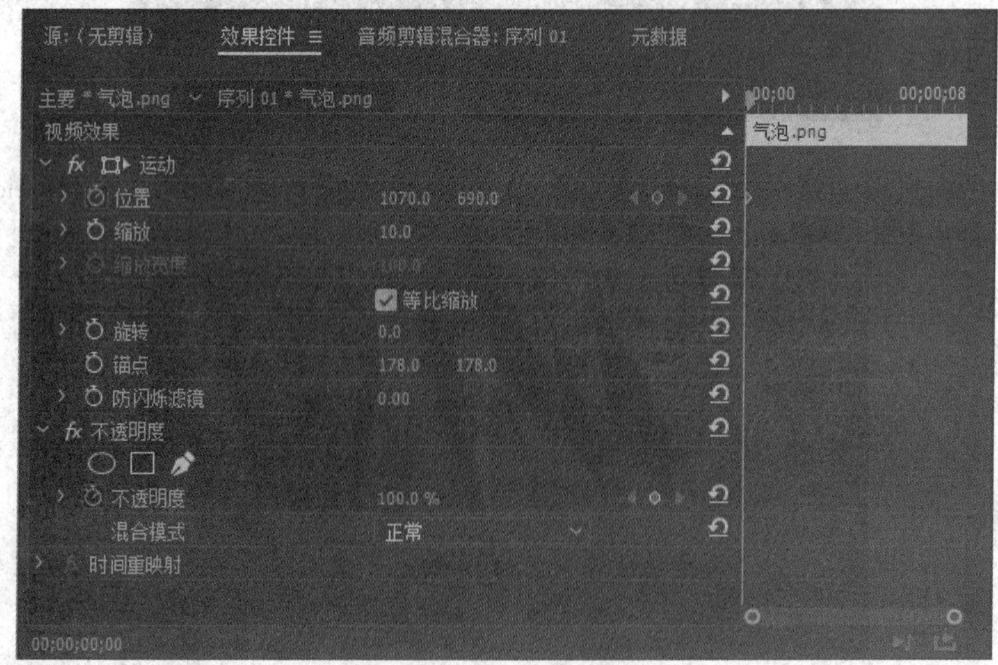

图 6-28　设置“气泡”位置

(10) 将时间线移到“00:00:09:01”帧位置处，将“位置”的参数值修改为“45.0　35.0”如图 6-29 所示，系统将自动添加一个关键帧。经过上述步骤，完成“V3”轨道的“气泡.png”由下到上运动的效果。

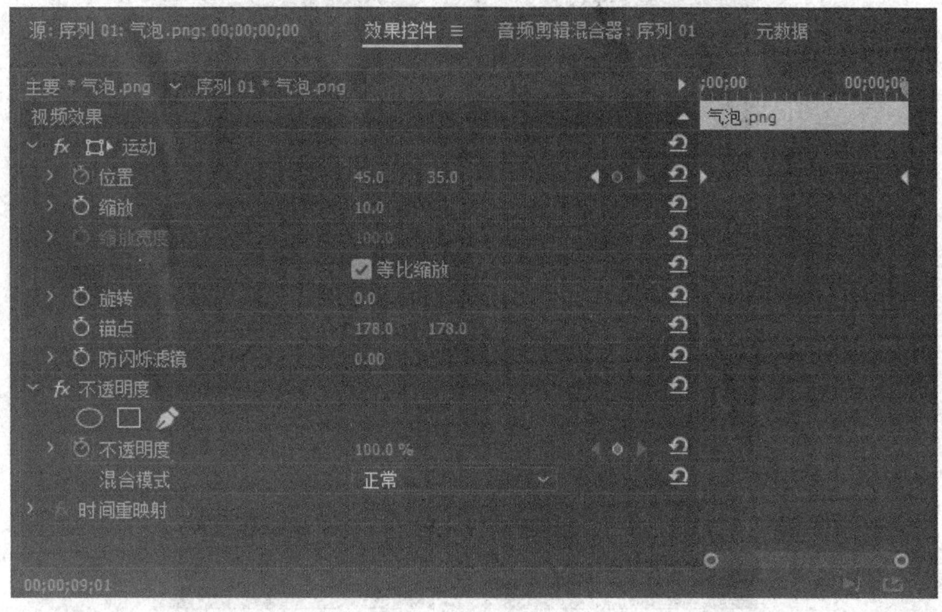

图 6-29　添加关键帧及修改“位置”参数

(11) 在“V3”视频轨道上右击鼠标，在弹出的选项中选择“添加单个轨道”，时间轴窗口将会新增“V4”轨道，如图 6-30 所示。将项目窗口中的“气泡.png”文件拖放到新增加的“V4”轨道上，并设置“速度/持续时间”值为“00:00:09:01”。右击“V3”轨道上的“气泡.png”，选择“复制”，然后右击“V4”轨道上“气泡.png”，选择“粘贴属性”，在弹出的窗口中勾选“运动”，如图 6-31 所示。

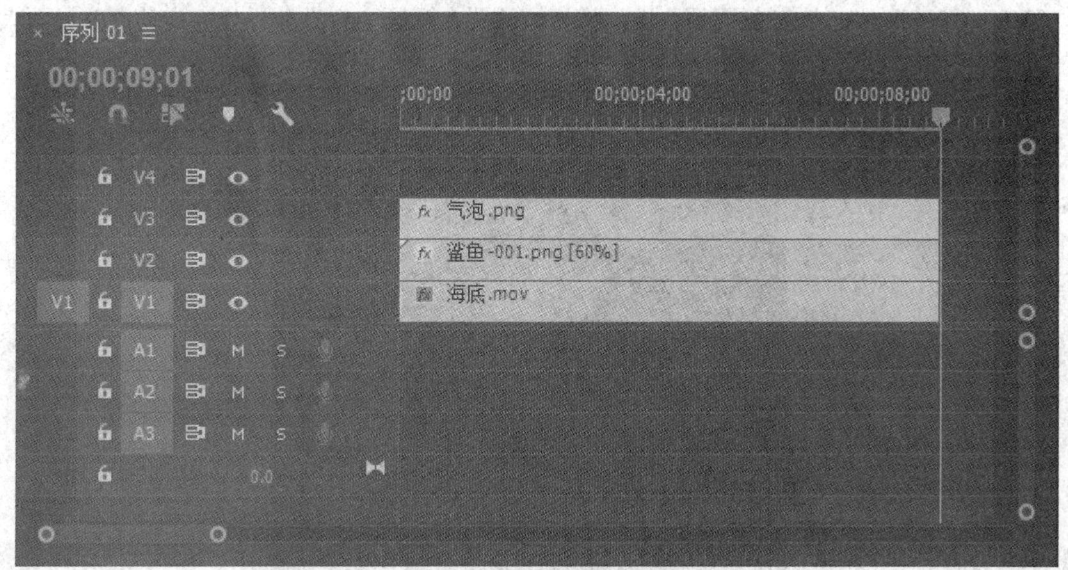

图 6-30　添加视频轨道

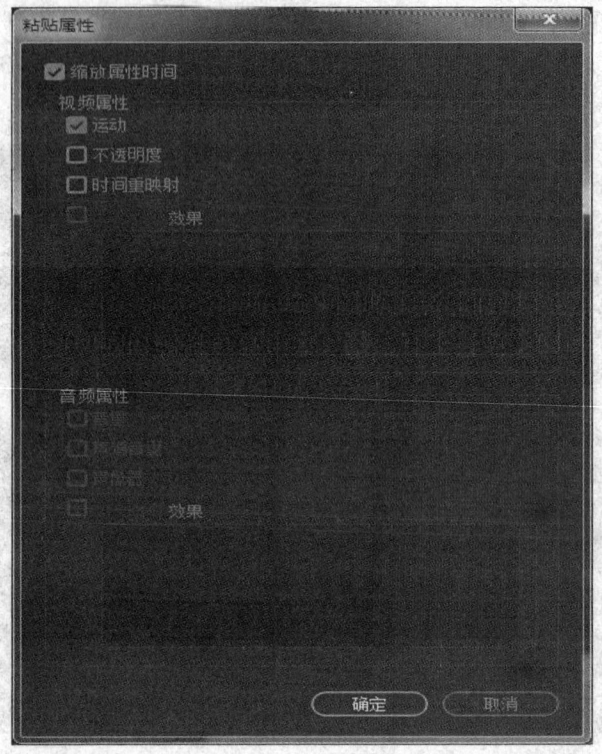

图 6-31　粘贴属性

(12) 单击“V4”轨道上的“气泡.png”，打开“效果控制”面板，将时间线分别移到“00:00:00:00”帧和“00:00:09:01”帧位置处，添加关键帧并且将“位置”值分别调到“45　690”，“45　35”。

(13) 右击“V4”轨道上方，选择添加轨道，在弹出的“添加轨道”面板中，设置“添加：3 视频轨道”并将“放置”选项设置为“视频 4 之后”，如图 6-32 所示。得到新增的“V5”、“V6”、“V7”三条视频轨道，将光标放置在视频与音频分界处，拖动调整界面大小，效果如图 6-33 所示。

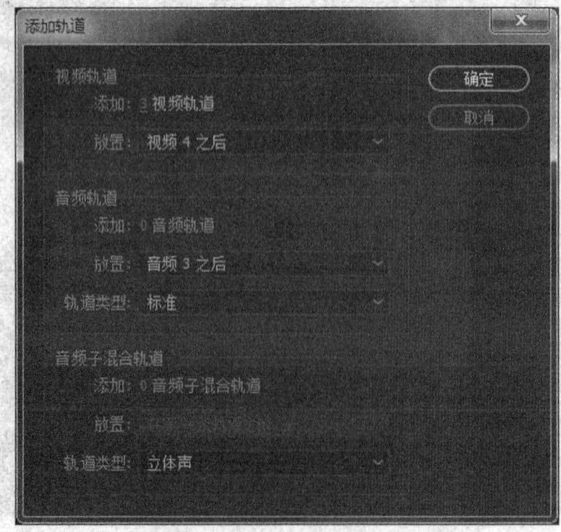

图 6-32　添加多条视频轨道

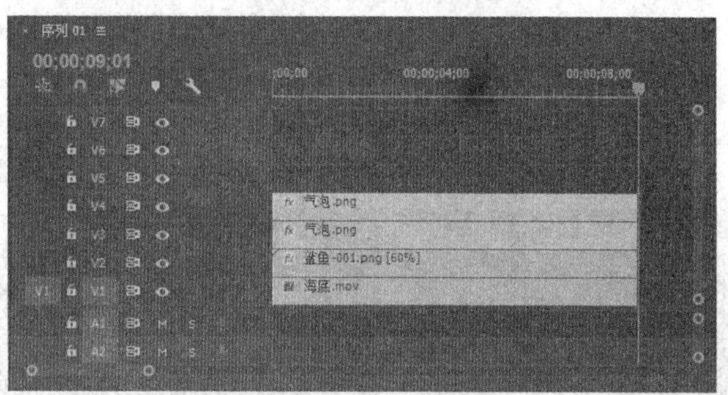

图 6-33　调整时间轴界面

(14) 将项目窗口中的“气泡.png”分别拉到轨道“V5”、“V6”、“V7”，将其“缩放”设置为“10”，时间起点分别为“00:00:02:00”、“00:00:04:00”、“00:00:06:00”，持续时间分别为“00:00:07:01”、“00:00:05:01”、“00:00:03:01”。效果如图 6-34 所示。

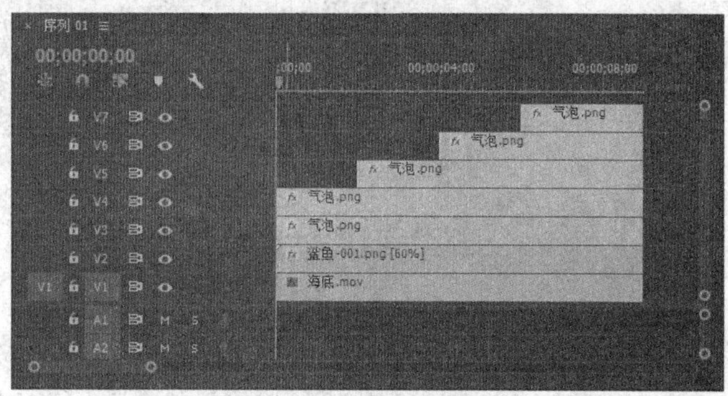

图 6-34　设置素材起始点

(15) 在特效控制台的“位置”选项将“V5”轨道上的“气泡.png”的“00:00:02:00”、“00:00:05:00”、“00:00:09:00”三个帧的“位置”参数依次设置为“460.0　700.0”、“550.0 和 550.0”、“400.0　250.0”。同理将“V6”轨道上的“气泡.png”的“00:00:04:00”、“00:00:09:00”两个帧的位置参数依次设置为“800.0　700.0”、“500.0　250.0”。将“V7”轨道上的“气泡.png”的“00:00:06:00”、“00:00:09:00”两个帧的“位置”参数依次设置为“430.0　700.0”、“500.0　550.0”。完成所有上述步骤，将得到如图 6-35 所示的效果。

图 6-35　设置素材位置关键帧后的效果图

(16) 执行“文件”→“保存”命令，将项目文件“海底鲨鱼.prproj”保存到指定文件夹中。选择“序列 01”，执行“文件”→“导出”→“媒体”命令，将输出名称改为“海底鲨鱼”，源范围选择“整个序列”，其他参数为默认，如图 6-36 所示。完成上述操作后，点击“导出”按钮，文件开始编码生成，如图 6-37 所示。

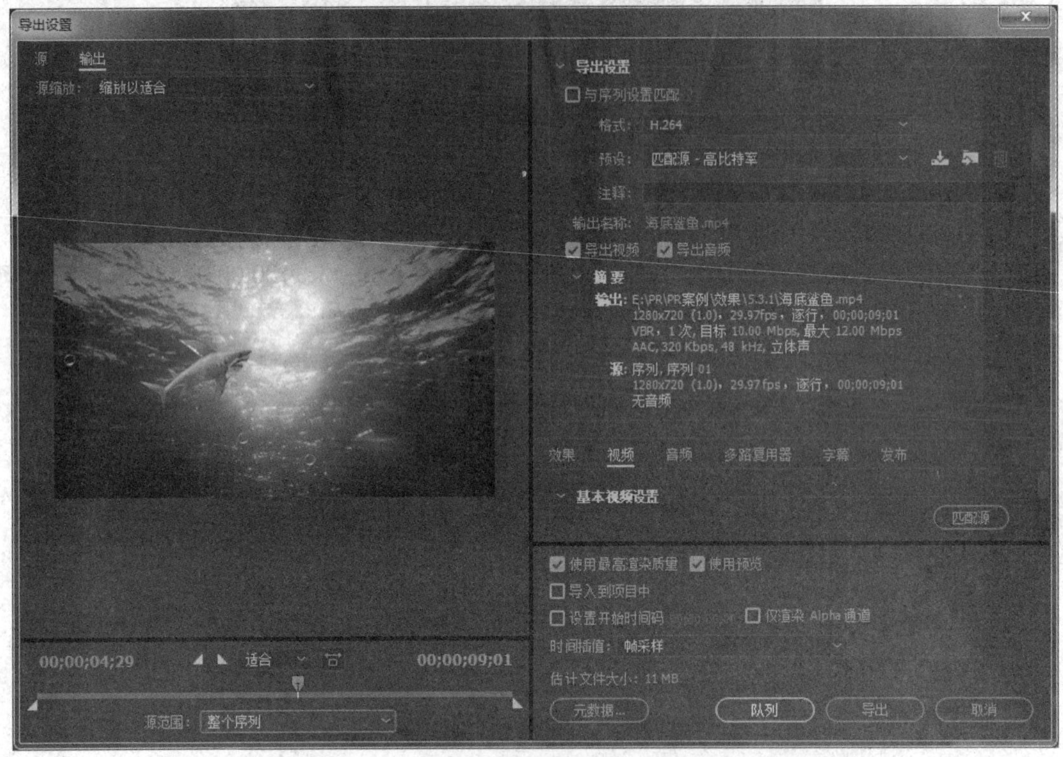

图 6-36　导出序列

图 6-37　导出界面

(17) 执行“文件”→“退出”命令，退出软件。在视频播放器中打开上述制作好的“海底鲨鱼”视频文件，浏览最终效果。

6.3.2　制作电子相册

1. 案例目的

运用 Premiere 工具制作一个电子相册，效果如图 6-38 所示。通过对本案例的学习，熟练掌握视频特效和视频切换效果的添加，熟悉帧技术及特效控制台的应用。

图 6-38　电子相册效果图

2. 操作步骤

(1) 运行 Premiere 软件，在软件欢迎页面中单击“新建项目”按钮，进入“新建项目”对话框。将文件命名为“电子相册”，选择合适的文件保存路径，其他为默认设置，单击“确定”按钮。

(2) 执行“文件”→“新建”→“序列”命令，在弹出的“新建序列”对话框中，选择“设置”选项卡进行各项参数的设置，如图 6-39 所示。单击“确定”按钮，打开 Premiere 工作界面。

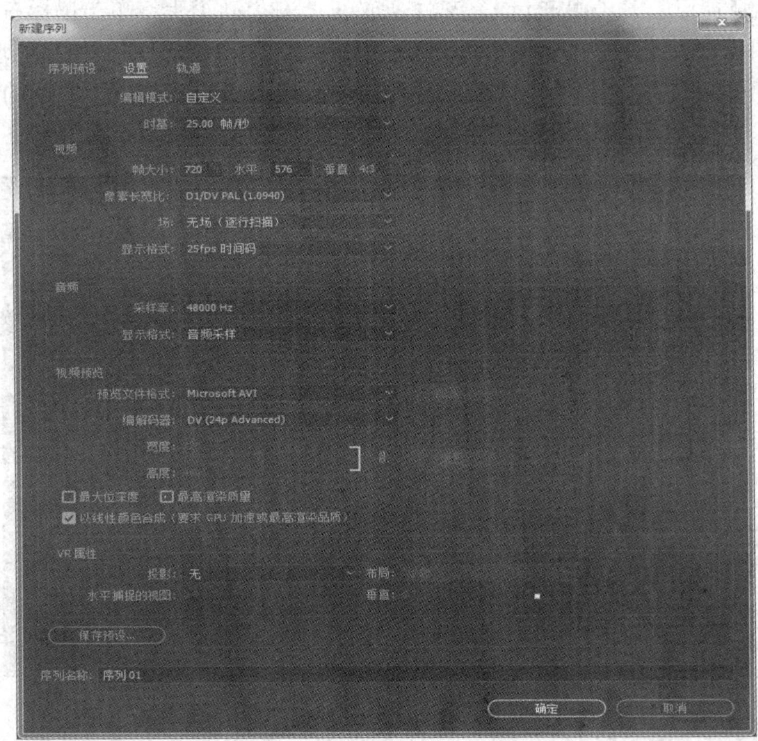

图 6-39　新建序列参数设置

(3) 执行 “文件”→“导入”命令，将素材文件夹中的“背景.mp4”、“照片 1.jpg”、“照片 2.jpg”、“照片 3.jpg”、“照片 4.jpg”、“照片 5.jpg”、“照片 6.jpg” 和 “相框.png” 文件导入到项目窗口中。

(4) 将项目窗口中的“背景.mp4”文件拖放到“V1”轨道上，若弹出“剪辑不匹配警告”提示框，则选择“更改序列设置”。在“V1”轨道上选中“背景.mp4”，单击鼠标右键，选择“剪辑速度/持续时间”，在“剪辑速度/持续时间”窗口中，设置“持续时间”为“00:00:15:00”，如图 6-40 所示。

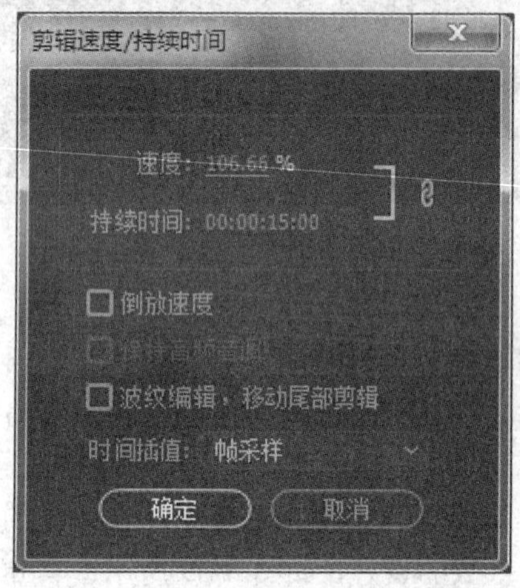

图 6-40　设置“剪辑速度/持续时间”

(5) 将项目窗口中的“相框.png”文件拖放到“V2”轨道上，单击鼠标右键选择“缩放为帧大小”，并设置“剪辑速度/持续时间”值为“00:00:03:00”。将时间指针移动到“00:00:00:00”处，选中“相框.png”，在打开的“效果控件”面板中，单击“位置”左侧的按钮，添加一个关键帧，将“运动”选项下的“缩放”值设置为“30”，如图 6-41 所示。

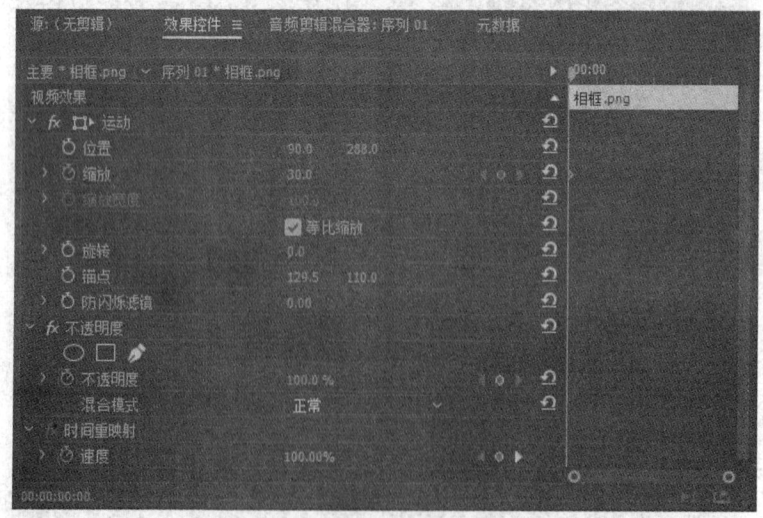

图 6-41　添加相框素材

(6) 在打开的“效果控件”面板中，单击“位置”左侧的按钮，将“位置”值设置为“90.0　288.0”，如图 6-42 所示。

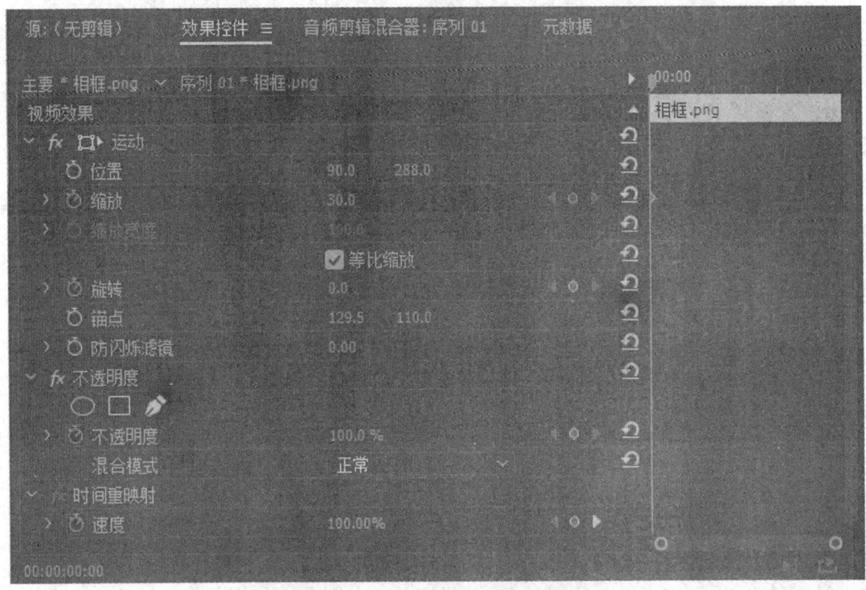

图 6-42　设置“位置”

(7) 在打开的“效果控制”面板中，单击“旋转”左侧的按钮，将“旋转”值设置为“0”，如图 6-43 所示。

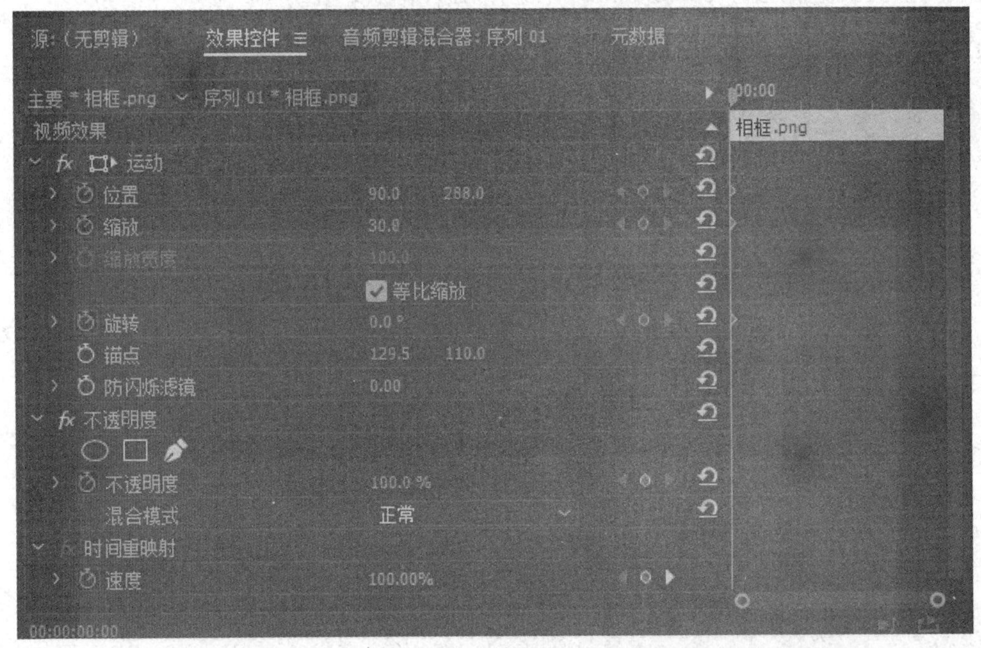

图 6-43　设置“旋转”值

(8) 将时间指针调整至“00:00:03:00”帧位置处，选中“V2”视频轨道中的“相框.png”，在打开的“效果控件”面板中，将“缩放”值修改为“80.0”，系统将自动添加一个关键帧。将“位置”值修改为“360.0　288.0”，“旋转”值修改为“-108.0”，系统将分别自动添加关键帧，如图 6-44 所示。

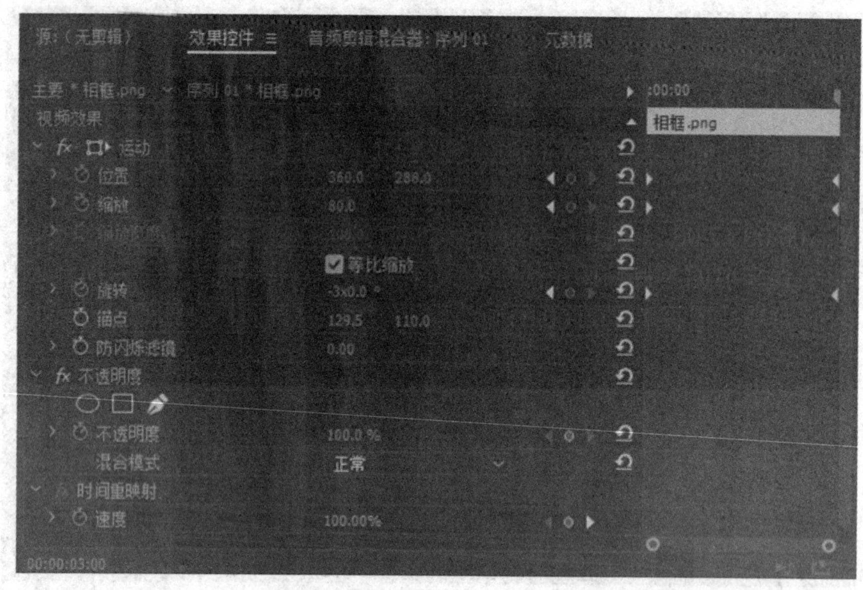

图 6-44　添加“缩放”、“位置”和“旋转”关键帧

(9) 将时间指针移动到“00:00:00:00”帧位置处，在打开的“效果控件”面板中，将“不透明度”选项下的“不透明度”值设置为“10.0%”，添加关键帧。如图 6-45 所示。再次将时间指针移动到“00:00:03:00”帧位置处，将“不透明度”修改为“80.0%”，添加关键帧。

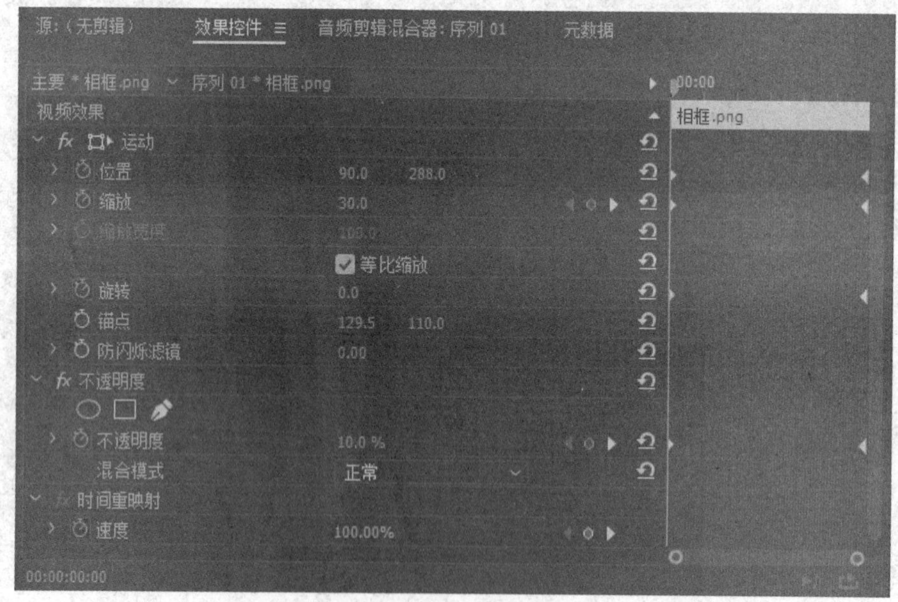

图 6-45　设置“不透明度”

(10) 将项目窗口的“相框.png”拖动到“V3”轨道，更改其设置为“缩放为帧大小”，并设置“剪辑速度/持续时间”值为“00:00:03:00”。将时间指针调到“00:00:00:00”帧位置处，打开“效果控件”面板，分别点击“运动”选项中的“位置”、“缩放”和“旋转”左侧的关键帧按钮 ，并将参数分别设置为“630.0　288.0”、“30.0”以及“0.0”。然后将时间指针调到“00:00:03:00”处将“位置”、“缩放”和“旋转”的参数依次修改为“360.0

288.0”、“80.0”　“1080”。

(11) 将时间指针调到“00:00:00:00”帧位置处，将“不透明度”设置为“10.0%”，添加关键帧。再次将时间指针调到“00:00:03:00”帧位置处，将“不透明度”修改为“80.0%”。此时效果如图 6-46、图 6-47 所示。

图 6-46　效果图 1

图 6-47　效果图 2

(12) 将时间指针调整至“00:00:03:00”帧位置处，将项目窗口的“相框.png”拖放至“V2”轨道，与之前的素材首尾相接。右击设置为“缩放为帧大小”，“剪辑速度/持续时间”设置为“00:00:12:00”。打开“效果控件”面板，将“运动”选项下的“缩放”参数设置为“80.0”。

(13) 将时间指针调整至“00:00:03:00”处，将项目窗口中的“图片 1.jpg”、“图片 2.jpg”、“图片 3.jpg”、“图片 4.jpg”、“图片 5.jpg”和“图片 6.jpg”依次拖放到“V3”轨道上，设置所有图片的“剪辑速度/持续时间”均为“00:00:02:00”，并设置为“缩放为帧大小”，使素材之间首尾相连，如图 6-48 所示。

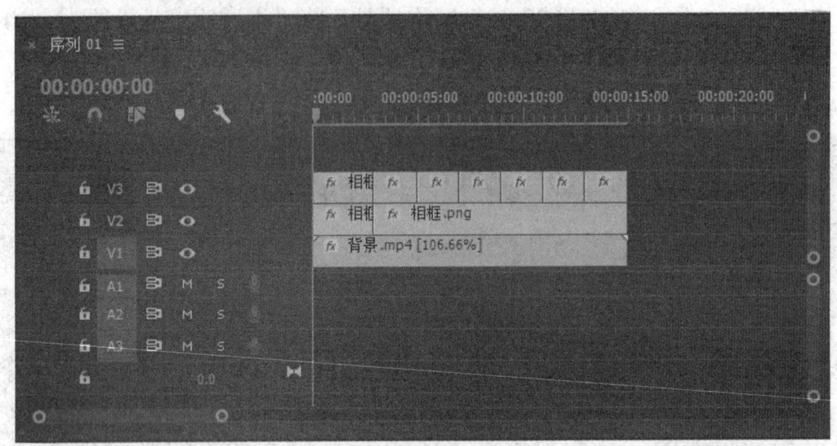

图 6-48　拖放素材

(14) 单击“图片 1.jpg”，打开“效果控件”面板，取消“运动”选项下“缩放”中的“等比缩放”选项的勾选。“缩放高度”设置为“63.0”，“缩放宽度”设置为“57.0”，如图 6-49 所示。

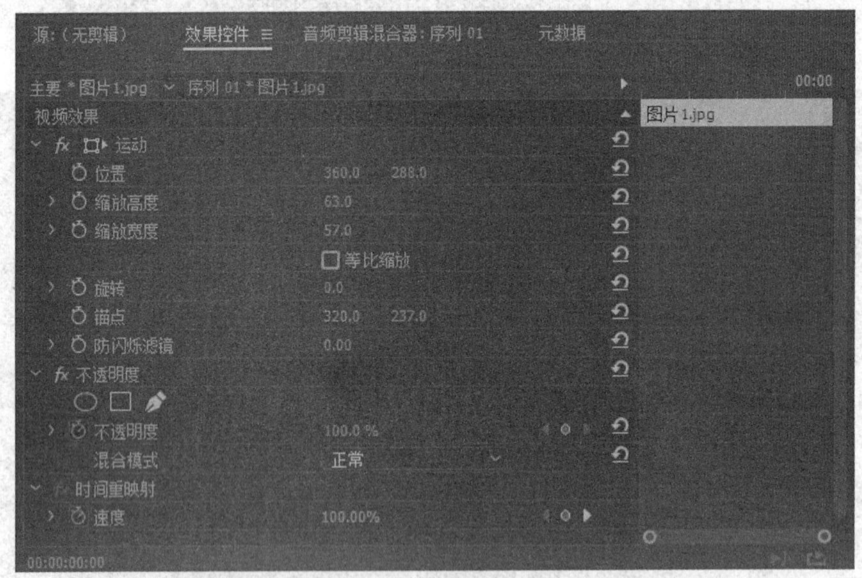

图 6-49　设置“缩放高度”和“缩放宽度”

(15) 用同样的方法取消“图片 2.jpg”、“图片 3.jpg”、“图片 4.jpg”、“图片 5.jpg”和“图片 6.jpg”中“等比缩放”的勾选。将“图片 2.jpg”的“缩放高度”设置为“53.0”，“缩放宽度”设置为“51.0”；将“图片 3.jpg”的“缩放高度”设置为“63.0”，“缩放宽度”设置为“43.0”；将“图片 4.jpg”的“缩放高度”设置为“57.0”，“缩放宽度”设置为“56.0”；将“图片 5.jpg”的“缩放高度”设置为“63.0”，“缩放宽度”设置为“51.0”；将“图片 6.jpg”的“缩放高度”设置为“63.0”，“缩放宽度”设置为“57.0”。

(16) 在效果面板中，执行“视频过渡”→“擦除”命令，拖动“水波块”特效到“视频 3”轨道中的“图片 1.jpg”和“图片 2.jpg”的连接处，为其添加视频切换效果。单击添加进来的“水波块”切换效果，打开“效果控件”面板。设置“剪辑速度/持续时间”为 00:00:01:00，勾选“显示实际来源”复选框，观察实际画面效果，如图 6-50 所示。

图 6-50　加入“水波块”特效

(17) 在效果面板中，执行“视频过渡”→“划像”命令，拖动“圆划像”特效到“V2”视频轨道中的“图片 2.jpg”和“图片 3.jpg”的连接处，为其添加视频切换效果，设置“剪辑速度/持续时间”为“00:00:01:00”，观察实际画面效果。用相同的方式在“图片 3.jpg”和“图片 4.jpg”的连接处添加“油漆飞溅”效果。

(18) 在效果面板中，执行“视频效果”→“模糊与锐化”命令，拖动“高斯模糊”特效到“V2”轨道中的“图片 4.jpg”上。将时间指针调整至“00:00:10:12”帧位置处，选中“图片 4.jpg”，在“效果控件”面板中，单击“模糊度”左侧的按钮 ，添加关键帧，将“模糊度”值设置为“0.0”， 如图 6-51 所示。将时间指针调整到“00:00:11:00”帧位置处，修改“模糊度”的参数值为“30.0”。

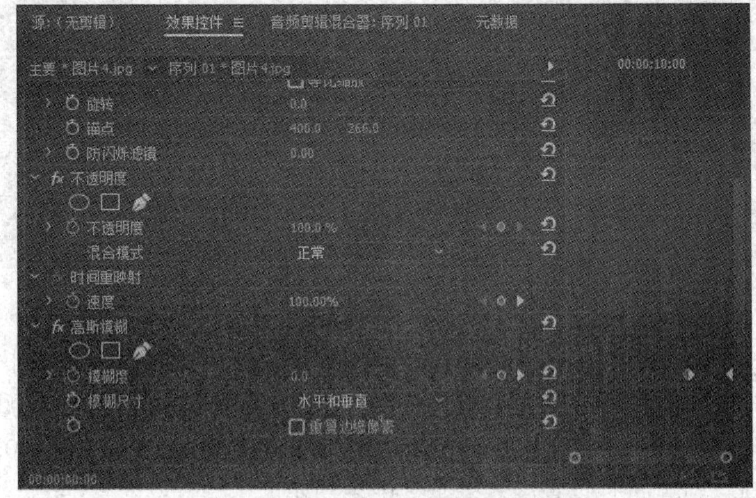

图 6-51　设置“高斯模糊”特效参数

(19) 在效果面板中，拖动“高斯模糊”特效到“V2”轨道中的“图片 5.jpg”上。将时间指针调整至“00:00:11:00”帧位置处，选中“图片 5.jpg”，在“效果控件”面板中，单击“模糊度”左侧的按钮 ，添加关键帧，将“模糊度”值设置为“30.0”。将时间调整到“00:00:11:12”处，修改“模糊度”的参数值为“0.0”。

(20) 在效果面板中，执行“视频过渡”→“擦除”命令，拖动“渐变擦除”特效到“V2”轨道中的“图片 5.jpg”和“图片 6.jpg”的连接处，柔和度设置为“10”，如图 6-52 所示，单击“确定”按钮。打开“效果控制”面板，设置切换长度为“00:00:01:00”，勾选“显示实际来源”复选框，观察实际画面效果。

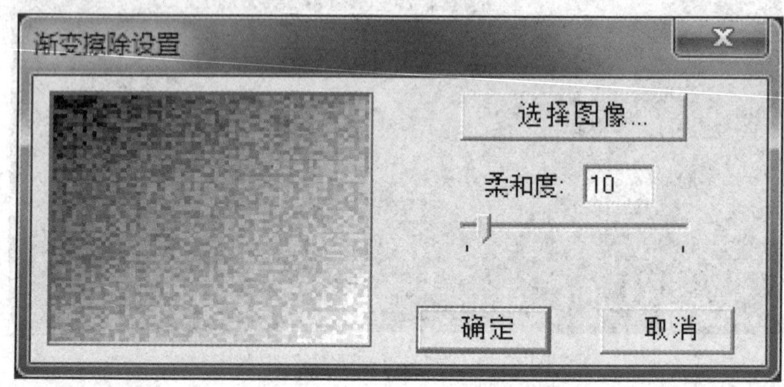

图 6-52　设置“渐变擦除”柔和度

(21) 将项目窗口中的“背景音乐”拖动至“A1”轨道，效果如图 6-53 所示。

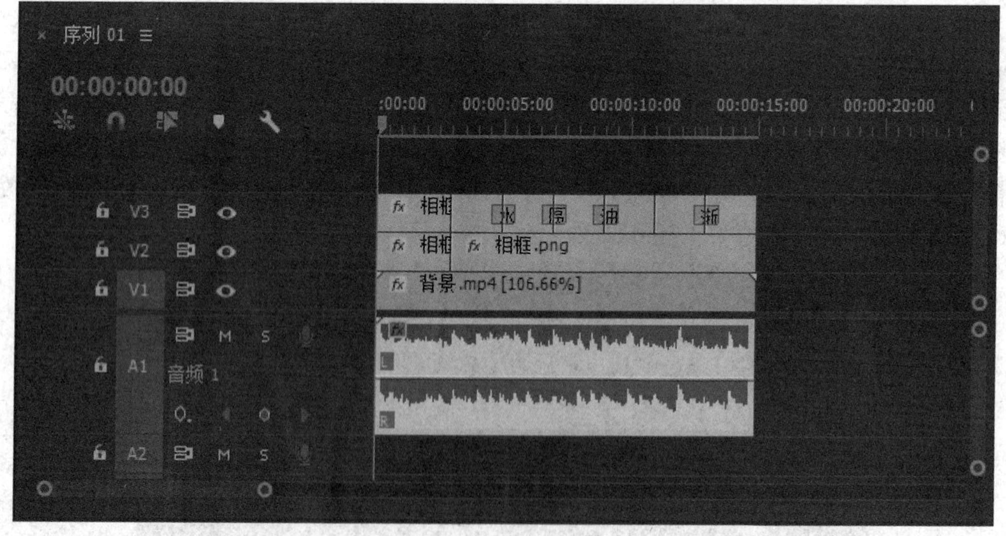

图 6-53　拖动分界线

(22) 将时间指针调整至“00:00:00:00”帧位置处，在“A1”音频轨道上单击“添加-移除关键帧”按钮 ，添加关键帧，同时将时间指针调整至“00:00:00:20”帧位置处，添加关键帧，选择“00:00:00:00”处帧，将帧向下移动。同理对“00:00:14:04”处帧和“00:00:15:00”处帧进行设置，效果如图 6-54 所示。

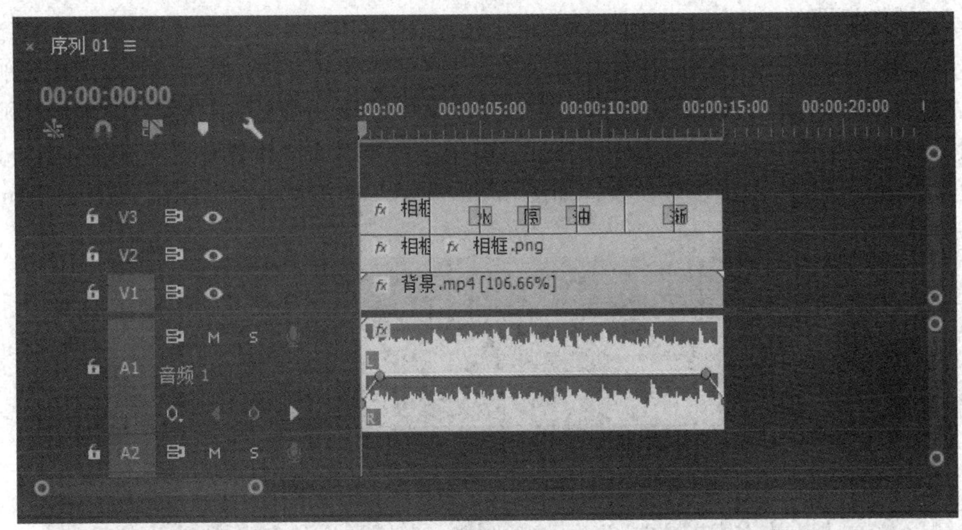

图 6-54　调整后时间轴界面效果图

(23) 执行“文件”→“保存”命令，将项目文件“电子相册.prproj”保存到指定文件夹中。选择“序列 01”，执行“文件”→“导出”→“媒体”命令，将输出名称改为“电子相册”，源范围选择“整个序列”，其他参数为默认。完成上述操作后，点击“导出”按钮。

(24) 在视频播放器中打开上述制作好的“电子相册”视频文件，浏览最终效果。

6.3.3　新闻播报

1. 案例目的

运用 Premiere 工具合成新闻播报视频，效果如图 6-55 所示。通过对本案例的学习，熟练掌握抠像技术及字幕的添加和应用。

图 6-55　新闻播报效果图

2. 操作步骤

(1) 运行 Premiere 软件，在软件欢迎页面中单击“新建项目”按钮，进入“新建项目”对话框。命名为“新闻播报”，选择合适的文件保存路径，其他为默认设置，单击“确定”按钮。执行“文件”→“新建”→“序列”命令，在弹出的“新建序列”对话框中，选择“设置”选项卡进行各项参数设置，如图 6-56 所示。单击“确定”按钮，打开 Premiere 工作界面。

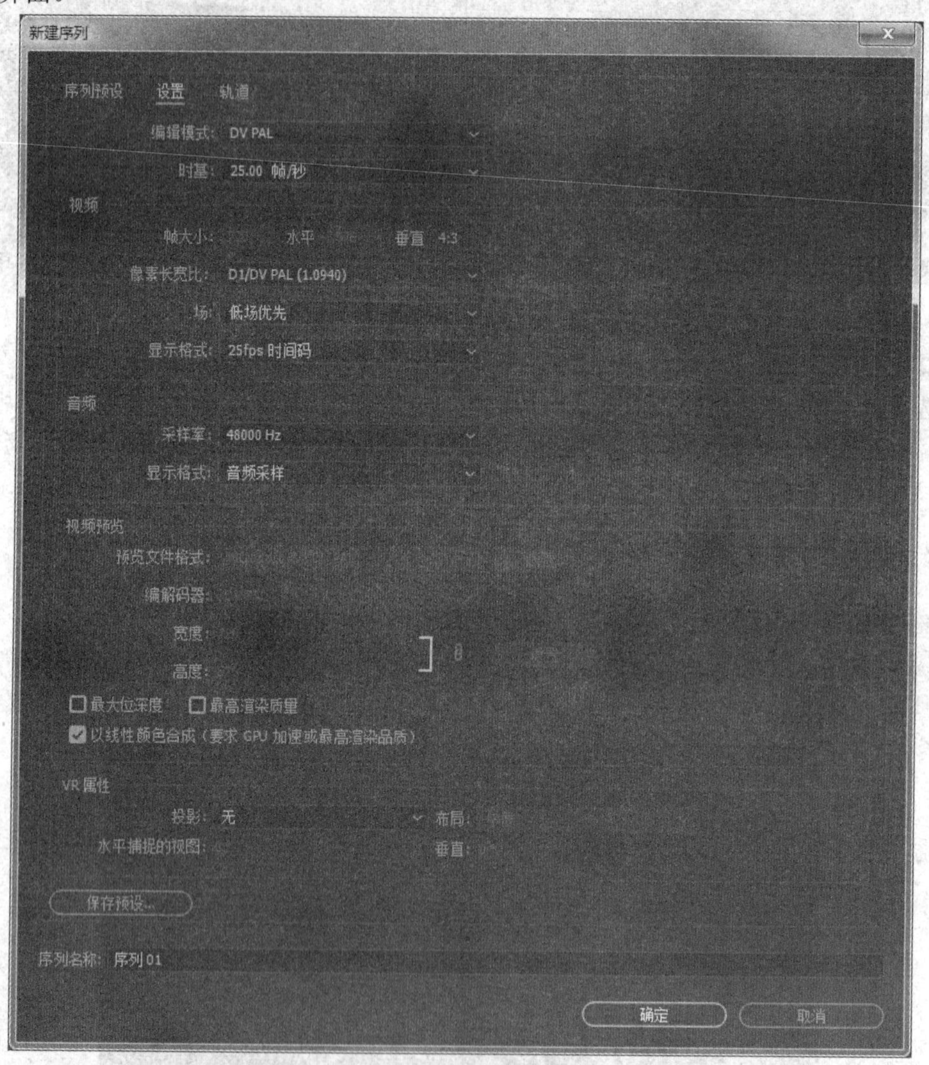

图 6-56　新建序列

(2) 执行 “文件”→“导入”命令，将素材文件夹中的“背景 1.mp4”、“背景 2.mp4”、“主持人.mp4”、“配音.mp3”和“光效”文件导入到项目窗口中。打开“光效”文件夹时，选择第一张图片，勾选“图像序列”选项，单击“打开”按钮。在项目窗口中右击“第五场景光单独 0000.tga”，选择“重命名”命令，设置为“光效”。

(3) 把项目窗口中的“光效”素材文件拖动至“V1”轨道上，右击选择“剪辑速度/持续时间”，设置“剪辑速度/持续时间”为“00:00:05:00”。

(4) 执行“字幕”→“新建字幕”→“默认滚动字幕”命令，在弹出的“新建字幕”

窗口中，设置“像素长宽比”为“方形像素(1.0)”，命名为“字幕 01”，如图 6-57 所示，单击“确定”按钮。

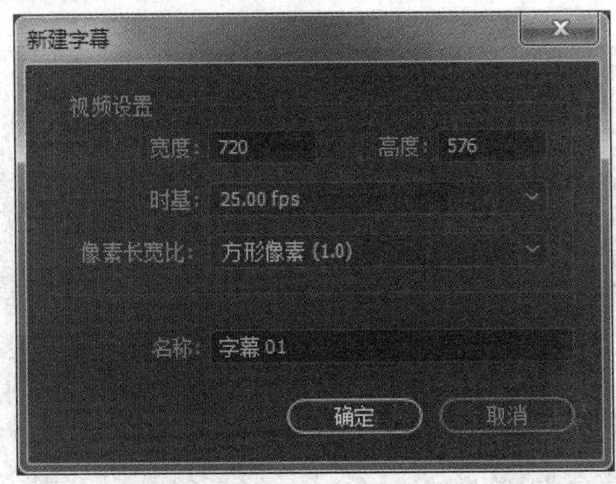

图 6-57　新建字幕

(5) 选择“文字工具”按钮 T，在保护区域内输入“新闻”，将右边字幕属性中的“X 位置”设置为“185.0”，“Y 位置”设置为“290.0”，字幕样式设置为“Arial Black yellow orange gradient”，“字体”设置为“黑体”，如图 6-58 所示。

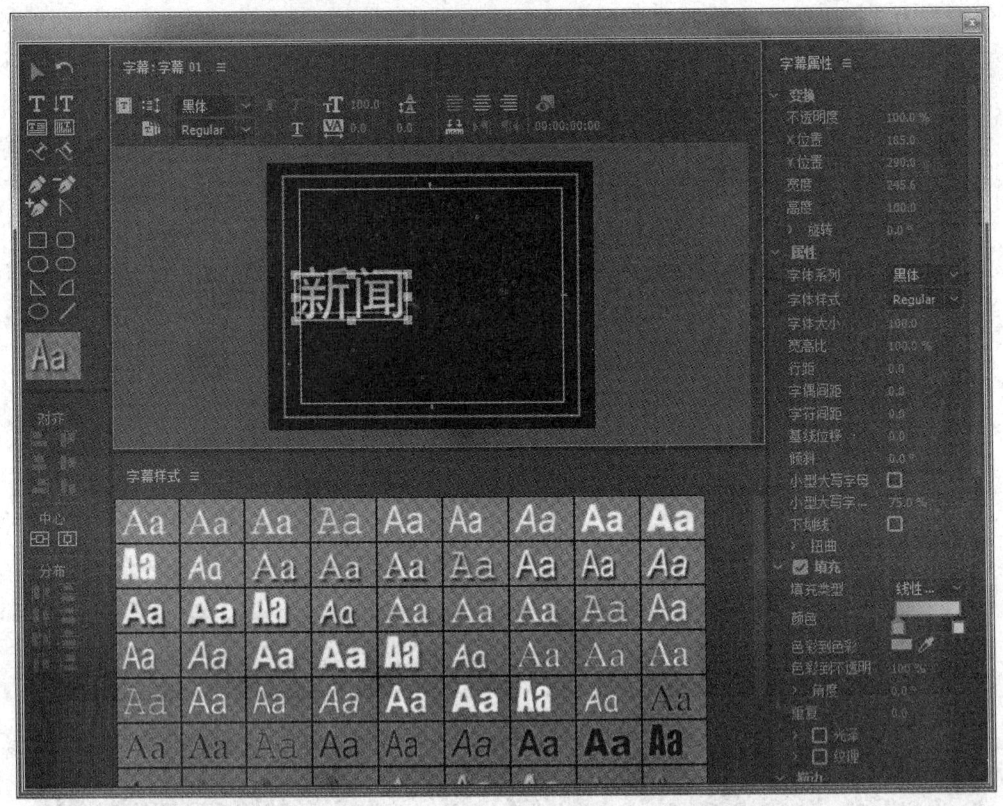

图 6-58　添加文字

(6) 点击字幕左上角的“滚动/游动选项”按钮 ，在弹出的“滚动/游动选项”面板中选择“向右游动”，勾选“开始于屏幕外”，将“过卷”设置为“20”，如图 6-59 所示，单击“确定”按钮。

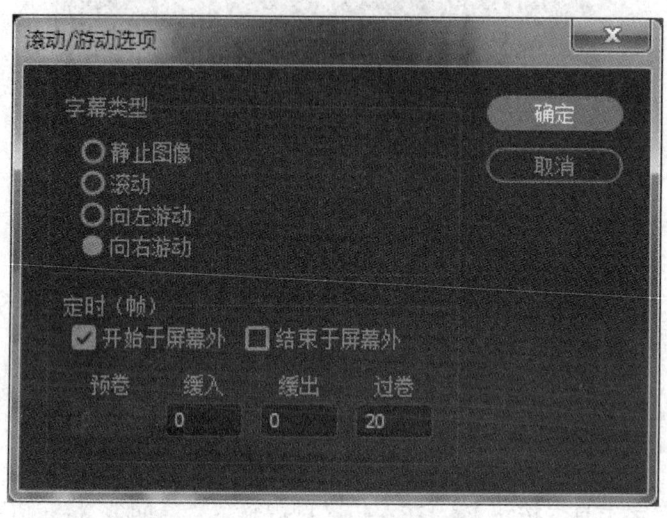

图 6-59　设置文字属性

(7) 新建字幕 02，输入“播报”，将该文字内容的“X 位置”设置为“520.0”，“Y 位置”设置为“290 .0”，字幕样式设置为“Arial Black yellow orange gradient”，“字体”设置为“黑体”。点击左上角的“滚动/游动选项”，选择“向左游动”，勾选“开始于屏幕外”，将“过卷”设置为“20”，单击“确定”按钮。

(8) 将“字幕 01”和“字幕 02”依次拖至“V2”轨道和“V3”轨道，起点都设置为“00:00:00:00”，“剪辑速度/持续时间”都设置为“00:00:05:00”。

(9) 将项目窗口中的“背景 1.mp4”文件拖放到“V1”轨道上，将项目窗口中的“背景 2.mp4”文件拖放到“背景 1.mp4”后面，“剪辑速度/持续时间”皆设置为“00:00:05:00”，效果如图 6-60 所示。

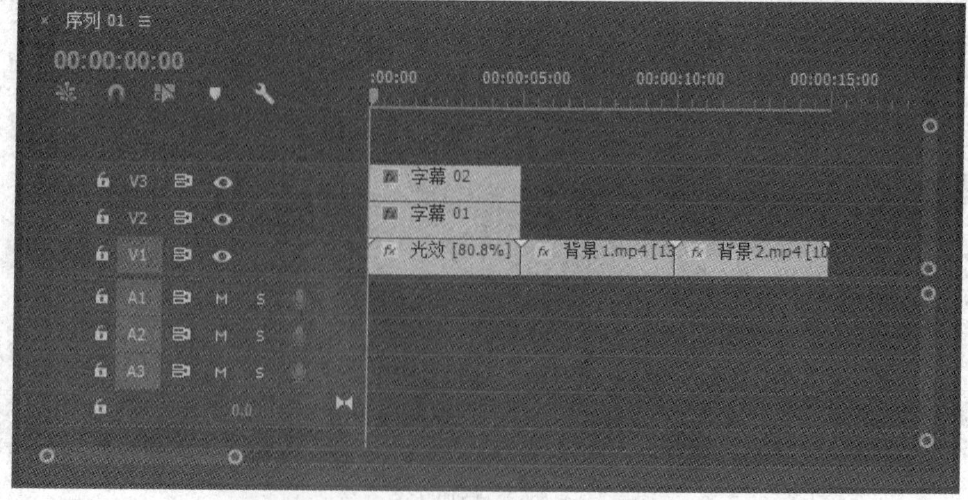

图 6-60　放置“背景 1.mp4”和“背景 2.mp4”

(10) 将“主持人.mp4”拖至“V2”轨道的“字幕 01”后面，效果如图 6-61 所示。右击时间轨道上的“主持人.mp4”，选择“取消链接”；单击“A2”上的音频，按“Delete”键，将音频删除，得到的效果如图 6-62 所示。

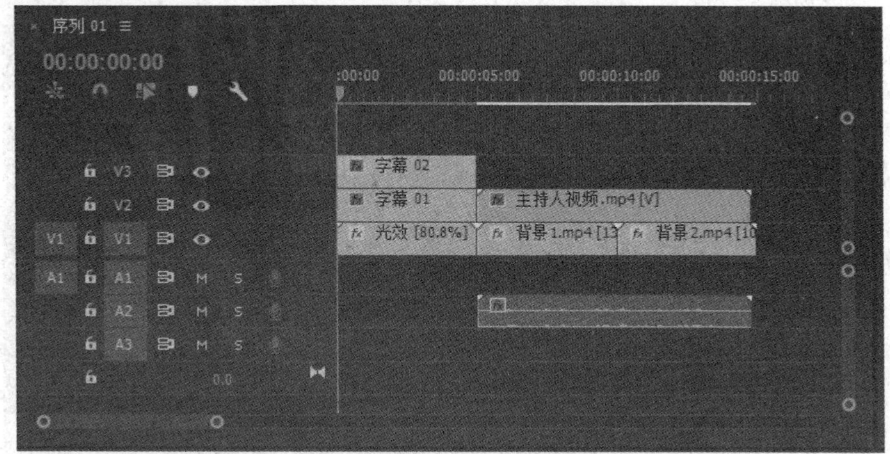

图 6-61　拖动“主持人.mp4”至“视频 2”轨道

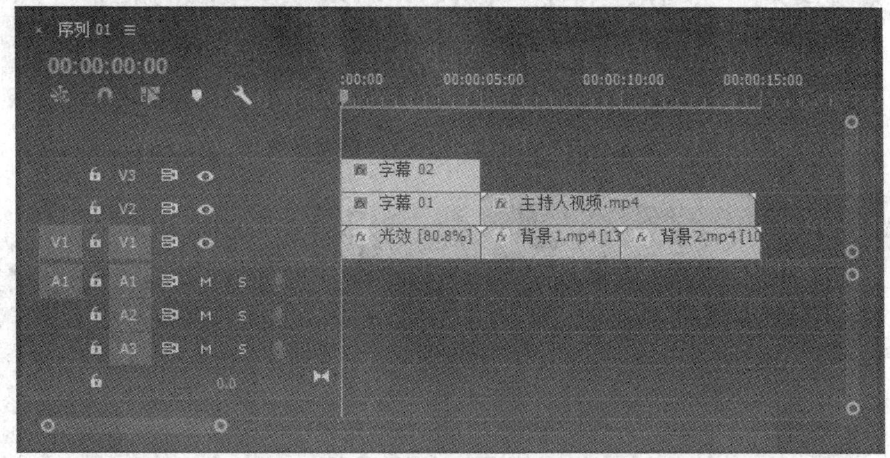

图 6-62　取消音频链接并删除音频

(11) 将“配音.mp3”拖至“A1”轨道，起点设置为“00:00:05:00”，如图 6-63 所示。

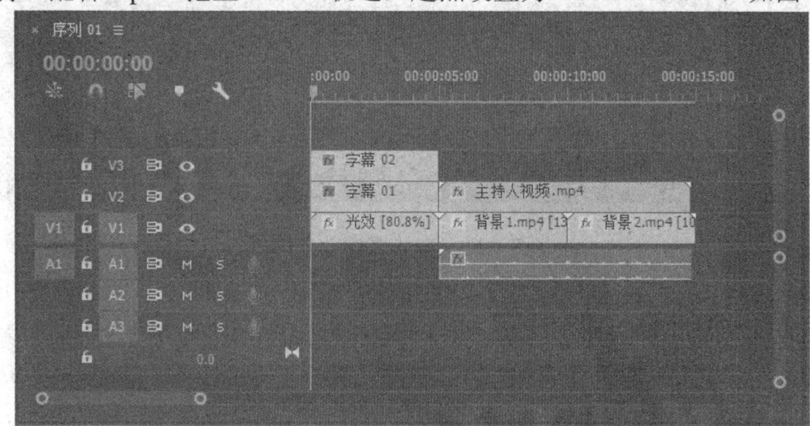

图 6-63　添加音频

(12) 在效果面板中，执行“视频效果”→“键控”命令，拖动“颜色键”特效到“视频 2”轨道中的“主持人.mp4”的文件上，为其添加视频特效。此时“效果控件”面板参数设置和节目效果图如图 6-64、图 6-65 所示。

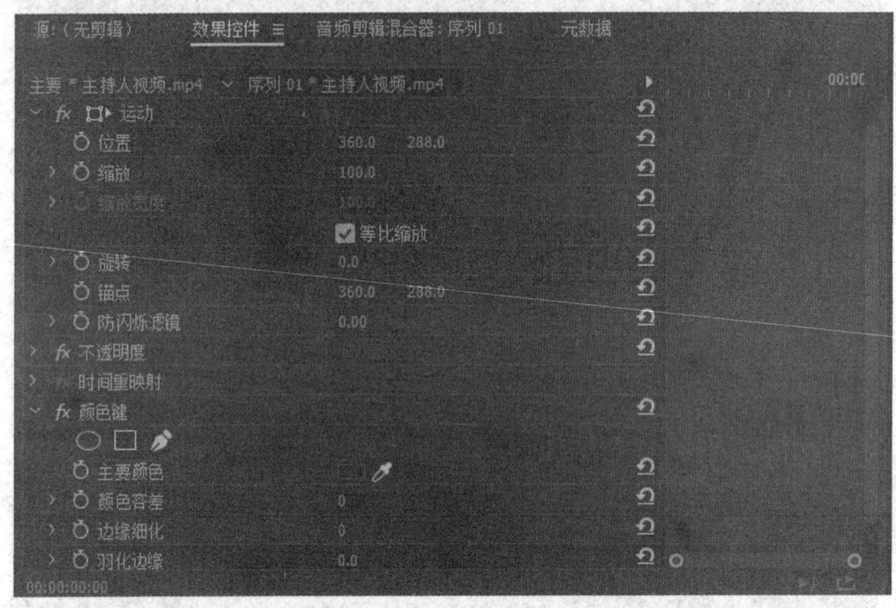

图 6-64　添加“颜色键”特效参数

图 6-65　节目窗口效果图

(13) 单击“主持人.mp4”，打开“效果控件”面板，点击“颜色键”中的“主要颜色”后面的“取色器”按钮，用取色器吸取节目窗口中的蓝色背景，设置“颜色容差”为“90”，“边缘细化”为“1”，“羽化边缘”值为“2.0”。此时“效果控件”面板参数设置和节目效果图如图 6-66、图 6-67 所示。

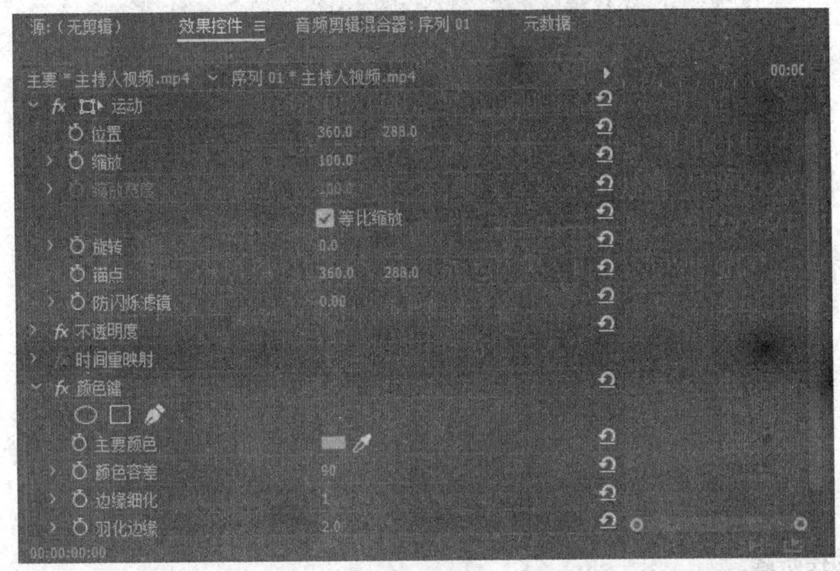

图 6-66　调整“颜色键”特效参数

图 6-67　节目窗口效果图

(14) 执行“文件”→“保存”命令，将项目文件“新闻播报.prproj”保存到指定文件夹中。选择“序列 01”，执行“文件”→“导出”→“媒体”命令，输出名称改为“新闻播报”，源范围选择“整个序列”，其他参数为默认，完成上述操作后点击“导出”按钮。

(15) 执行“文件”→“退出”命令。在视频播放器中打开上述制作好的“新闻播报”视频文件，浏览最终效果。

6.3.4　制作快餐广告

1. 案例目的

运用 Premiere 工具制作快餐广告，效果如图 6-68 所示。通过对本案例的学习，综合掌握音视频解锁、轨道添加、素材复制和遮罩效果应用等常用的视频综合操作。

图 6-68　快餐广告效果图

2. 操作步骤

(1) 运行 Premiere 软件，在软件欢迎页面中单击“新建项目”按钮，进入“新建项目”对话框。将文件命名为“快餐广告”，选择文件保存路径，其他为默认设置，单击“确定”按钮。执行“文件”→“新建”→“序列”命令，在弹出的“新建序列”对话框中，选择“设置”选项卡进行各项参数设置，如图 6-69 所示。单击“确定”按钮，打开 Premiere 工作界面。

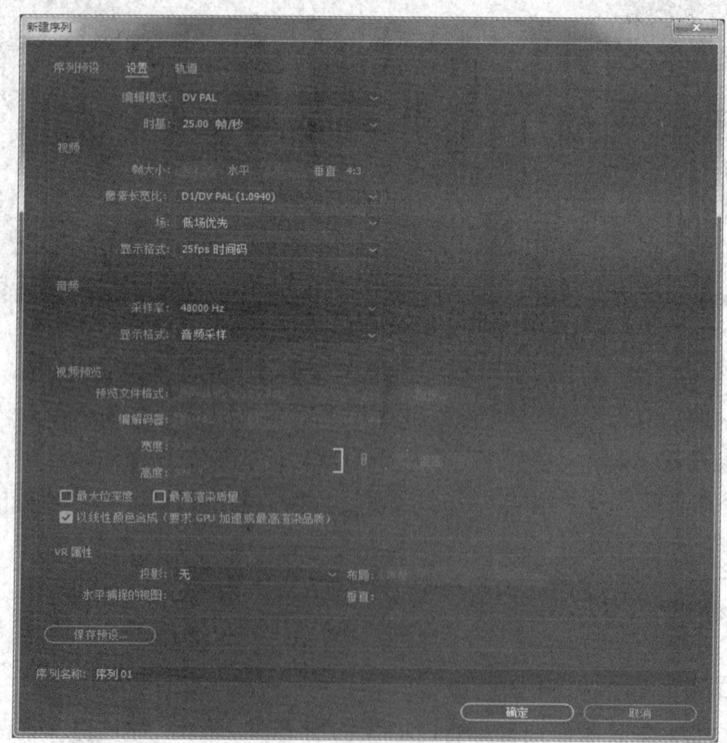

图 6-69　新建序列

(2) 执行“文件”→“导入”命令，将素材文件夹中的“背景.avi”、“汉堡.png”、“薯条.png”、“圣代.png”、“鸡腿.png”、“背景音乐.mp3”和“火焰”文件导入到项目窗口中。打开“火焰”文件夹时，选择里面第一张图片，勾选“图像序列”选项，单击“打开”按钮，即可导入火焰的图像序列。右击导出的火焰图像序列，选择“重命名”命令，设置为“火焰”。

(3) 将项目窗口中的“背景.avi”文件拖放到“源监视器”窗口中，将时间指针调整至“00:00:01:00”帧位置处，单击下方的“标记入点”按钮，标记视频的入点。将时间指针调整至“00:00:25:00”帧位置处，单击下方的“标记出点”按钮，标记视频的出点，效果如图 6-70 所示。

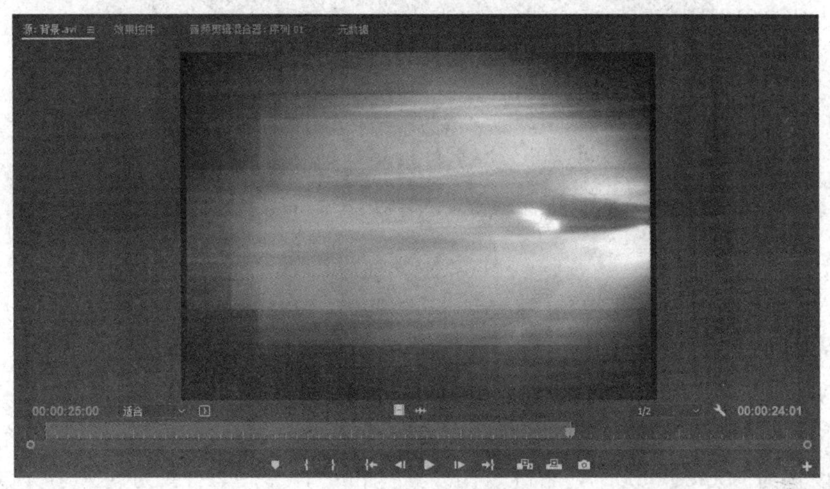

图 6-70　标记入点和出点

(4) 用鼠标按住时间轴上方的“仅拖动视频”按钮，将选好入点和出点的视频文件拖到“V1”轨道上。

(5) 右击时间轨道上的“背景.avi”，选择“取消链接”。单击“A1”上的音频，按“Delete”键，将音频删除。

(6) 将“汉堡.png”拖放至“V2”轨道上，起点设置为“00:00:00:00”，右键点击“汉堡.png”，选择“缩放为帧大小”，并设置“剪辑速度/持续时间”为“00:00:24:01”，如图 6-71 所示。右击“V3”轨道上方，选择“添加轨道”，在“添加轨道面板中”添加 6 条视频轨道，放置在“V3”之后，如图 6-72 所示。

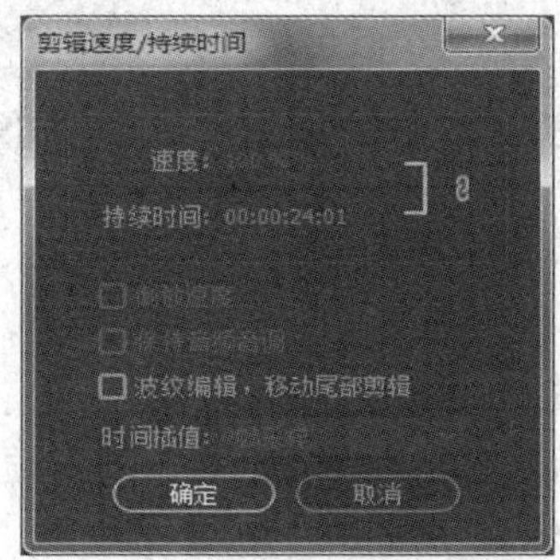

图 6-71　设置“汉堡.png”持续时间

图 6-72　添加轨道

(7) 将“薯条.png”拖放至“V3”轨道，起点设置为“00:00:02:00”，右键点击“薯条.png”，选择“缩放为帧大小”，并设置“剪辑速度/持续时间”为“00:00:22:01”。将“圣代.png”拖放至“V4”轨道，起点设置为“00:00:04:00”，右键点击“圣代.png”，选择“缩放为帧大小”，并设置“剪辑速度/持续时间”为“00:00:20:01”。将“鸡腿.png”拖放至“V5”轨道，起点设置为“00:00:06:00”，右键点击“鸡腿.png”，选择“缩放为帧大小”，并设置“剪辑速度/持续时间”为“00:00:18:01”，如图 6-73 所示。

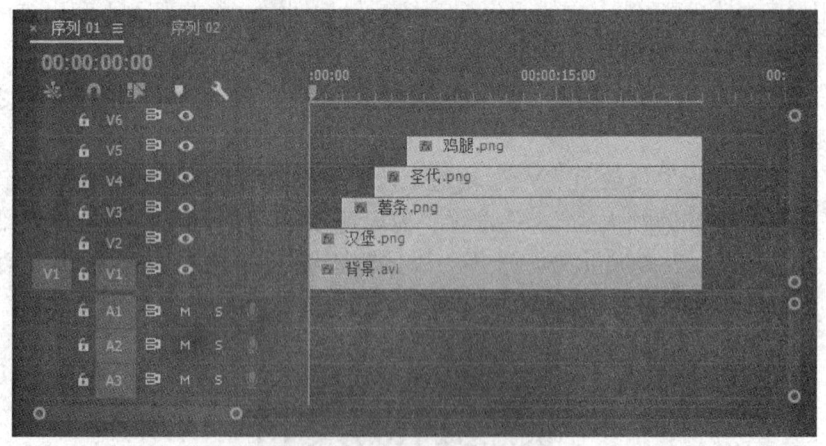

图 6-73　放置素材于时间轴上

(8) 在效果面板中，执行“视频效果”→“键控”命令，拖动“差值遮罩”特效到“V2”轨道中的“汉堡.png”上，为其添加视频特效。

(9)“在效果控件”面板中，设置“差值遮罩”的各项参数，“视图”设置为“最终输出”；“差值图层”设置为“视频 9”；“匹配容差”设置为“20.0%”，其余参数保持默认，如图 6-74 所示。添加特效前后效果图如图 6-75、图 6-76 所示。

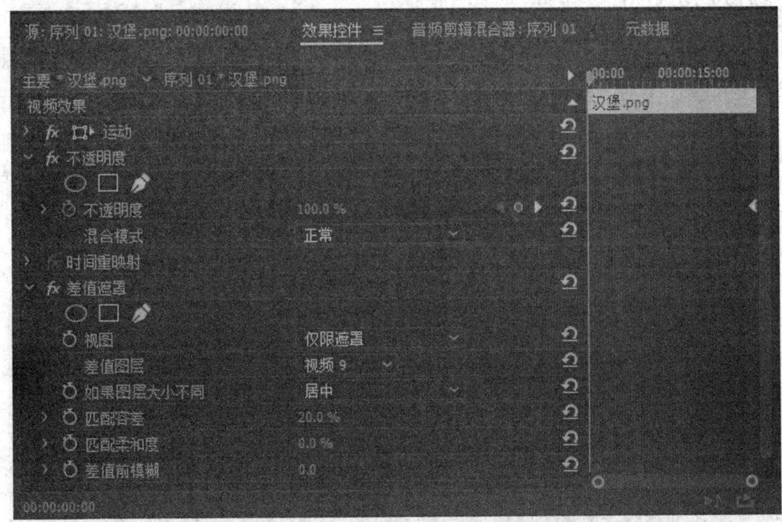

图 6-74　设置“差值遮罩”参数

图 6-75　添加“差值遮罩”前效果图

图 6-76　添加“差值遮罩”后效果图

(10) 用同样的方法为“薯条.png”、“圣代.png”、“鸡腿.png”添加“差值遮罩”特效，“差值图层”和“匹配容差”统一设置为“视频 9”和“30.0%”，其余参数保持默认。

(11) 将时间指针调到“00:00:00:00”帧位置处，单击时间轴上的“汉堡.png”，打开“效果控件”面板，单击“运动”选项下“位置”左侧的切换动画按钮，添加关键帧，将“位置”参数设置为“360.0　288.0”。将时间指针调到“00:00:01:00”帧位置处，“位置”参数修改为“360.0　288.0”，如图 6-77 所示。此时会自动添加一个关键帧。再将时间指针调到“00:00:02:00”帧位置处，“位置”参数修改为“175.0　160.0”。

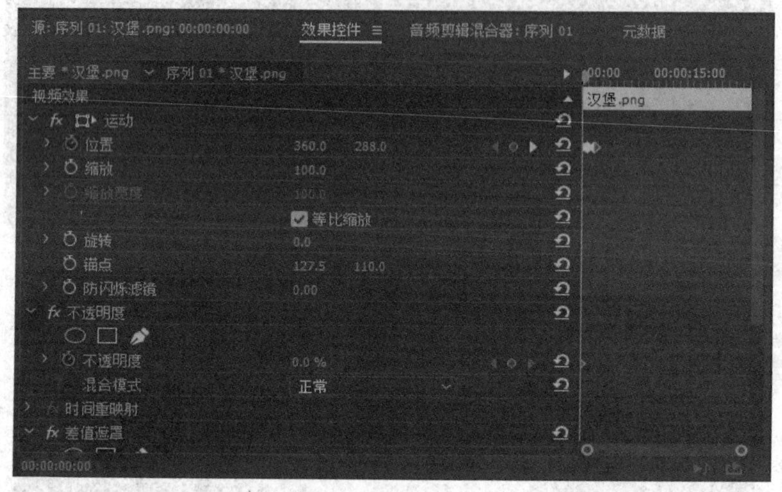

图 6-77　设置“汉堡.png”的“位置”参数

(12) 将时间指针调到“00:00:00:00”帧位置处，单击“运动”选项下的“缩放”左侧的切换动画按钮，将“缩放”值设置为“50.0”。将“00:00:01:00”帧和“00:00:02:00”帧的“缩放”值设置为“50.0”和“30.0”。

(13) 将时间指针调到“00:00:00:00”帧位置处，单击“不透明度”选项下的“不透明度”左侧的切换动画按钮，添加关键帧，参数设置为“0.0%”，如图 6-78 所示。将“00:00:01:00”帧的“不透明度”设置为“100.0%”。

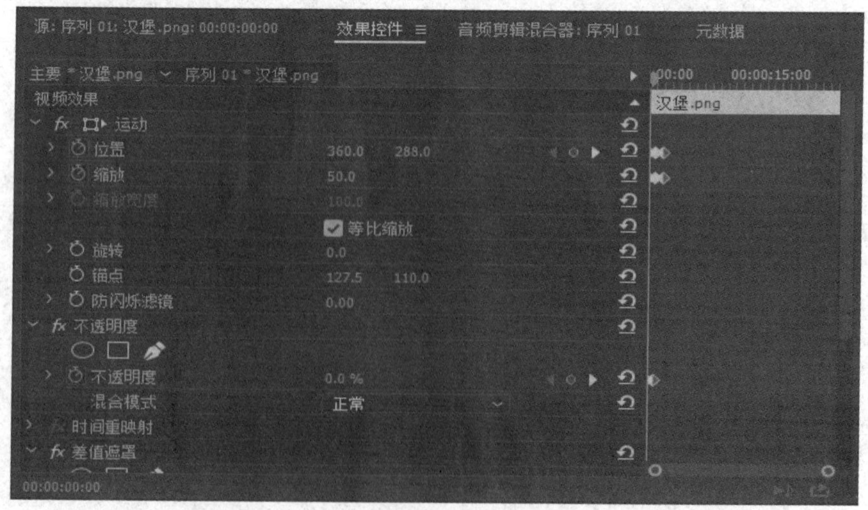

图 6-78　设置“汉堡.png”的“不透明度”参数

(14) 将“薯条.png”、“圣代.png”、“鸡腿.png”的“效果控件”面板的“位置”、“缩放”和“不透明度”的切换动画按钮全部打开。将“薯条.png”素材在“00:00:02:00”帧、“00:00:03:00”帧以及“00:00:04:00”帧的“位置”参数分别设置为“360.0　288.0”、“360.0　288.0”以及“530.0　160.0”。将“圣代.png”素材在“00:00:04:00”帧、“00:00:05:00”以及“00:00:06:00”帧的“位置”参数分别设置为“360.0　288.0”、“360.0　288.0”以及“175.0　400.0”。将“鸡腿.png”素材在“00:00:06:00”帧、“00:00:07:00”帧以及“00:00:08:00”帧的“位置”参数分别设置为“360.0　288.0”、“360.0　288.0”以及“530.0　440.0”。

(15) 将“薯条.png”素材的“00:00:02:00”帧、“00:00:03:00”帧以及“00:00:04:00”帧的“缩放”参数分别设置为“70.0”、“70.0”以及“40.0”。将“圣代.png”素材的“00:00:04:00”帧、“00:00:05:00”帧以及“00:00:06:00”帧的“缩放”参数分别设置为“70”、“70”以及“40”。将“鸡腿.png”素材的“00:00:06:00”帧、“00:00:07:00”帧以及“00:00:08:00”帧的“缩放”参数分别设置为“70.0”、“70.0”以及“40.0”。

(16) 将“薯条.png”素材的“00:00:02:00”帧和“00:00:03:00”帧的“不透明度”分别设置为“0.0%”和“100.0%”。将“圣代.png”素材的“00:00:04:00”帧、“00:00:05:00”帧的“不透明度”分别设置为“0.0%”和“100.0%”。将“鸡腿.png”素材的“00:00:06:00”帧、“00:00:07:00”帧的“不透明度”为分别设置“0.0%”和“100.0%”。

(17) 将“汉堡.png”、“薯条.png”、“圣代.png”、“鸡腿.png”素材的“00:00:09:00”帧的“不透明度”值设置为“100.0%”,“00:00:10:00”帧的“不透明度”值设置为“0.0%”。

(18) 执行“字幕”→“新建字幕”→“默认静态字幕”命令，将字幕名称设置为“字幕 01”，单击“确定”按钮，打开字幕设计窗口。

(19) 在打开的字幕设计窗口中，选择工具栏中的“文字工具”按钮 T，在字幕窗口输入“原价　元”，设置适合的字体、字号、间距、颜色等，如图 6-79 所示。

图 6-79　输入字幕内容

(20) 新建字幕“字幕 02”，选择椭圆工具按钮，按住“Shift”键左击鼠标，拖出一个正圆，选择新画的圆形，单击“水平居中”按钮和“垂直居中”按钮，使圆心位于屏幕中心。使用“文字工具”输入“12”，颜色与圆形相异，调整位置使其位于圆形中心。

(21) 将时间指针调到“00:00:10:00”帧位置处，把“字幕 01”和“字幕 02”分别拖动到“V6”和“V7”轨道上，“剪辑速度/持续时间”均设置为“00:00:01:05”。再次调整两个字幕内容的位置和大小，得到如图 6-80 所示的效果。

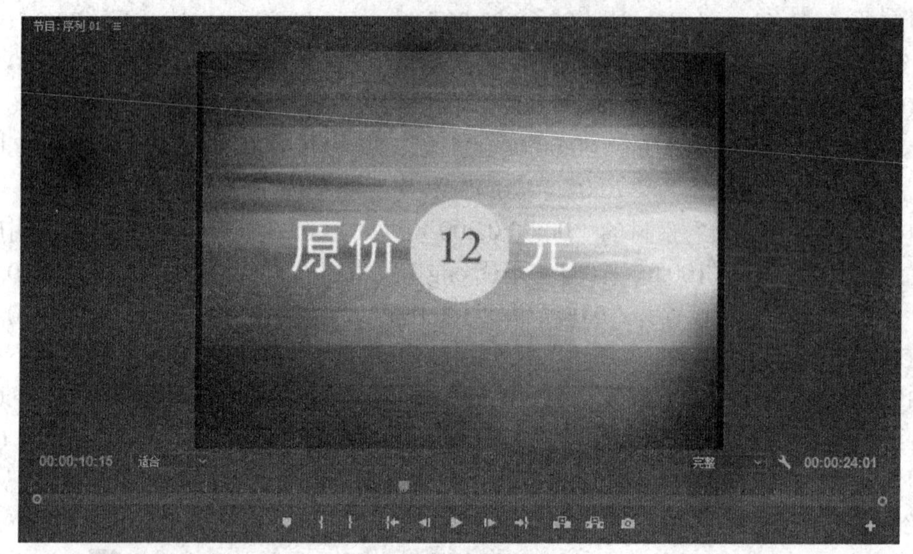

图 6-80　调整字幕内容

(22) 选择项目面板中的“字幕 01”，按快捷键“Ctrl+C”复制，按快捷键“Ctrl+V”粘贴，得到的字幕重命名为“字幕 03”。双击打开，将文字内容改为“现价？元”，并修改颜色，其他保持不变。拖动至“V6”轨道的“字幕 01”后，首尾相连，“剪辑速度/持续时间”设置为“00:00:04:20”。在效果面板执行“视频过渡”→“滑动”命令，选择“中心拆分”效果，拖动至两者交界处，设置“剪辑速度/持续时间”为“00:00:01:00”。

(23) 执行“文件”→“新建”→“序列”命令，命名为“序列 02”，点击“确定”按钮，打开新序列，参数与“序列 01”一致。

(24) 将“字幕 02”复制粘贴 3 次，分别重命名为“字幕 04”、“字幕 05”、“字幕 06”。将 3 个新字幕依次拖动至序列 2 的“V1”轨道上。“剪辑速度/持续时间”统一设置为“00:00:01:15”，并使之首尾相连。

(25) 将“字幕 04”、“字幕 05”、“字幕 06”的文字内容分别改为“10”、“9”、“8”，调整大小，并改变颜色为红色。调整数字位置使之与圆形中心对齐。

(26) 在效果面板中，执行“视频过渡”→“擦除”命令，拖动“时钟式擦除”特效到“V1”轨道中的“字幕 04”和“字幕 05”的交界处，为其添加视频特效。双击加入的特效打开“效果控件”面板，勾选“显示实际来源”，“剪辑速度/持续时间”设置为“00:00:01:00”，“对齐”设置为“中心切入”，如图 6-81 所示。对“字幕 05”和“字幕 06”的交界处进行相同的操作。

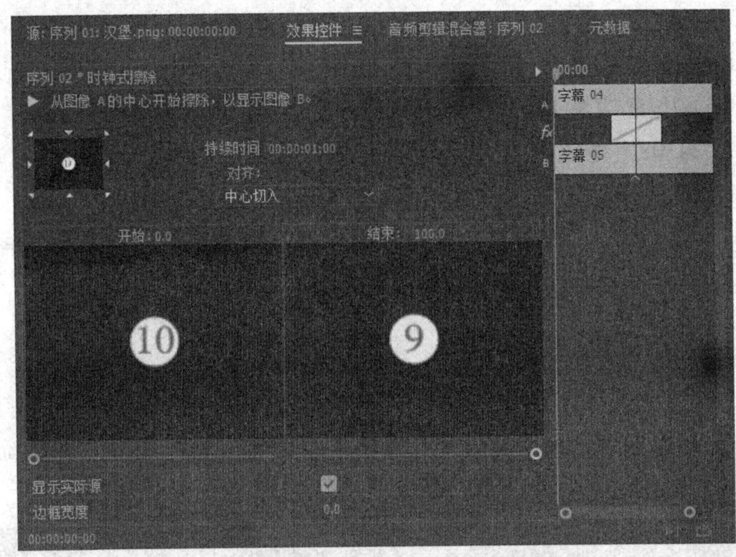

图 6-81　添加“时钟式擦除”

(27) 双击项目面板的“序列 01”，回到序列 01 的时间轴，将“序列 02”拖放至“V7”轨道的“字幕 02”后，两者相接。展开“视频过渡”→“缩放”选项，在“序列 02”与“字幕 02”中间添加“交叉缩放”特效，在“效果控件”面板将特效的对齐方式设置为“起点切入”，“剪辑速度/持续时间”设置为“00:00:01:00”，如图 6-82 所示。

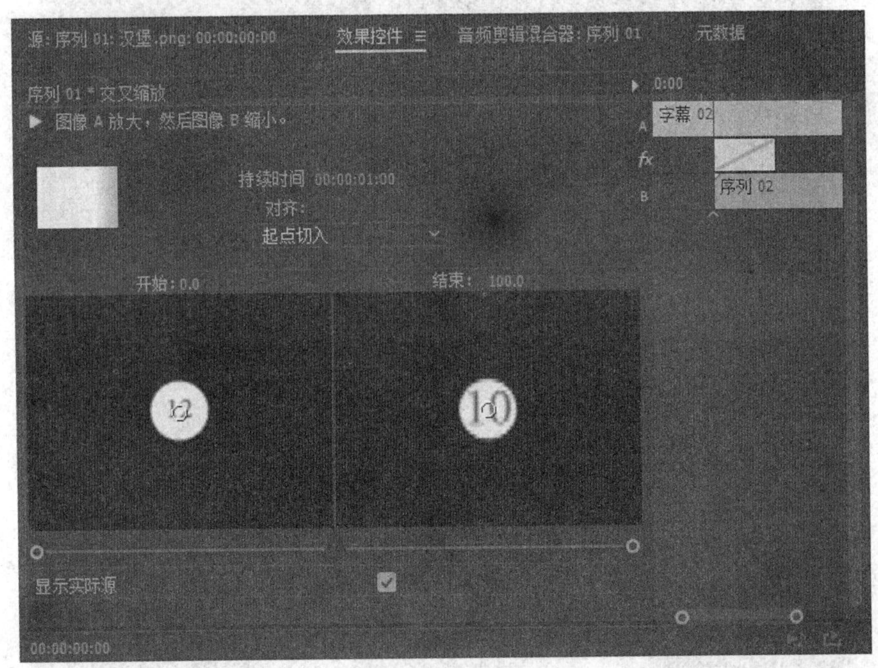

图 6-82　添加“交叉缩放”特效

(28) 新建字幕“字幕 07”。“字幕 07”内容为“6”，字体大小为“800”，字幕格式设置为垂直居中和水平居中，颜色设置为红色。复制粘贴“字幕 01”，将内容改为“现价　元”并重命名为“字幕 08”。

(29) 将“字幕 07”拖放至“V7”轨道上，起点设置为“00:00:16:01”，“剪辑速度/持续时间”设置为“00:00:08:00”。将“00:00:16:01”帧和“00:00:18:00”帧处的“不透明度”分别设置为“0.0%”和“100.0%”，将“00:00:19:00”帧和“00:00:20:00”帧的“缩放”值分别设置为“100.0”和“50.0”。

(30) 将“字幕 08”拖放至“V8”轨道上，起点为“00:00:20:01”，“剪辑速度/持续时间”设置为“00:00:04:00”。

(31) 把时间指针调至“00:00:16:01”帧位置处，将图片序列“火焰.jpg”连续四次拖动至“V6”轨道的不同位置，全部选中，右击选择“缩放帧大小”，并将“剪辑速度/持续时间”设置为“00:00:02:00”。选择第一个“火焰”，将“00:00:16:01”帧和“00:00:18:01”帧的不透明度分别设置为“0.0%”和“100.0%”。

(32) 在效果面板中，执行“视频效果”→“键控”命令，拖动“轨道遮罩键”特效到“V6”轨道中的 4 个“火焰.jpg”素材上，为其添加视频特效。“遮罩”参数统一选择为“视频 7”，如图 6-83 所示。添加特效前后效果图如图 6-84、图 6-85 所示。

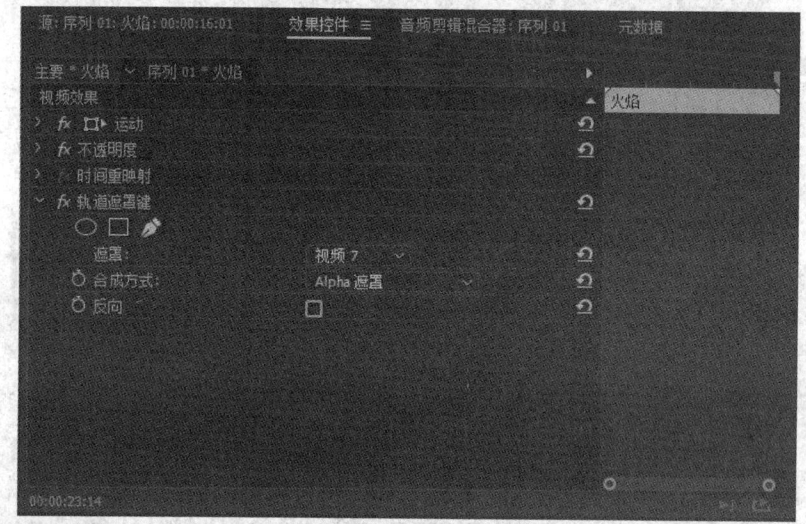

图 6-83　添加轨道遮罩

图 6-84　添加遮罩前效果图

图 6-85　添加遮罩后效果图

(33) 将“汉堡.png”、“薯条.png”、“圣代.png”、“鸡腿.png”的“00:00:17:00”帧的“不透明度”统一设置为“0.0%”，“00:00:22:00”帧的“不透明度”统一设置为“100.0%”。

(34) 把项目面板中的“背景音乐.mp3”拖至“A1”轨道上，将时间指针调到“00:01:26:00”帧位置处，选择工具箱中的剃刀工具，光标沿着时间线单击“背景音乐.mp3”，即可将音频切为两段，选中切断的前半段，按“Delete”键，将前半段音频删除。随后将时间指针调到“00:01:50:01”帧位置处，将音频切为两段，选中切断的后半段，按“Delete”键删除。把得到的音频片段拖动到“00:00:00:00”处。右击“V7”上的“序列 02”，选择“取消链接”，并将音频删除。此时时间轴效果图如图 6-86 所示。

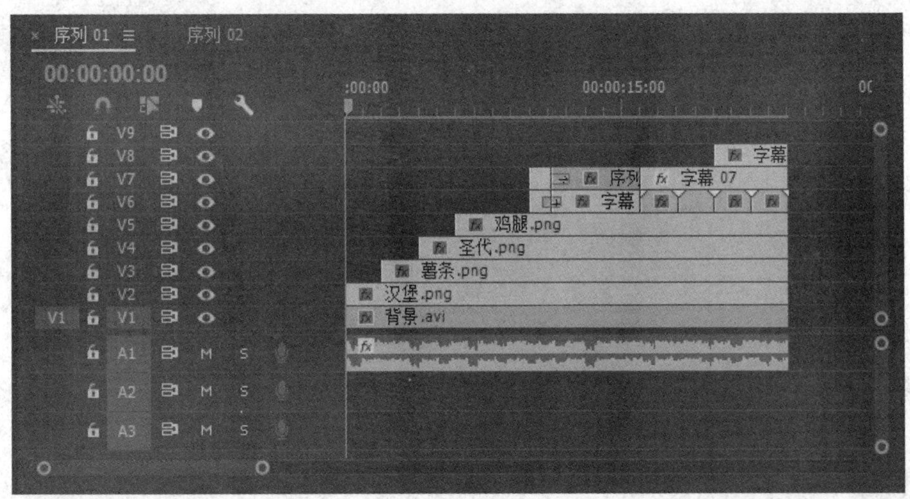

图 6-86　时间轴效果图

(35) 将时间指针调整至“00:00:00:00”处，选择“A1”轨道，把轨道间距拉大，单击“添加-移除关键帧”按钮 ，添加关键帧，同时将时间指针调整至“00:00:02:00”处，添加关键帧，选择“00:00:00:00”帧，将帧下移。用同样的方法对“00:00:22:00”帧和“00:00:24:00”帧进行设置，效果如图 6-87 所示。

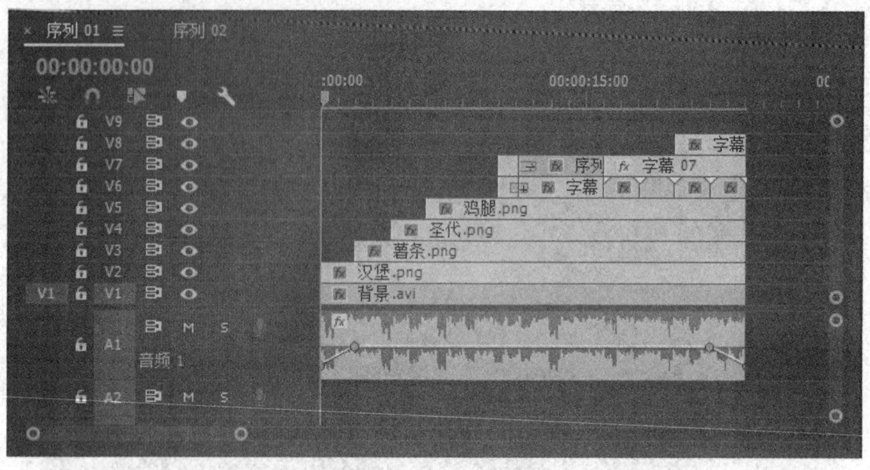

图 6-87　调整音频

(36) 执行“文件”→“保存”命令，将项目文件“快餐广告.prproj”保存到指定文件夹中。选择“序列 01”，执行“文件”→“导出”→“媒体”命令，输出名称改为“快餐广告”，源范围选择“整个序列”，其他参数为默认。完成上述操作后，点击“导出”按钮。

(37) 在视频播放器中打开上述制作好的“快餐广告”视频文件，浏览最终效果。

第 7 章　数字音频处理技术

学习目标：

(1) 掌握数字音频基础知识，如录音、剪辑、音频压缩、音频常用格式等。

(2) 熟悉 Audition 音频操作软件的界面及其工具箱中各工具的功能。

(3) 了解并掌握 Audition 常用操作，如录音、降噪、裁剪、混缩等。

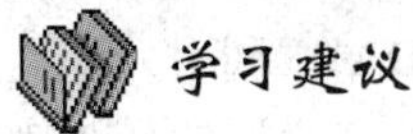

学习建议：

加强对 Audition 案例的学习和训练，在完成案例的过程中，掌握音频的基础知识和 Audition 的常用操作。通过多做、多练，将对 Audition 软件的操作提升到“熟能生巧”的境地。

7.1　数字音频基础知识

7.1.1　声音的基础知识

1. 声音的产生

声音是由振动产生的。物体振动停止，发声也就停止了。当振动波传到人耳时，人便听到了声音。

人能听到的声音，包括语音、音乐和其他声音(环境声、音效声、自然声等)，可以分为乐音和噪音。

乐音是由规则的振动产生的，只包含有限的某些特定频率，具有确定的波形。

噪音是由不规则的振动产生的，它包含一定范围内的各种音频的声振动，没有确定的波形。

2. 声音的传播

声音是靠介质传播的，在真空声音是不能传播的。介质是能够传播声音的物质。声音在所有介质中都以声波的形式传播。声音在每秒内传播的距离叫音速。声音在固体、液体中比在气体中传播得快。15℃时空气中的音速为 340 m/s。

3. 声音的三要素

声音具有三个要素：音调、响度(音量/音强)和音色。人们就是根据声音的三要素来区分声音的。

音调即声音的高低(高音、低音)，由频率(Frequency)决定，频率越高音调越高。声音的频率是指每秒中声音信号变化的次数，用 Hz 表示。例如，20 Hz 表示声音信号在 1 秒钟内周期性地变化了 20 次。高音表示音色强劲有力，富于英雄气概，善于表现强烈的感情。低音表示音色深沉浑厚，善于表现庄严雄伟和苍劲沉着的感情。

响度又称音量、音强，指人主观上感觉到的声音的大小，单位为分贝(dB)。由振幅和人离声源的距离决定，振幅越大响度越大，人和声源的距离越小，响度也越大。

音色又称音品，由发声物体本身的材料、结构决定。每个人讲话的声音不同，钢琴、提琴、笛子等各种乐器所发出的声音也不同，都是由音色不同造成的。

4. 声道

声道(Sound Channel/Track)是指分开录音然后结合起来以便可以同时听到的一段声音。早期的声音重放(Playback/Reproduction)技术落后，只有单一声道(Mono/Monophony)，所以只能简单地发出声音(如留声机、调幅 AM 广播)；后来有了双声道的立体声(Stereo)技术(如立体声唱机、调频 FM 立体声广播、立体声盒式录音带、激光唱盘 CD-DA)，利用人耳的双耳效应，可以感受到声音的纵深和宽度，具有立体感。现在又有了各种多声道的环绕声(Surround Sound)重放方式(如 4.1、5.1、6.1、7.1 声道)，将多只喇叭(扬声器 Speaker)分布在听者的四周，建立起环绕在聆听者周围的声学空间，使听者感觉自己被声音包围了起来，具有强烈的现场感(如电影院、家庭影院、DVD-Audio、SACD、DTS-CD、HDTV)。

7.1.2 音频格式

目前常见的音频文件格式有 MP3、WMA、FLAC、AAC、MMF、AMR、M4A、M4R、OGG(OGGVORBIS)、WAV(即 WAVE)、WAVPACK、AU、CD(WAV)、WMV、RA、OGG、MPC、APE、AC3、MPA、MPC、MP2、M1A、M2A、MID、MIDI、RMI、MKA、DTS、CDA、SND、AIF、AIFC、AIFF、CDA、OFR、REALAUDIO、VQF 等。常见的数字音频文件格式有很多，每种格式都有自己的优点、缺点及适用范围。

CD 格式——天籁之音。CD 音轨文件的后缀名为 .cda。标准 CD 格式的采样频率是 44.1 kHz，速率为 88 kHz/s，为 16 位量化位数，是近似无损的。CD 光盘可以在 CD 唱机中播放，也能用电脑里的各种播放软件来播放。一个 CD 音频文件是一个 *.cda 文件，这只是一个索引信息，并不包含真正的声音信息，所以不论 CD 音乐的长短，在电脑上看到的 *.cda 文件都是 44 字节长。

WAV 格式——无损的音乐。WAV 为微软公司开发的一种声音文件格式。标准格式化的 WAV 文件和 CD 格式一样，也是 44.1 kHz 的采样频率，16 位的量化位数，声音文件质量和 CD 相差无几。它的特点是音质非常好，被大量软件所支持，适用于多媒体开发、音乐保存和原始音效素材。

MP3 格式——流行的风尚。全称为 Moving Picture Experts Group Audio Layer Ⅲ，是当今较流行的一种数字音频编码和有损压缩格式，是 ISO 标准 MPEG-1 和 MPEG-2 的第三层(Layer 3)，采样频率为 16～48 kHz，编码速率为 8 kb/s～1.5 Mb/s。它的特点是音质好，压缩比较高，被大量软件和硬件支持，应用广泛，适合用于一般的以及要求比较高的音乐。

MIDI——作曲家的最爱。MIDI(Musical Instrument Digital Interface)是乐器数字接口的英文缩写。MIDI 数据不是数字的音频波形，而是音乐代码或称电子乐谱。MIDI 文件每存

1 分钟的音乐只用大约 5～10 KB。MIDI 文件主要用于原始乐器作品、流行歌曲的业余表演、游戏音轨以及电子贺卡等。*.midi 文件重放的效果完全依赖于声卡的档次。普通的声音文件，如 WAV 文件，是计算机直接把声音信号的模拟信号经过采样量化处理，不经压缩处理，变成与声音波形对应的数字信号。而 MIDI 文件不是直接记录乐器的发音，而是记录演奏乐器的各种信息或指令，如用哪一种乐器，什么时候按某个键，力度怎么样等等，至于播放时发出的声音，是通过播放软件或者音源转换而成的。因此 MIDI 文件通常比声音文件小得多，一首乐曲一般只有十几 K 或几十 K，只有声音文件的千分之一左右，便于储存和携带。

WMA 格式——最具实力的敌人。WMA (Windows Media Audio)由微软开发，音质要强于 MP3 格式，更远胜于 RA 格式，它以减少数据流量但保持音质的方法来达到比 MP3 压缩率更高的目的。WMA 的压缩率一般可以达到 1∶18 左右。它内置了版权保护技术，可以限制播放时间和播放次数甚至播放的机器等等。WMA 格式在录制时可以对音质进行调节。这一格式，音质可与 CD 媲美，压缩率高，可用于网络广播，可以说是最具实力的音频格式了。

RA 格式——流动的旋律。RealAudio 主要适用于网络上的在线音乐欣赏，现在大多数的用户仍然在使用 56 Kb/s 或更低速率的 Modem，所以典型的回放并非最好的音质。有的下载站点会提示你根据你的 Modem 速率选择最佳的 Real 文件。

APE 格式——一种新兴的无损音频编码，可以提供 50%～70%的压缩比。APE 格式文件大小约为 CD 的一半，可以节约大量的资源。APE 可以做到真正的无损，而不是听起来无损，压缩比也要比类似的无损格式要好。它的特点是音质非常好，适用于最高品质的音乐欣赏及收藏。

7.2　数字音频处理软件 Audition 的基本操作

Audition 是当前最流行的音频处理专业软件，随着版本的不断升级，它的功能越来越强大，也越来越实用化和人性化。本节主要介绍 Audition CC 2017 软件的基本操作。

7.2.1　Audition 的操作界面

启动 Audition CC 2017 软件，其工作界面如图 7-1 所示。

Audition 的工作界面由以下几部分组成。

1. 标题栏

标题栏位于主窗口顶端，最左边是 Audition 的标志，右边分别是最小化、最大化/还原和关闭按钮。

2. 属性栏

属性栏又称工具选项栏，选中某个工具后，属性栏就会改变成相应工具的属性设置选项。

3. 菜单栏

菜单栏为整个环境下的所有窗口提供菜单控制，包括文件、编辑、多轨、剪辑、效果、收藏夹、视图、窗口和帮助九项。

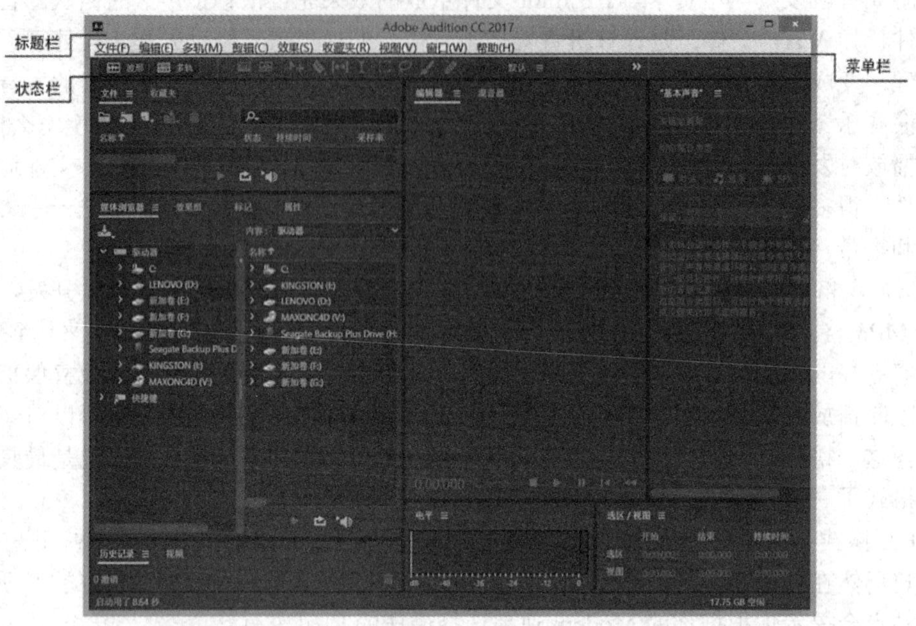

图 7-1　Audition CC 2017 工作界面

7.2.2　新建、保存和试听音频文件

(1) 启动 Audition CC 2017 应用程序，执行菜单栏中的“文件”→“新建”→“多轨会话”命令，在弹出的“新建多轨会话”窗口中，将新项目命名为“音乐”，并为其指定存储路径，然后单击“确定”按钮，即可创建一个新的音频项目，如图 7-2 所示。

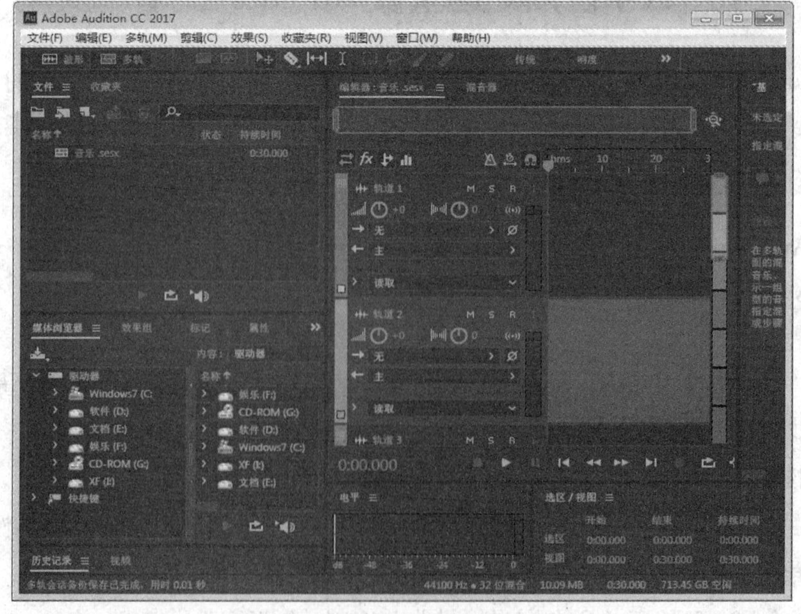

图 7-2　新建多轨会话

(2) 将鼠标放在“轨道 1”上，当鼠标呈现十字时，单击鼠标右键，执行“插入”→“文件”命令，在弹出的“导入文件”对话框中，执行“背景音乐”→“致橡树录音.mp3”命令。如图 7-3 所示，单击“打开”按钮，将其导入 Audition“轨道 1”中，如图 7-4 所示。

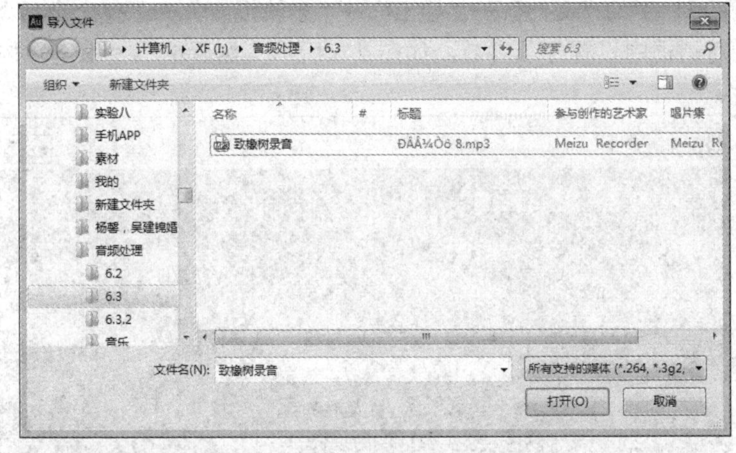

图 7-3　导入文件

图 7-4　在轨道 1 中插入素材

(3) 单击传输栏中的“播放”按钮▶，试听效果，如图 7-5 所示。

图 7-5　播放效果

注意：按键盘上的“Ctrl+S”快捷键保存文件，可以发现将文件保存后，其标题栏尾部的“*”号就不见了。在音频处理过程中要适时地将文件保存，否则一旦出现死机、断电等情况，文件将会丢失。

(4) 执行菜单栏中的“文件”→“导出”→“多轨混音”→“整个会话”命令，在“导出多轨混音”对话框中设置各项参数，如图 7-6 所示。然后单击“确定”按钮，完成音频文件的导出。

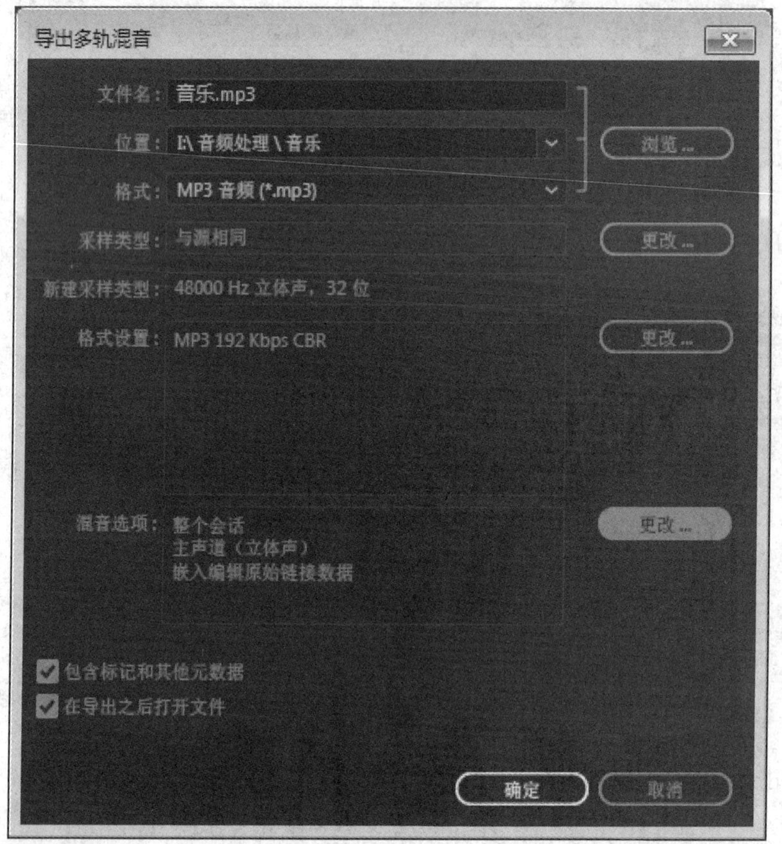

图 7-6　导出设置

(5) 生成的音频“音乐.mp3”可以在前面设置的保存文件夹中找到，通过音频播放器打开即可试听音频效果。

7.3　数字音频处理实例

7.3.1　录制诗朗诵《致橡树》

1. 案例目的

运用 Audition 工具录制一段清晰的诗朗诵，如图 7-7 所示。通过对本案例的学习，熟练掌握声音的录制、降噪和混响的处理。

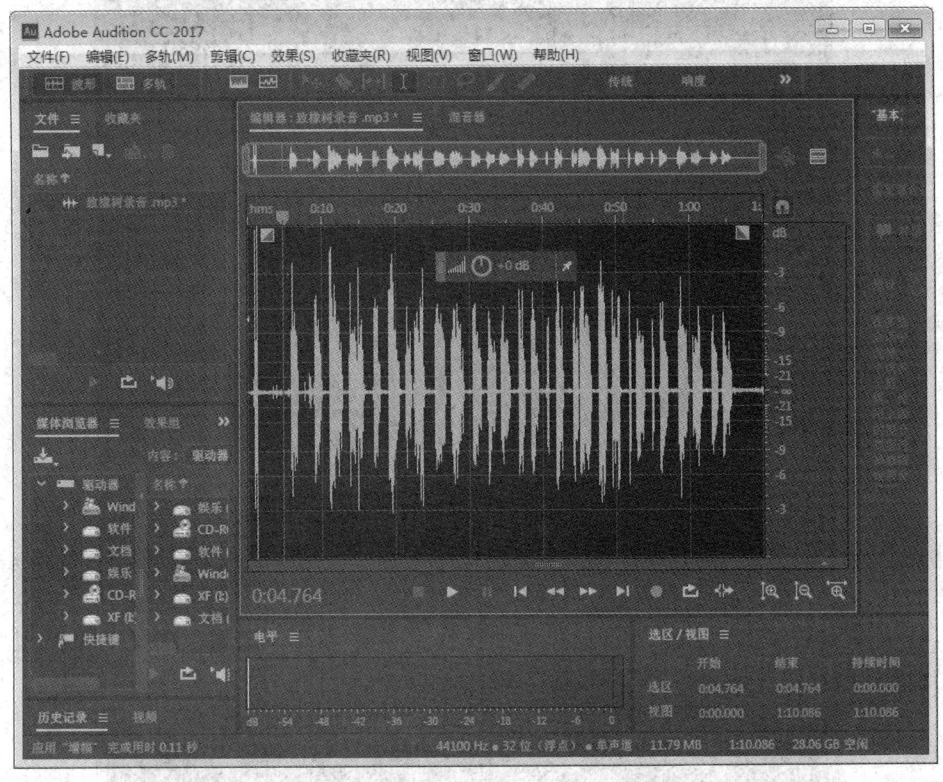

图 7-7　《致橡树》录音效果

2. 操作步骤

(1) 启动 Audition CC 2017 软件，单击“波形”按钮，在弹出的“新建音频文件”对话框中输入文件名“致橡树录音”，采样率选择为“44100”，声道选择为“立体声”，如图 7-8 所示，单击“确定”按钮。

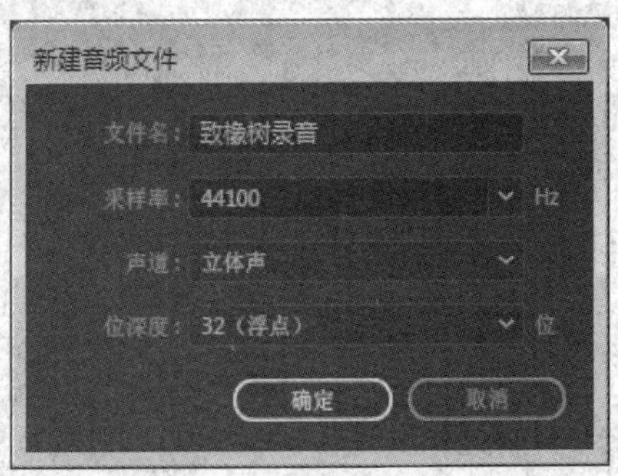

图 7-8　新建音频文件

(2) 单击编辑面板下方的“录音”按钮，开始录音，录音完成后，点击传输面板下方的“停止”按钮，结束录音。

注：在录音结束之后的几秒钟内不要发出声音，以便后期降噪采样。

(3) 将鼠标移动到编辑区内，选取录音时预留出的一段波形平缓的区域，如图 7-9 所示，单击鼠标右键，选择“捕捉噪声样本”选取噪声波形。

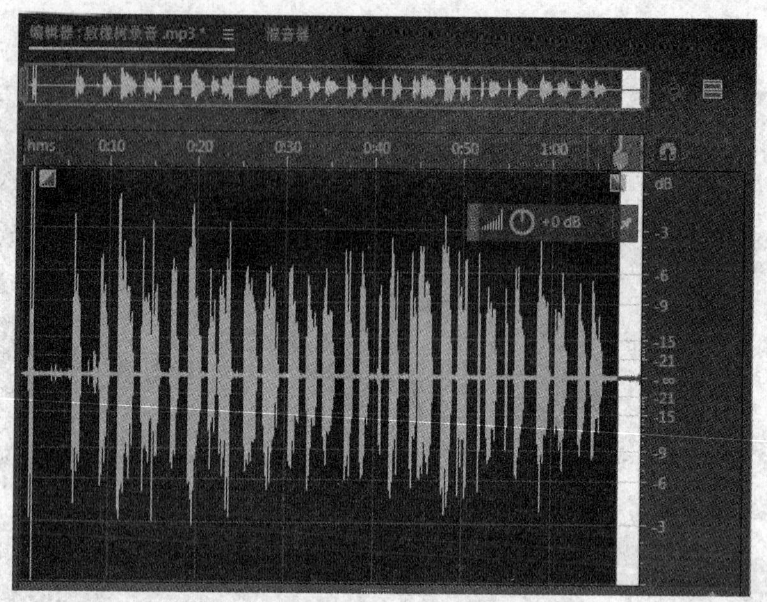

图 7-9　录音波形

(4) 在菜单栏中的“效果”下拉菜单中找到“降噪/恢复”选项，选择“降噪(处理)”，在弹出的对话框中选择“应用”，如图 7-10 所示。

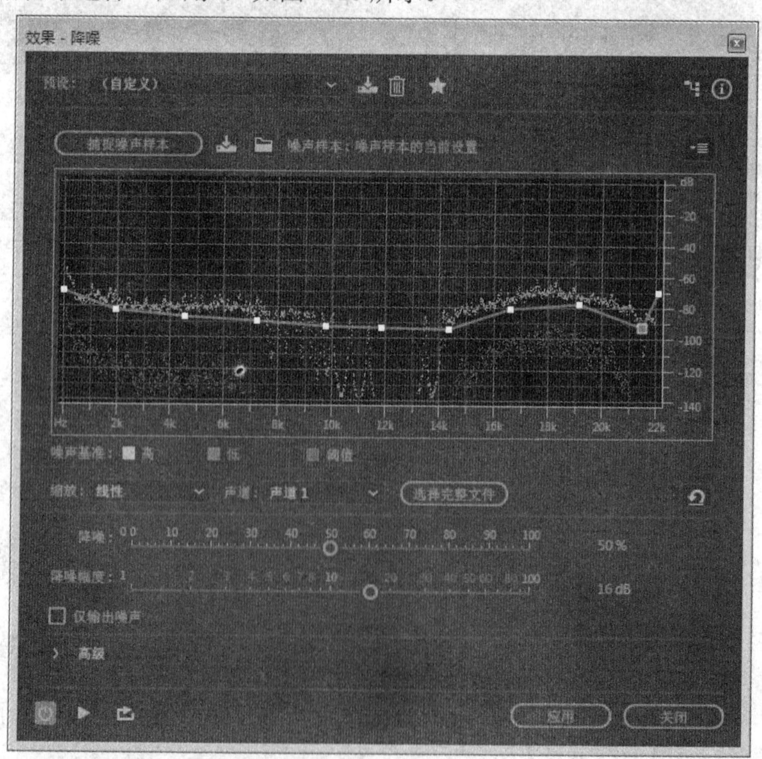

图 7-10　降噪处理

(5) 将鼠标移动至编辑区内，向上滚动鼠标滚轮，纵向放大波形图。拖动鼠标选择多余的部分，单击鼠标右键选择“删除”或者使用快捷键“Delete”删除录音时预留的噪声提取部分时间轴。处理后的波形如图 7-11 所示。

图 7-11　降噪后声音波形图

(6) 点击菜单栏中的“效果”按钮，在“混响”下拉菜单中选择“混响”，“预设”设置为“默认”选项，如图 7-12 所示，单击“应用”使声音得到美化。

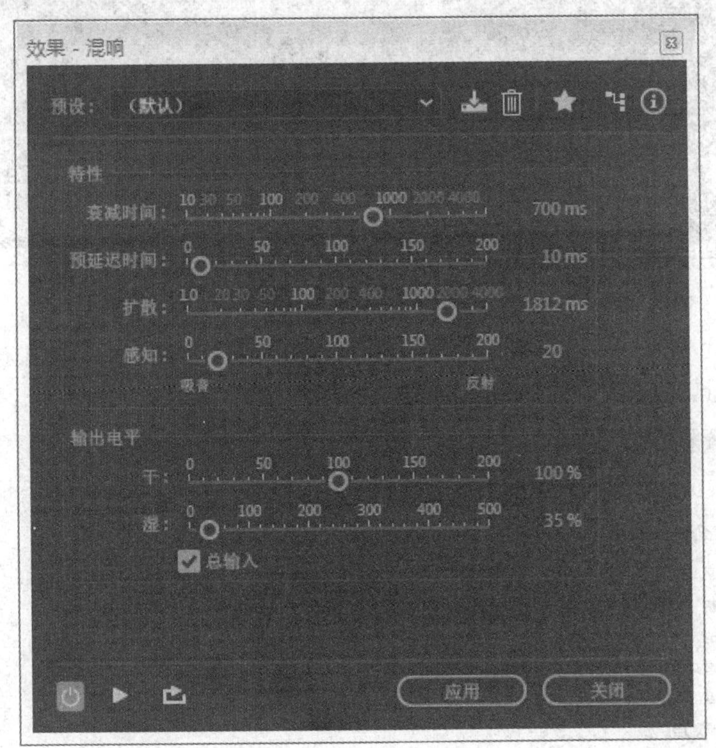

图 7-12　混响处理

(7) 执行“文件”→“导出”→“文件”命令，将制作好的文件保存为需要的格式，放于指定的文件夹中。关闭文件，退出 Audition 软件。

7.3.2　剪辑《致橡树》

1. 案例目的

运用 Audition 工具将录制好的诗朗诵《致橡树》进行剪辑。通过对本案例的学习，熟练掌握音频剪辑技巧，如声音的音量调节、剪切和组合、声音关键帧的设置、声音淡入淡出的应用。

2. 操作步骤

(1) 启动 Audition CC 软件，单击“多轨混音”按钮 ，在弹出的“新建多轨会话”对话框中输入混音项目名称“诗歌朗诵-致橡树”，采样率选择为“44100”，声道选择为“立体声”，如图 7-13 所示，然后单击“确定”按钮。

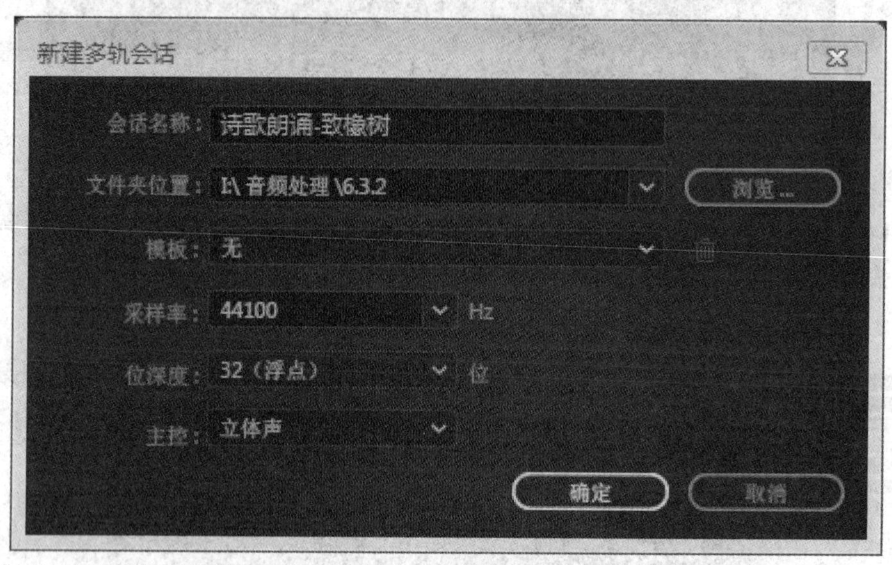

图 7-13 新建多轨混音

(2) 执行“文件”→“导入”命令，在弹出的“导入文件”对话框中选择“致橡树录音.mp3”、“背景音乐-致橡树.mp3”，单击“打开”按钮，如图 7-14 所示。

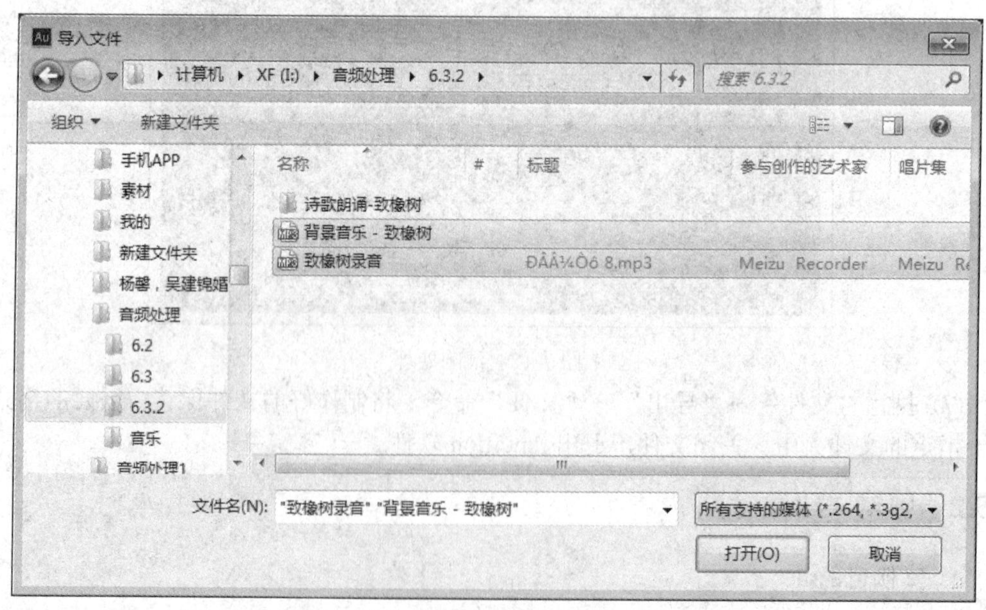

图 7-14 导入声音文件

(3) 在文件列表栏里选择要导入的文件，将“致橡树录音.mp3”拖动至“轨道 1”，将“背景音乐-致橡树.mp3”拖动至“轨道 2”，如图 7-15 所示。

图 7-15　添加音频文件到轨道

(4) 为了更加突出人声，需要将背景音乐的音量降低，将人声录音的音量提高。这时我们就要使用“音量调节”旋钮，适当调节两个轨道声音的振幅。

(5) 为了将背景音乐和诗歌朗诵的节奏进行融合，将时间指针滑到 26 秒处，选择“移动工具”按钮，移动“轨道 1”中的波形至时间指针处，如图 7-16 所示。

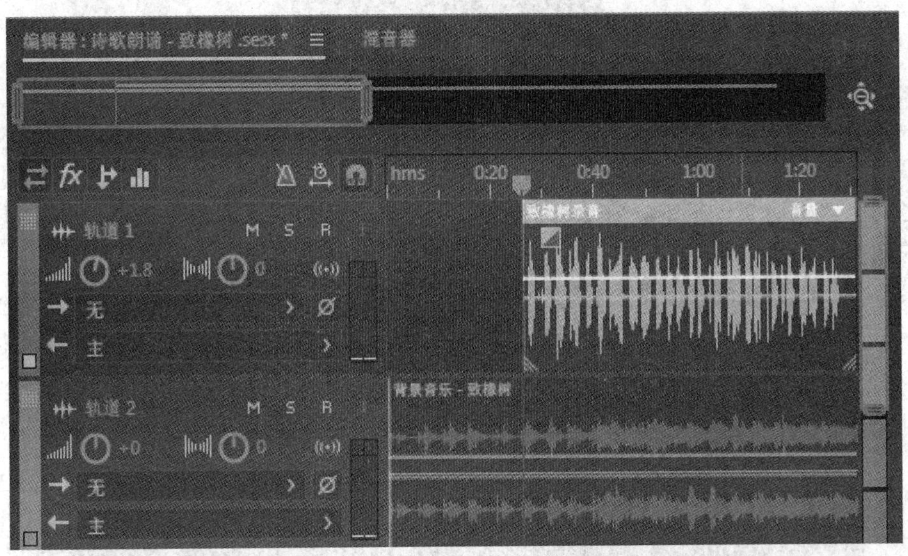

图 7-16　移动音频时间轴

注：为了更好地监视音轨，单击缩放面板中的“横向缩放”按钮、，或者使用快捷键“Ctrl+鼠标滚轮”纵向放大音轨，单击缩放面板中的“纵向缩放”按钮、，或者使用快捷键“Alt+鼠标滚轮”横向放大音轨。

(6) 选择“剃刀工具”，将“轨道 1”中的波形按需断开，用鼠标拖动至合适的位置。重复此步骤，直到朗诵和音乐节奏吻合，如图 7-17 所示。

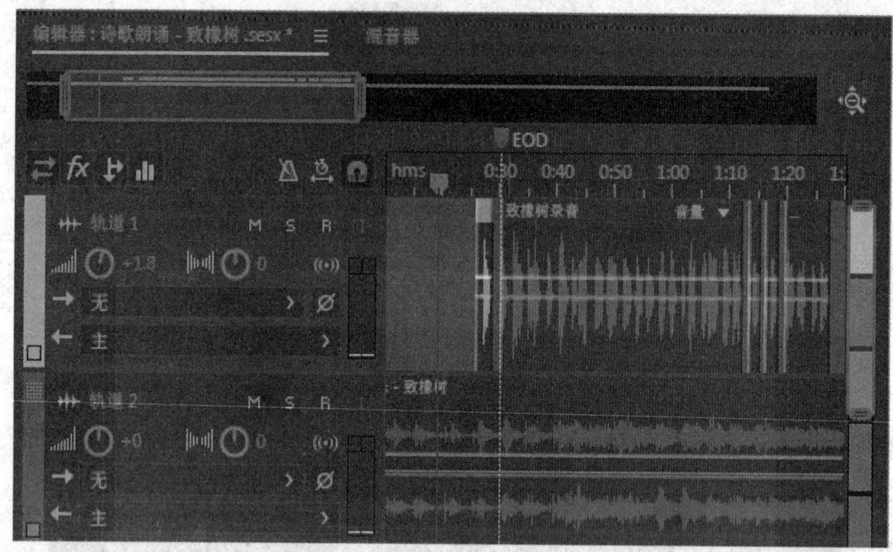

图 7-17　剪切和组合声音文件

(7) 为了能更好地突出人声，在“轨道 2”上用鼠标单击音量控制线，插入关键帧，如图 7-18 所示。

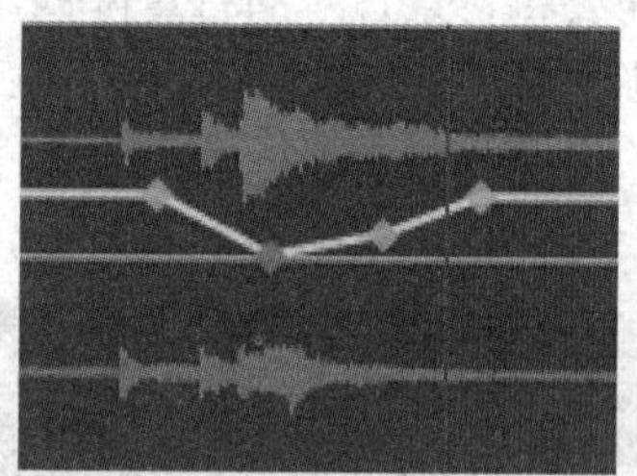

图 7-18　添加声音关键帧

(8) 在“轨道 2”中设置多个音量关键帧，分别使用鼠标拖动单个关键帧来实现对关键帧之间区段的音量的控制，在音量控制线上点击右键选择“曲线”命令，使音量有一个渐变的效果。最终效果如图 7-19 所示。

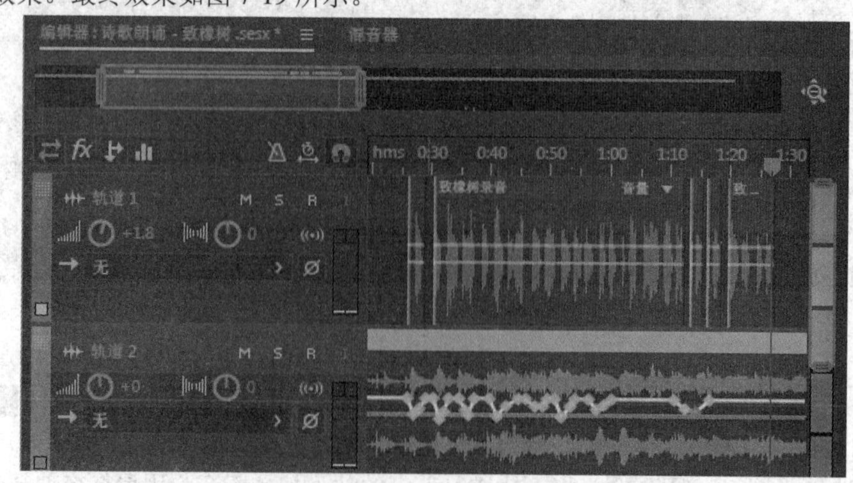

图 7-19　声音关键帧处理

(9) 为了使音频没有过多的杂糅以及使音频更加自然，使用“时间选择工具”拖动选择，点击鼠标左键，选择“轨道 2”上的时间轴的“2:26”后的音频部分并删除，并拖动轨道上的“小滑块”■做出淡入淡出效果，如图 7-20 所示。

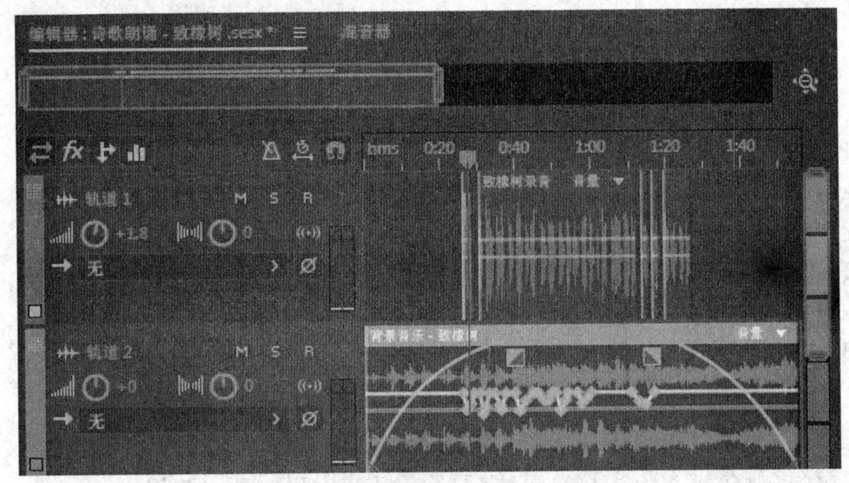

图 7-20　声音的淡入/淡出效果

(10) 执行“文件”→“导出”→“多轨混音”→“整个会话”命令，在弹出的“导出多轨混音”对话框中设定保存路径，“格式”选择“MP3 音频格式”，单击“确定”按钮，将制作好的诗歌朗诵音频文件保存在指定文件夹中，如图 7-21 所示。

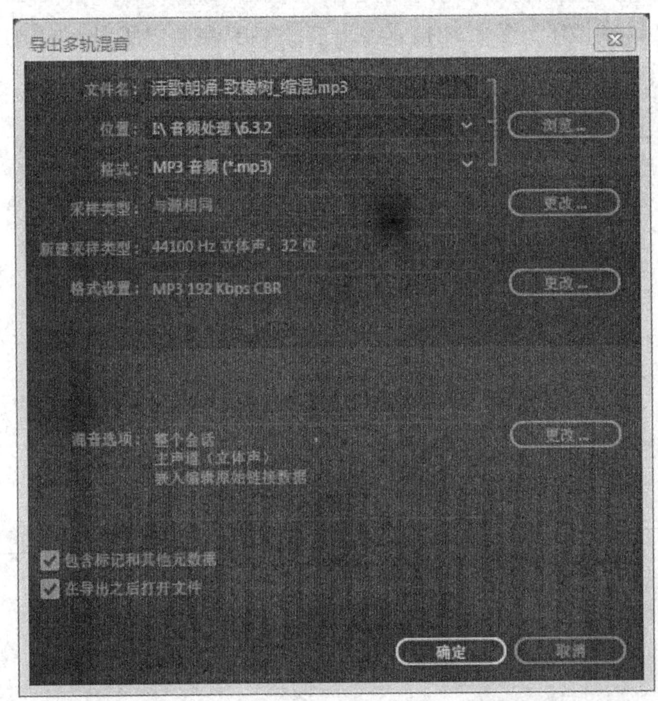

图 7-21　导出音频文件

(11) 导出完成后，关闭 Audition 软件，完成诗歌朗诵音频的制作。

参考文献

[1] 高钰，余俊. 多媒体技术及应用实验教程. 北京：清华大学出版社，2011.
[2] 唐红连. Premiere 视频编辑实战课堂实录. 北京：清华大学出版社，2014.
[3] 尹敬齐. Premiere CS4 视频编辑项目教程. 北京：中国人民大学出版社，2010.
[4] 尹小港. CorelDRAW X5 中文版标准教程. 北京：人民邮电出版社，2010.
[5] 石利平. 中文 Photoshop CS3 实例教程. 北京：北京师范大学出版社，2010.
[6] 刘腾红，阮新新. 多媒体技术及应用. 北京：中国铁道出版社，2009.
[7] 赵洛玉，韩东晨. Premiere Pro CS4 影视剪辑实例教程. 北京：清华大学出版社，2010.
[8] 鄂大伟. 多媒体技术与实验教程. 北京：清华大学出版社，2012.
[9] 郑芹. Flash 动画设计. 北京：电子工业出版社，2012.
[10] 韦文山，农正，秦景良. 多媒体技术与应用案例教程. 北京：机械工业出版社，2010.
[11] 王剑. 多媒体技术与应用案例教程. 北京：北京邮电大学出版社，2013.
[12] 杨帆，赵立臻. 多媒体技术与应用. 2 版. 北京：高等教育出版社，2008.
[13] 周苏，王文，娄淑敏. 多媒体技术. 北京：中国铁道出版社，2010.